最新 EDO-EPS 工法

EDO-EPS 工法設計・施工基準書（案）準拠

発泡スチロール土木工法開発機構 編

理工図書

序

　1986 年、大型の発泡スチロールブロック（EPS）を建設材料として用いる超軽量盛土工法（EPS 工法）が日本に技術導入されて 30 年になる。この工法の発祥の地であるノルウェーで初めて採用されたのが 1972 年であるから、導入から 44 年がたっている。

　日本に導入された後、本工法の開発および普及組織である発泡スチロール土木工法開発機構（EDO）は、当初から現在にいたるまで本工法の実物大実験や走行試験、各種の材料試験や耐震実験さらには設計・施工基準書や積算マニュアルの作成など精力的な活動を展開してきている。

　1986 年以降は、EDO の活動を背景に官公庁の各研究機関や大学研究者による EPS の材料特性研究、建設分野での用途開発、耐震性の実証実験など、多くの研究開発が開始されていった。

　この間、ノルウェーをはじめ、欧州各国や北米、アジア各国や南米なども含めた世界的な規模で技術交流や研究成果の交換が行われ、技術導入から 10 年後の 1996 年には日本で EPS 工法の国際会議が開かれるに至っている。このような世界的な軽量盛土発展の流れのなかで、日本では多様な材料による軽量盛土工法が開発されるようになったが、その気運を作ったのはまさしく EPS 工法である。

　1993 年には、本書の前身である「EPS 工法」が出版されている。当時の最新の情報と多くの実験例、設計例、施工例が示され、本工法を検討しようとする設計、施工者および発注者の方々には大いに参考になったものと思われる。以来 23 年が経過し、本工法に係る多くの課題の解決も含め、さらに豊富な設計例、施工例が蓄積されてきたことも事実である。

　本書は、このような背景のもと、本工法が歩んできた歴史、材料特性、新しい設計例やユニークな施工例を示すことにより、多くの技術者や研究者に参考としていただき、さらなる本工法の発展と普及を期待するものである。

　本書は、はじめて本工法に接する技術者にもわかりやすく説明されており、軽量盛土の入門書としても活用いただけるものである。本書がより多くの技術者に利用され、日頃の課題解決の一助に寄与できれば幸いである。

　2016 年 10 月

発泡スチロール土木工法開発機構　会長　三木五三郎

はじめに

　軽量盛土工法の代表的工法である「EPS 工法」は、2009 年より「EDO-EPS 工法」と称している。これは、EPS 工法の普及が、2016 年時点で施工件数として 1 万数千件、施工量として 700 万㎥の実績ができていることに関係している。工法が普及してくると類似の材料が出現し、類似の手法（呼称）で工法が提案されてくる。

　EPS 工法の母体は発泡スチロールブロックであるが、土木工法として確立するためには建設用途に適した製造方法や、それらを一体化して耐震性を確保する手法などが必要である。

　そのために、EPS の材料特性、設計手法、施工手法を体系化し、さまざまな土木用途さらには広く建設用途に安全に確実に適用できる軽量盛土工法として確立されたものが「EDO-EPS 工法」である。

　EDO とは、本工法の開発および普及組織である発泡スチロール土木工法開発機構（EDO）の略称である。EDO は、1986 年より 30 年間にわたる様々な開発研究、実証実験、多くの設計例、多様な施工例を踏まえて「EDO-EPS 工法　設計・施工基準書（案）」を作成し、発行している。

　したがって、本書では上記の基準書の内容をベースとし、従来の EPS 工法を EDO-EPS 工法と呼称し、材料は EDO-EPS ブロックと称している。

　第 1 章では、EDO-EPS 工法の日本における技術の変遷と世界との技術交流について紹介している。第 2 章は、材料の特性について新しい知見も含めて述べている。第 3 章は調査について、第 4 章は設計法と軟弱地盤上の直立盛土の計算例を示している。ブロックを一体化した場合の応力分散や耐震設計について詳しく紹介している。第 5 章は、施工法と積算について示し、今回新たに維持管理について示している。第 6 章は、日本のユニークな施工例と最近の世界各地の施工例を示している。

　本書は、どの章から読み始めても本工法が理解できるように、比較的丁寧に説明を繰り返している。したがって、初心者から実務者まで広い範囲の技術者にも理解ができるであろうし、専門分野が異なる技術者にもわかりやすい実務書になっている。

　本書が EDO-EPS 工法の座右の書になり、様々な建設分野の技術課題を解決する指南書になれば幸いである。

　最後に本書の企画編集を進めていただいた編集委員会委員の皆様と各章を分担して執筆していただいた多くの執筆者各位に感謝の意を表したい。

2016 年 10 月

「EDO-EPS 工法」図書編集委員会　委員長　塚本　英樹

目　次

序
はじめに

第1章　総　説 …………………………………… 1

1.1　軽量盛土工法の歴史と分類 …………………………… 1
1.1.1　軽量盛土工法の歴史／1
1.1.2　軽量盛土工法の分類／2

1.2　発泡スチロール土木工法（EPS工法） ………………… 3
1.2.1　EDO-EPS工法／3
1.2.2　EDO-EPS工法の特長と適用分野／5

1.3　発泡スチロール土木工法開発機構の歩み ……………… 9
1.3.1　発泡スチロール土木工法開発機構／9
1.3.2　技術開発の歩み／10
1.3.3　国際技術交流の歩み／12

第2章　材　料 …………………………………… 17

2.1　概　説 ……………………………………………………… 17

2.2　EDO-EPSブロック ……………………………………… 17
2.2.1　製造方法／17
2.2.2　形状および寸法／18
2.2.3　設計単位体積重量・許容圧縮応力度／19
2.2.4　クリープ特性／21
2.2.5　変形係数／22
2.2.6　ポアソン比／23
2.2.7　動的解析／24
2.2.8　摩擦特性／26
2.2.9　耐熱性・燃焼性／28
2.2.10　耐候性・耐微生物性・耐薬品性／30
2.2.11　吸水性／31

2.3 緊結金具 ……………………………………………………………………… 32
　2.3.1 概要／32
　2.3.2 設計および施工上の効果／33

第3章 調　査 …………………………………………………………………… 37

3.1 基本的な考え方 ………………………………………………………………… 37

3.2 計画および設計時の調査方法と項目 ………………………………………… 37

3.3 施工時の調査方法と項目 ……………………………………………………… 39

第4章 設　計 …………………………………………………………………… 41

4.1 概　説 …………………………………………………………………………… 41

4.2 共通項目 ………………………………………………………………………… 41
　4.2.1 設計荷重／41
　4.2.2 コンクリート床版／45
　4.2.3 EDO-EPS 路床／48
　4.2.4 EDO-EPS ブロックの応力度の検討／49
　4.2.5 圧縮変形・クリープ変形／51
　4.2.6 EDO-EPS ブロックの配置／51

4.3 荷重軽減工法としての適用 …………………………………………………… 52
　4.3.1 概説／52
　4.3.2 設計検討項目／54
　4.3.3 設計手順／54
　4.3.4 設計計算例／62

4.4 土圧低減工法としての適用 …………………………………………………… 69
　4.4.1 概説／69
　4.4.2 設計の手順／70
　4.4.3 安定検討／71
　4.4.4 EDO-EPS の特性を利用した土圧低減工法／72

4.5 斜面上の道路拡幅盛土の設計 …… 73
- 4.5.1 設計手順／73
- 4.5.2 安定検討／74
- 4.5.3 壁体の検討／75
- 4.5.4 設計時の留意事項／79

4.6 舗装設計 …… 83
- 4.6.1 設計 CBR 法による方法／83
- 4.6.2 理論的設計方法／83

4.7 耐震設計 …… 89
- 4.7.1 概　説／89
- 4.7.2 研究成果と評価の現状／89
- 4.7.3 耐震設計／92
- 4.7.4 軟弱地盤上の EDO-EPS 盛土の耐震設計／102
- 4.7.5 大規模地震動（レベル 2 地震動）に対する耐震設計時の留意点／103

第5章　施工・積算 …… 107

5.1 概　説 …… 107

5.2 施工方法 …… 108
- 5.2.1 準備工／108
- 5.2.2 掘削工／109
- 5.2.3 排水工／110
- 5.2.4 基盤工／112
- 5.2.5 EDO-EPS ブロックの搬入および養生／114
- 5.2.6 EDO-EPS ブロック設置工／116
- 5.2.7 コンクリート床版工／121
- 5.2.8 壁体工／122
- 5.2.9 のり面工・緑化被覆工・吹き付け工／128
- 5.2.10 付帯工／130
- 5.2.11 出来形管理／131

5.3 積　算 …… 131
- 5.3.1 概　要／131
- 5.3.2 施工歩掛／132

5.4　品質管理 …………………………………………………………………… 138

5.5　安全管理 …………………………………………………………………… 142
　5.5.1　火災対策／142
　5.5.2　土砂の崩壊対策／143
　5.5.3　建設機械・車両の安全管理／143

5.6　維持管理 …………………………………………………………………… 144
　5.6.1　概説／144
　5.6.2　平常時の点検・調査／145
　5.6.3　保守および補修・補強対策／148
　5.6.4　異常時の臨時点検・調査／149
　5.6.5　応急対策・本復旧／150

第6章　施工事例 …………………………………………………………………… 153

6.1　道路盛土 …………………………………………………………………… 153
　6.1.1　概　説／153
　6.1.2　実施例／154

6.2　傾斜地の拡幅盛土 ………………………………………………………… 158
　6.2.1　概　説／158
　6.2.2　実施例／159

6.3　橋台背面盛土 ……………………………………………………………… 164
　6.3.1　概　説／164
　6.3.2　実施例／165

6.4　地すべり地の道路盛土 …………………………………………………… 170
　6.4.1　概　説／170
　6.4.2　実施例／171

6.5　仮設道路 …………………………………………………………………… 175
　6.5.1　概　説／175
　6.5.2　実施例／176

6.6 鉄道盛土 ……………………………………………………………………………179
　　6.6.1　概　要／179
　　6.6.2　実施例／179

6.7 空港誘導路 ……………………………………………………………………………184

6.8 港湾構造物への適用事例 ……………………………………………………………186
　　6.8.1　概　要／186
　　6.8.2　実施例／186

6.9 公園盛土 ………………………………………………………………………………189
　　6.9.1　概　説／189
　　6.9.2　実施例／189

6.10 緑化盛土 ……………………………………………………………………………192
　　6.10.1　概　説／192
　　6.10.2　実施例／192

6.11 内型枠・橋梁埋め込み型枠 ………………………………………………………193
　　6.11.1　概　説／193
　　6.11.2　実施例／194

6.12 嵩上げ盛土 …………………………………………………………………………196
　　6.12.1　概　説／196
　　6.12.2　用途と種別選定／196
　　6.12.3　実施例／196

6.13 埋設管 ………………………………………………………………………………200
　　6.13.1　概　説／200
　　6.13.2　実施例／200

6.14 落石防護施設 ………………………………………………………………………202
　　6.14.1　概　説／202
　　6.14.2　実施例／202

6.15 文化財保護 …………………………………………………………………………204
　　6.15.1　概　要／204

6.15.2 実施例／205

6.16 浮き桟橋 …………………………………………………………………208
6.16.1 概　説／208
6.16.2 実施例／208

6.17 防振対策工 ………………………………………………………………209
6.17.1 概　説／209
6.17.2 実施例／210

6.18 実物大実験 ………………………………………………………………212
6.18.1 両直型盛土形式の実物大振動実験／212
6.18.2 拡幅盛土形式の大型振動台実験／215

6.19 海外の施工例 ……………………………………………………………219
6.19.1 ノルウェーの施工例／219
6.19.2 オランダの施工例／223
6.19.3 ギリシアの施工例／225
6.19.4 セルビアの施工例／226
6.19.5 イギリスの施工例／227
6.19.6 中国の施工例／228
6.19.7 韓国の施工例／229

第1章

総　説

1.1　軽量盛土工法の歴史と分類

1.1.1　軽量盛土工法の歴史

　世界で最初に軟弱地盤対策として発泡スチロールを用いた超軽量盛土工法が適用されたのは、1972年、ノルウェー、オスロ郊外の幹線道路に架かるフロム橋取付け盛土の沈下対策である[1]。
　層厚3mの腐植土層と層厚10mの海成粘土による軟弱地盤のため、施工後に2mの沈下が生じていたが、取付け盛土を層厚1mの発泡スチロールブロックで置き換えることにより、その後23年間で15cmの沈下に収まった事例である。写真1.1.1は、1972年に実施されたノルウェー　オスロ郊外のフロム橋取付け盛土の発泡スチロール施工状況を示している。

写真1.1.1　フロム橋の発泡スチロール施工状況（ノルウェー　1972）

　フロム橋取付け盛土の発泡スチロール置換え施工より13年後の1985年、ノルウェー　オスロで「Plastic Foam in Road Embankments」という国際会議[2]が開催された。この会議では、ノルウェーにおける13年間の発泡スチロール盛土の施工実績や、埋設発泡スチロールのモニタリング結果、ならびに設計施工ガイドラインなどがノルウェー国立道路研究所（Norwegian Road Research Laboratory：NRRL）などにより発表され、この会議により発泡スチロールを軽量盛土材として適用することが可能なことが欧州をはじめ、世界に認識されたのである。
　この会議には、日本からは三木五三郎氏、福住隆二氏の2名が参加[3]しており、翌年から日本でも発泡スチロールを用いた超軽量盛土工法の適用研究が開始されている。なお、1985年には北海道開発土木研究所の指導により、札幌市において日本で初めて発泡スチロールを用いた軽量盛土が施工されている[4]。
　一方、日本でも1974年に運輸省港湾技術研究所により、護岸矢板背面に発泡スチロールとモルタルの混合体を使用して土圧を低減する研究[5]が行われている。また、擁壁の変状対策として、裏込

め部を掘削し粉砕した発泡スチロールを詰める事例も行われている[6]。

　1985年に日本では、発泡スチロールによる超軽量盛土工法が紹介されて以来、軽量盛土工法研究の気運は一気に高まり、環境問題や建設残土発生材の有効利用などの観点からも、発泡材料と発生材あるいは安定固化材などと混合して軽量盛土材とする工法が広く研究、開発されるようになっている[7][8]。

1.1.2　軽量盛土工法の分類

日本においてこれまで研究、開発されてきた軽量盛土材は、以下のように大別することができる。

① 合成樹脂発泡体による超軽量ブロックを用いるもの。
　　大型の発泡樹脂ブロックで超軽量であるにもかかわらず圧縮強度が大きく、ブロックを積み重ねた盛土体として適用できるもの。

② 合成樹脂発泡粒や気泡剤を発生土やモルタルなどに混合するもの。
　　樹脂発泡粒や気泡剤を土砂やセメントモルタルあるいはセメントミルクと混合し、その混合割合によって単位体積重量を調整することができ、粒状体、流動体として施工され、転圧や硬化などにより土砂やモルタルの性状を併せ持った軽量盛土体として適用できるもの[9]。

③ 製鉄所や発電所の副産物（スラグなど）、天然に産する軽量物（軽石、火山灰など）、再発泡や裁断によるチップ化の人工軽量物（発泡廃ガラス、廃タイヤチップなど）を用いるもの。
　　中空粒状体で自硬性の特徴を利用した副産物の有効利用や大量廃棄物の再利用で軽量盛土体として適用できるもの。

　表1.1.1は代表的な軽量盛土材と単位体積重量、一般的な呼称、主な特徴などを示したものである。また、図1.1.1は発泡スチロールブロック、気泡混合軽量土、発泡ビーズ混合軽量土、土砂による盛土材、コンクリートと軽量材の混合軽量体などの単位体積重量と一軸圧縮強さを比較したものである。

表1.1.1　軽量盛土材と単位体積重量ならびに主な特徴など

軽量盛土材	単位体積重量 (kN/m³)	一般的な呼称、特徴など
発泡スチロールブロック	0.12～0.45	EDO-EPSブロック、EPS 超軽量体、発泡樹脂体(型内発泡体、押出発泡体)
気泡混合軽量土	6～12程度	エアーモルタル、気泡モルタル、FCB 密度調整可、流動体、発生土利用可
発泡ビーズ混合軽量土	8～15程度以上	ハイグレードソイル、スーパージオマテリアル 密度調整可、粒状体、安定材添加、発生土利用可
焼却灰、石炭灰、水砕スラグ、火山灰、シラス	10～16程度	中空粒状体、自硬性副産物、人工材、天然材　など
古タイヤ片、木片、発泡廃ガラス	3～10程度	タイヤチップス、ウッドチップ、多孔質発泡体　など

上記以外にも現場発泡ウレタン、人工軽量骨材などがある。

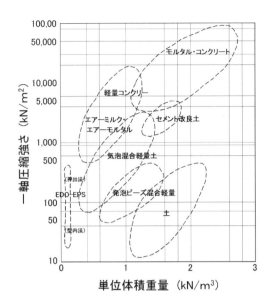

図1.1.1　軽量盛土材の単位体積重量と一軸圧縮強さ

1.2　発泡スチロール土木工法（EPS工法）

　発泡スチロール土木工法とは、大型の発泡スチロールブロックを盛土材料や裏込め材料として土木構造物の建設工事に適用するもので、発泡スチロールブロックの持つ超軽量性、耐圧縮性、ブロックを積み重ねたときの自立性ならびに施工性などの特長を有効に利用する工法の総称である。

　発泡スチロールは、英語でExpanded Poly-Styrol(またはExpanded or Extruded Polystyrene foam)と表記されており、その頭文字をとってEPSと呼ばれている。このため、発泡スチロール土木工法は、英語略表記として一般に、EPS工法と呼称されている。

　なお、発泡スチロール土木工法（EPS工法）という呼称は、後述する発泡スチロール土木工法開発機構によって命名されたものである。

1.2.1　EDO-EPS工法

　発泡スチロール土木工法（EPS工法）は、1985年に日本に導入されて以来30余年が経過している。この間には1万数千件、700万m³におよぶ施工実績が積み重ねられ、荷重軽減技術や土圧軽減技術に加え耐震技術を始めとしたEPS盛土体の内部応力分散や拡幅盛土形状に伴う応力集中現象など、様々な研究成果と多くの施工実績に基づく設計・施工体系が確立されている。しかし、近年になってこれらの設計・施工体系に基づかず、類似の発泡ブロックを用いてEPS工法やEPS軽量盛土工法などと称する事例が散見されるようになっている。

　このため、発泡スチロール土木工法開発機構では、30余年にわたる施工実績と上述したようなさまざまな研究成果を設計・施工法に反映した発泡スチロールを用いた土木工法として、組織の英訳(EPS construction method Development Organization：略称EDO)の頭文字をEPS工法の前に付してEDO-EPS工法と呼称している。そして、発泡スチロール土木工法開発機構では、これまでの知見や研究成果を総合して「EDO-EPS工法　設計・施工基準書（案）」（最新は第2回改訂版2014年11

月発行）を設計・施工体系の基準として発行している。

(1) EDO-EPS 工法とは

EDO-EPS 工法とは、発泡スチロール土木工法開発機構が発行する「EDO-EPS 工法　設計・施工基準書（案）」（最新は第 2 回改訂版 2014 年 11 月発行：以下　基準書と略す）ならびに「EDO-EPS 工法認定ブロック品質認定要領」（2007 年 10 月発行）に基づいて認定された EDO-EPS ブロック（認定シール貼付）を、基準書で指定された緊結金具 (EDO-EPS 刻印有) で一体化し、荷重軽減対策や土圧軽減対策さらには地震対策、維持補修対策、環境対策などに幅広く適用する超軽量盛土工法である。

図 1.2.1 は、発泡スチロール土木工法開発機構によって認定された EDO-EPS ブロックに貼付されている EDO 認定シールを示している。このシールはブロックひとつに付き 1 枚が貼付されている。また、写真 1.2.1 は EDO-EPS ブロックを一体化する専用の緊結金具を示している。この緊結金具には「EDO-EPS」という刻印が打刻されている。

なお、EDO-EPS ブロック、EDO-EPS 工法という用語は商標登録されている。さらに緊結金具は特許登録されているなど、産業財産権が設定されている。したがって、模造品や類似品を使用した場合には権利侵害が発生するので注意が必要である。

図1.2.1　EDO-EPS工法ブロックに貼付されているEDO認定シール

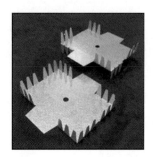

写真1.2.1　EDO-EPS工法専用緊結金具
（下：片爪型、上：両爪型と刻印（EDO-EPS））

(2)　EDO-EPS 工法　設計・施工基準書（案）

基準書は、発泡スチロール土木工法開発機構 (Eypanded poly-styrol construction method Development Organization：以下 EDO と略す）が EDO-EPS ブロックを所定の緊結金具で一体化した超軽量盛土体を用いて試験した研究成果ならびに多くの施工実績から得られた知見に基づいて設計・施工体系が構築されている。したがって、これらの条件に該当しない場合については、本基準書は適用できないため注意が必要である。

本基準書が適用できない場合とは以下のいずれかに該当する場合である。

　ⅰ）　EDO が品質を認定していない類似の発泡スチロールブロックを用いた軽量盛土工法およびそれに類する工法。

　ⅱ）　EDO が品質ならびに形状を認定していない類似の緊結金具を用いた軽量盛土工法およびそれに類する工法。

　ⅲ）　発泡スチロールブロック以外の軽量盛土材を用いた軽量盛土工法およびそれに類する工法。

1.2 発泡スチロール土木工法（EPS工法）

図1.2.2　EDO-EPS工法　設計・施工基準書(案)　2014年11月発行

図1.2.3　EDO-EPS工法認定ブロック品質認定要領　2007年10月発行

　図1.2.2は「EDO-EPS工法　設計・施工基準書(案)」(2014年11月発行)の表紙(オレンジ色)である。また、図1.2.3は「EDO-EPS工法認定ブロック品質認定要領」(2007年10月発行)の表紙である。

1.2.2　EDO-EPS工法の特長と適用分野
(1)　EDO-EPS工法の特長
　EDO-EPS工法の特長はEDO-EPSブロックが持つ様々な特徴を有効に活用することであり、それらは以下の項目にまとめることができる[10]。

ⅰ）超軽量性

　EDO-EPSブロックの単位体積重量は$0.12 \sim 0.45 kN/m^3$で一般的な土砂$1.6 \sim 2.0 kN/m^3$の約$1/50 \sim 1/100$である。また、他の軽量盛土材料と比較しても$1/10 \sim 1/50$と超軽量である。したがって、軟弱地盤上や地すべり地などにおいて盛土荷重を軽減したい場合などに有効である。

　さらには超軽量のために人力運搬が可能で、施工機械が入りにくい狭隘な場所への急速施工や嵩上げ施工、裏込め施工などにも活用が可能である。

ⅱ）耐圧縮性

　EDO-EPSブロックの許容圧縮強さは$20 \sim 350 kN/m^2$であるため、一般的な盛土として十分な強度を発揮することができる。さらには適用される構造物の部位に応じて許容圧縮強さを使い分けることが可能である。

　また、超軽量でかつ耐圧縮強さが大きいため、狭隘な場所や十分な転圧が困難な場所の盛土あるいは簡易な地中構造物の基礎構造物などへの適用も可能である。

ⅲ）自立性

　EDO-EPSブロックを相互に積み上げた場合、鉛直な自立面を形成することが可能である。EDO-EPSブロックのポワソン比は微小であるため、上載荷重による自立面の横方向への変形

は極めて小さいことが測定されており、さらには耐震実験においても緊結金具による連結を行えばブロックが個別に突出することなく、常時、地震時ともに安定した鉛直面を形成することが確認されている。

　この特性を利用して橋台などの構築物背面にEDO-EPSブロックを設置し、同ブロック背面の取付け盛土勾配を緩くすることにより、橋台への土圧軽減対策とすることができる。また、傾斜地の拡幅盛土などでは擁壁などの抗土圧構造物が不要となり、簡易な保護壁の施工で拡幅盛土を構築することが可能である。

iv）施工性

　EDO-EPSブロックは超軽量であるため人力運搬や設置が可能である。建設機械が進入できない狭隘な場所や急傾斜地、あるいは軟弱地盤上などの支持力が不足する場所の施工も容易である。また、建設機械による振動や騒音が問題となる地域や静穏が必要な施設での工事にも活用が可能である。

v）経済性

　EDO-EPS工法による軟弱地盤上の盛土工事では、軟弱地盤の深さや支持力の程度に影響されずに盛土が可能であるため、地盤改良工事や他の軟弱地盤対策と比較して工期の短縮も含めた大幅な経済設計が可能である。また、盛土拡幅施工に適用した場合は、ブロックによる自立面の形成などから抗土圧構造物が不要となることとあわせて、限られた用地内での工事が可能となり、施工費と用地費も含めた大幅な経済性の向上が可能である。

vi）土中環境特性

　EDO-EPSブロックの組成は炭素と水素であるため、燃焼や溶出によって有害物質が発生することはない。また、発泡剤にはオゾン層破壊物質となるフロンは使用されていないため環境破壊の問題などは発生しない。EDO-EPSブロックは化学的に安定しているため、土中での酸やアルカリなどの浸透物による分解、さらにはカビなどによる劣化や腐食は発生しない。

　ただし、原料である発泡樹脂（ポリスチレン）は石油製品であるため、ガソリンやシンナーなどの芳香族炭化水素などには溶解するので注意が必要である。それらが懸念される場合はポリエチレンシートなどで養生することで防護が可能である。

vii）環境保護特性

　EDO-EPSブロックは超軽量性で耐圧縮性があり化学的にも安定しているため、遺跡や重要埋設物などの保護や防護が必要な地盤、あるいは仮設道路などの施工後に原形復旧が必要な地盤に盛土構築物として適用することができる。

　また、山岳地での道路建設などでは、切土と盛土により地形の改変が発生し、自然斜面などの植生を伐開することにより環境の破壊が発生する。EDO-EPSの自立性や軽量性の特徴を利用することにより、地形改変を最小限にとどめることができ、自然環境の保護にも有効な工法となる。

　なお、EDO-EPS盛土は、のり面はもちろんのこと、拡幅盛土などの直立壁面も若干の勾配を付けることで緑化することも可能である。

viii）振動特性

　EDO-EPSはその体積の98％が空気であるため、地盤に対して波動インピーダンス（波動速

度×密度）が極めて小さい。この特性と耐圧縮性を利用して振動発信源直下または発信源と保護対象物の間に壁状にブロック体を設置し、土中の振動伝播を軽減する対策として活用が可能である。

(2) 適用分野

表1.2.1 は、EDO-EPS 工法の主な適用地盤と適用形態ならびにその模式図と期待される効果を示している。

表1.2.1　EDO-EPS工法の主な適用地盤と適用形態

適用地盤	適用形態	模 式 図	期待される効果
軟弱地盤 支持力が不足する地盤	盛土、両直盛土 (道路、鉄道、空港、堤防、護岸、公園等)		・地盤の沈下、変形軽減 ・地盤すべり破壊防止 ・近接構造物への影響抑制 ・維持管理(長期沈下等)の軽減
	盛土部の拡幅盛土		・同 上 ・既設盛土との不同沈下軽減 ・用地幅の制限
	橋台、構造物背面盛土、取付け盛土、掘割構造物背面		・構造物背面の土圧軽減 ・構造物との不同沈下軽減 ・基礎杭への側方流動防止
	護岸、岸壁 港湾施設、河川施設		・地盤の沈下、変形軽減 ・護岸構造物の変形抑制 ・護岸施設の不同沈下軽減
	重要構造物の保護、既設構造物の保護 **基礎構造物の保護**		・既設構造物への荷重軽減 ・構造物への影響抑制 ・構造物基礎への影響抑制 ・基礎杭への側方流動防止
	地中構造物の埋戻し、嵩上げ、保護 上・下水道管路の保護		・C-Box、管路、地中構造物への荷重軽減、沈下変形抑制 ・上下水道管の変形防止 ・パイプカルバートの保護
	仮設道路、切回し道路、仮設足場、ステージ、遺跡保護盛土		・盛土の沈下変形軽減 ・設置地盤の原形復旧容易 ・文化遺跡等の埋蔵物保護、変形抑制
水位変動地盤 (軟弱地盤等)	盛土、両直盛土の水位変動部分へ浮力対策ブロックを設置		・浮力の抑制、軽減 ・水位変動に追従して浮力軽減

表1.2.1　EDO-EPS工法の主な適用地盤と適用形態（つづき）

適用地盤	適用形態	図	効果・特徴
傾斜地 山岳地	斜面上の拡幅盛土 斜面上の両直盛土		・斜面すべり破壊の防止 ・自然破壊(切土)の抑制 ・抗土圧構造物の簡素化 ・用地幅制約地の盛土
地すべり地	盛土、拡幅盛土 両直盛土		・すべり破壊の抑制、軽減 ・地すべり地の頭部軽減 ・地すべり地の脚部軽減
災害復旧 ・豪雨災害 ・地震災害 ・津波災害 ・火山災害	地震等崩壊盛土復旧 急傾斜地崩壊盛土復旧 津波崩壊施設復旧 火山振動の構造物衝撃緩和		・盛土、施設の早期復旧 ・人力による狭隘箇所、軟弱箇所、すべり箇所等の復旧 ・早期本復旧による供用開始 ・構造物背面の衝撃緩和
壁面簡素化	壁面付きブロックによる拡幅盛土 (盛土、拡幅盛土、両直盛土)		・ブロック設置と同時に壁面施工完了 ・壁面施工困難箇所の施工
急速施工 狭隘施工 型枠施工	列車ホームの拡幅、嵩上 狭隘箇所の急速盛土 転圧困難箇所の盛土 土砂搬入困難箇所盛土 埋殺し型枠と足場供用		・制限時間内の急速施工 ・無騒音、無振動急速施工 ・転圧、締固め困難箇所の施工 ・型枠と足場の供用
構造物荷重軽減	屋上緑化,構造物上の盛土嵩上げ、公園化盛土 アーチ橋の中詰め盛土		・構造物への荷重軽減 ・土砂搬入困難箇所の盛土 ・緑化盛土の荷重軽減
基　礎	パイプ、地中埋設管基礎 水路基礎 中空連続構造物の基礎		・パイプ、水路の勾配確保 ・パイプ、水路の基礎材 ・中空連続体の沈下、変形軽減
防　振	交通振動対策壁 防振壁 防振基礎		・自動車、鉄道振動の防振 ・地中伝播波の抑制、軽減 ・発信源の振動吸収
緩　衝	落石緩衝施設 土砂、雪崩緩衝施設		・落石の落下衝撃吸収 ・衝撃対策構造物の緩衝
浮　力	浮き島、浮き基礎 ポンツーン、浮き桟橋 仮設ステージ等		・浮力利用（浮き島、ステージ等） ・緩衝特性利用（桟橋等）

(3) 施工実績

EDO-EPS 工法の施工実績は、1985 年の日本への技術導入以来、2014 年時点で累積施工件数が 13,000 件、累積施工量が 650 万 m³ となっている。図 1.2.4 は 1986 年から 2014 年までの 29 年間の年間施工量の推移を示している。また、図 1.2.5 は近年の施工実績の用途別分類の割合を示している。それによると用途別分類では道路が 70% と圧倒的に多く、続いて空港、建築、公園となっている。また、道路用途の適用形態は拡幅盛土が 50%、橋台背面盛土と一般盛土がそれぞれ 20%、残りが嵩上げ、両直盛土である。

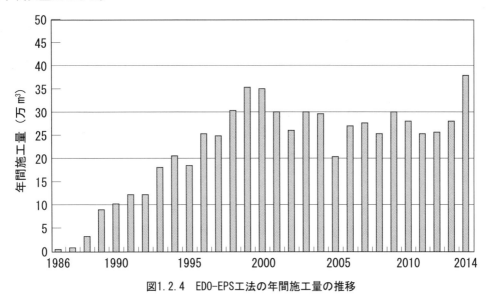

図1.2.4　EDO-EPS工法の年間施工量の推移

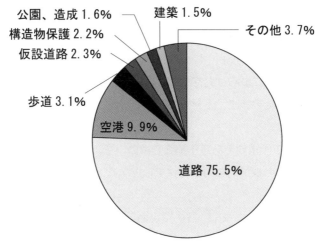

図1.2.5　EDO-EPS工法の用途別分類

1.3　発泡スチロール土木工法開発機構の歩み
1.3.1　発泡スチロール土木工法開発機構

発泡スチロール土木工法開発機構 (Expanded poly-styrol construction method Development Organization：以下 EDO と略す) は、発泡スチロールを用いた土木工法に関して、ノルウェーを始め欧州各国の先行技術を技術導入し、わが国の土木工法として技術的確立を目指し、材料および工法

の健全な発展を図ることを目的として1986年に創立された。当初の活動は、ブロック集合体の土木構造物としての基礎研究ならびに自立壁体としての応用研究を進め、超軽量盛土工法の設計・施工体系を確立することを目的としていた[11)][12)]。

そのため、創立10年後の組織は学識経験者による会長、顧問を始め、総合建設業36社、専門工事業10社、材料メーカー8社ならびに技術提携会社として建設コンサルタント2社、ノルウェーコンサルタント1社、ノルウェー国立道路研究所の構成となっていた。

写真1.3.1　EPS開発機構創立総会（日本工業倶楽部、東京、1986）

さらに、将来の多様な発展を視野に入れ、材料特性を踏まえた工学的な研究に対応できる組織として官公庁研究機関および大学などの学識経験者による研究委員会を東京、大阪、福岡に設けさまざまな技術課題に取り組んできていた。

写真1.3.1はEDOの創立総会の様子である。

1.3.2　技術開発の歩み

EDOでは、1986年から超軽量盛土工法の技術的確立を進めるため、大学や官公庁研究機関との共同研究、実際の施工現場における計測や動態観測、さらにはEDOの自主研究、さまざまな実験など設計、施工に必要な研究開発を実施してきている。これまでの主要な研究項目は以下のとおりである。

(1)　EDO-EPSブロック単体の材料特性試験

材料特性試験は、日本工業規格(JIS)によって密度試験、圧縮強さ試験、燃焼試験の方法がそれぞれが規定されている。しかし、これらは発泡樹脂の保温材、断熱材としての適用に対する試験であるため、試験方法や試験結果をそのまま土木材料としての特性評価に適用できるかどうか検討が必要であった。

EDOでは、特に設計・施工上重要である圧縮強さについて、JISによる方法と土質試験の標準的な方法の比較試験を行い、EPSの標準的な力学特性を把握する上で有効であると考えられたJISによる方法を準用することとしている。

さらに、それ以外の各種試験については、評価項目の目的に沿った試験方法を検討して行っている。材料特性試験の主な実施項目は以下のとおりである[13)]。

- ・単位体積重量　・圧縮特性（一軸圧縮強さ，三軸圧縮強さ）　・クリープ特性　・摩擦特性
- ・変形係数　・ポアソン比　・動的変形特性　・耐熱性　・燃焼性　・耐久性（耐土中微生物）
- ・耐シロアリ性　・耐薬品性　・吸水性など

(2)　ブロック集合体としての基礎研究

ブロック集合体として盛土を構築するためには、ブロック相互を何らかの方法で一体化することが必要である。具体的には所定の緊結金具による一体化を行っている。この一体化盛土について載荷重の各ブロックへの伝達状況と応力分散状況を測定し、設計体系に反映している。

なお、施工性調査では緊結金具設置の作業性調査を行い、施工歩掛りに反映している。

ブロック集合体としての基礎研究項目は以下のとおりである。

- 緊結金具によるブロックの一体化ならびにそれらの施工性調査 [14]
- 緊結金具で一体化された EDO-EPS ブロック内の応力分散状況の測定 [15]
- EDO-EPS 工法実物大実験工事（高さ 3m）：実物大道路盛土を構築し、車両走行による路面変形、応力分散、側圧などの測定 [14]
- EDO-EPS 盛土の鉄道盛土への適用に関する研究（鉄道総合技術研究所との共同研究）[16]。
- EDO-EPS 路床の変形係数測定、CBR 値の評価検討など [17]

(3) 自立壁、直立壁を有する構築体の応用研究

自立壁、直立壁の施工法、施工精度、施工歩掛りなどを把握するために、各地での施工事例の調査を行っている。また、自立壁、直立壁に上載荷重が近接したときの壁面での側圧を計測している。さらには、擁壁などの構築物壁面に対して背面の EDO-EPS 構築形状により土圧の発生状況を建設省土木研究所の擁壁実験土槽で計測を行っている。

自立壁、直立壁を有する構築体の応用研究項目は以下のとおりである。

- 直立壁を有する駐車場ならびに実物大道路施工による土圧測定、応力測定および施工性調査、歩掛り調査 [18]
- 裏込めに EPS を用いた擁壁土圧実験：大型実験土槽（深さ 7 m）を用いての土圧測定実験（建設省土木研究所）[19]
- 拡幅盛土あるいは橋台背面施工現場における側圧測定、土圧測定、長期動態観測 [20]〜[22] など

(4) 耐震性の研究

地震国である日本では、1986 年の技術導入当初から EDO-EPS 盛土の耐震性の評価が課題であった。そのため、小規模な振動台による起震実験から始まり、建設省土木研究所による傾斜地を模した実物大規模の振動実験、さらには高さ 8m におよぶ両直盛土の振動台実験、そして耐震設計上の背面アンカーなどの効果を確認する北海道開発土木研究所による 1/5 モデルの耐震実験など耐震設計に必要な知見を得るために多くの実験研究が行われている。耐震実験の主な項目は以下のとおりである。

- EPS ブロックの動的特性：各機関における室内試験、振動台実験、原位置振動実験など [23]
- EPS 盛土の耐震性に関する模型振動実験及び有限要素解析（建設省土木研究所）[24]
- 試験用 EPS 盛土構築試作試験（鉄道総合技術研究所）[16]
- 橋台背面 EPS 盛土の地震時安定性検討（長岡技術科学大学）[25]
- EPS 盛土（高さ 8 m）の実物大振動実験：レベル 2 地震動による耐震性能評価 [26]
- EPS 拡幅盛土の耐震性評価実験（北海道開発局開発土木研究所）[27] など

(5) 簡易壁体の施工性、機能性の研究

EDO-EPS 盛土の自立面には、紫外線による劣化や火災などから EDO-EPS を保護するため、通常、H 形鋼などの支柱と押出成形セメント板などからなる壁体構造が設けられる。

「(4) 耐震性の研究」の成果として、そのような壁体構造がない拡幅形状 EDO-EPS 盛土においても、背面斜面への水平力抑止工が有効に機能すれば、耐震性に問題のないことが確認されている。その成果を受けて、EDO ではより合理的かつ経済的な簡易壁体構造の研究を進めている。

具体的には北海道開発局開発土木研究所と 3 年間に亘る共同研究を実施し、簡易壁体構造の静的・

動的荷重に対する変位追従性、経済性、施工性、耐候・耐久性、耐火性などを確認している。
・EPS 直立面保護壁の簡易構造研究（北海道開発局開発土木研究所）[28] など

1.3.3 国際技術交流の歩み [29),30)]

EDO-EPS 工法を日本へ技術導入するに当たり、EDO では 1986 年にノルウェー国立道路研究所（NRRL）とノルウェーの建設コンサル
へんいzタント（Dr. Lars Aadnesen A/S）の両者と技術提携を結び、先行開発研究のノウハウを得ている。

EDO はこの技術提携を基に 1988 年から現在に至るまでノルウェーを始め、スウェーデン、オランダ、ドイツ、フランス、イギリス、アメリカ、チリ、中国、韓国、台湾などの研究機関を訪問し、相互の技術交流を通して各国の軽量盛土の実態と設計施工の概況を調査している。

なお、EDO では、単に各国の様子を見聞するだけではなく、日本の設計、施工の概況あるいは施工事例を詳細なレポートにまとめ、訪問国と技術交流会議を開催して闊達な意見交換を行ってきている。

このような日本の技術交流活動を反映し、EPS 軽量盛土の実績国間では、相互に技術情報の交換を行う国際会議の気運が高まり、1985 年のノルウェーで開催された国際会議を皮切りに、これまでに多くの技術交流会議や国際会議が開催されている。図 1.3.1 は世界での EPS 工法が実施されている主な国や地域を現したものである。また、表 1.3.1 はこれまでに EDO が参加した国際技術交流会議と国際会議の開催状況をまとめている。

写真 1.3.2 は 1985 年ノルウェー、オスロで開催された第 1 回 EPS 工法国際会議（Plastic Foam in Road Embankments）の技術発表終了後に現場見学会が開催された様子を示している。これは鉄道近接盛土に EPS 工法が適用されている施工現場である。写真 1.3.3 は EDO とノルウェー国立道路研究所（NRRL）との技術交流会議の様子で、NRRL の Kaare Flaate 所長の挨拶の様子である。また、写真 1.3.4 は 1996 年に東京で開催された第 2 回 EPS 工法国際会議（EPS　TOKYO'96　経団連会館）の様子および写真 1.3.5 は会議終了後の懇親会の様子である。

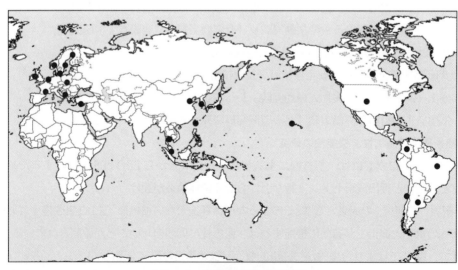

図1.3.1　世界のEPS工法実施国

表1.3.1　EPS工法の国際技術交流会議と国際会議の開催状況

開催年	会議種別	EDOと各国の技術会議ならびにEPS工法に関する国際会議
1985	国際会議	第1回 EPS工法国際会議　Plastic Foam in Road Embankments（オスロ、ノルウェー、15ヵ国、150名参加）
1988	技術調査訪問	ノルウェー国立道路研究所(NRRL)、スウェーデン土質工学研究所(SGI)、ドイツ、バスフ社研究所(BASF)
1988	技術交流会議	ノルウェー国立道路研究所(NRRL)、スウェーデン土質工学研究所(SGI)、ドイツ、バスフ社研究所(BASF)、フランス国立土木研究所(LCPC)
1989	技術交流会議	ノルウェー国立道路研究所(NRRL)、スウェーデン土質工学研究所(SGI)、ドイツ、バスフ社研究所(BASF)、ドイツ、ブンデス交通道路研究所(BASt)フランス国立土木研究所(LCPC)
1990	技術招聘	ノルウェー国立道路研究所(NRRL)　T.E.Frydenlund部長来日講演
1991	技術交流会議	ノルウェー国立道路研究所(NRRL)、スウェーデン土質工学研究所(SGI)、オランダ、ロイヤルダッチシェル研究所
1993	国際会議	中国・日本技術フォーラム（北京、中国）
1994	国際会議	北米ジオテクニカルシンポジウム（ホノルル、アメリカ）
1994	国際会議	韓国・日本EPS工法シンポジウム（ソウル、韓国）
1994	技術展示	第5回国際ジオテキスタイル会議　展示コーナー参加（シンガポール）
1996	国際会議	第2回 EPS工法国際会議　EPS TOKYO '96（東京、日本、14ヵ国、350名参加）
1997	技術交流会議	ノルウェー国立道路研究所(NRRL)、ドイツ、ブンデス交通道路研究所(BASt)、ドイツ、アーヘン工科大学(WBI)、オランダ、シェル研究所(Dutch Shell)、オランダEPSメーカー(Synba)、イギリス、バブタイグループ(Babtie G)、イギリス交通研究所(TRRL)
2000	技術交流会議	ノルウェー国立道路研究所(NRRL)、ドイツ、バスフ社研究所(BASF)、オランダEPSメーカー(Synba)
2000	国際会議	台湾・日本　EPSシンポジウム（台北、中華民国）
2000	国際会議	CROW　EPSシンポジウム（アムステルダム、オランダ）
2001	技術講演会	中国EPS講演会（富陽市、中国：中国プラスティック協会）
2001	国際会議	第3回 EPS工法国際会議（ソルトレイクシティー　アメリカ 10ヵ国、100名参加）
2002	技術展示	軽量地盤材料に関する国際ワークショップ（地盤工学会）
2005	技術調査	ノルウェー道路管理局(NPRA)　R.Aabøe氏
2006	技術招聘	ノルウェー道路管理局(NPRA)　R.Aabøe氏、J.Vaslestad氏来日講演（東京：EDO創立20周年記念行事講演会）
2007	技術交流会議	ノルウェー道路管理局(NPRA)
2009	技術交流会議	ノルウェー道路管理局(NPRA)
2010	技術交流会議	チリ・EDO　EPSシンポジウム（サンチアゴ、チリ）
2011	国際会議	第4回 EPS工法国際会議（EPS 2011 NORWAY）オスロ、ノルウェー (The use of Geofoam Blocks in Construction Applications)
2017	国際会議	第5回 EPS工法国際会議（イスタンブール、トルコ）

写真1.3.2　第1回EPS工法国際会議の現場見学会（オスロ、1985）

写真1.3.3　技術交流会議（ノルウェー国立道路研究所/EDO　オスロ、1988）

写真1.3.4　第2回EPS工法国際会議
EPS TOKYO. 1996：経団連会館

写真1.3.5　第2回EPS工法国際会議の懇親会（東京、1996）
左から三木五三郎先生(EDO会長)、T.E.Frydenlund氏(ノルウェー国立道路研究所)、Hohwiller氏(ドイツ，BASF社)、福岡正巳先生(東京理科大学：EDO顧問)、三木博史氏(建設省土木研究所)による鏡割り（いずれも当時の肩書き）。

参考文献

1) Svein Alfheim, Kaare Flaate, Geir Refsdal, Nils Rygg, Kjell Aarhus：The first EPS Geoblock Road Embankment – 1972, EPS 2011 NORWAY 4th International conference on the use of Geofoam Blocks in construction applications, 2011

2) T.E.Frydenlund, Ø.Myhre, G.Refsdal, R.Aabøe：Plastic Foam in Road Embankments, 1985. Publication No.61 from the Norwegian Road Research Laboratory, Aug, 1987

3) 三木五三郎：1日国際会議「道路盛土に用いるプラスチック材料　―軟弱地盤問題の新しい解決法―」出席報告，土と基礎，Vol.33, No.8, pp.45～46, 1985

4) 能登繁幸：発泡ポリスチレンを用いた道路盛土，土と基礎，Vol.33, No.12, 1985

5) 善　功企，沢口正俊，中瀬明男，他3名：軽量ブロックによる土圧低減工法，運輸省港湾技術研究所報告，第13巻，第2号，pp.45～64, 1974

6) 梶山建築設計事務所：河内長野加賀田擁壁補強工事報告書，1982.12

7) 久楽勝行, 青山憲明：建設分野へ利用される新素材・新材料 (その 6) －盛土・地盤用新材料, 土木技術資料, Vol.33, No. 5, pp.68～71, 1991

8) 三木博史：軽量盛土工法の種類と特徴, 基礎工, Vol.22, No. 10, pp.2～7, 1994

9) 古谷俊明, 山内豊聡, 浜田英治：気泡セメントモルタルの力学特性, 土木学会西部支部研究発表会講演発表集, pp.406～407, 1988

10) 三木五三郎：発泡スチロールを使う新しい工法, 基礎工, Vol.14, No. 1, pp.6～12, 1986

11) 扇 孝三朗, 塚本英樹：土木構造物に発泡スチロール －発泡スチロール土木工法開発機構創立－ 積算技術, 9 月号, 1986

12) 福住隆二：発泡スチロール土木工法, 土木学会論文集, No. 373, pp.148～150, 9 月号, 1986

13) 発泡スチロール土木工法開発機構：EDO-EPS 工法設計・施工基準書（案）第一回改訂版, 2007 年 10 月

14) 発泡スチロール土木工法開発機構：EPS 工法実物大実験工事報告書, 1988

15) 西川純一, 松田泰明, 大江祐一, 巽 治, 佐野 修, 阿部 正：EPS 盛土の荷重分散特性を考慮した合理的設計法の提案, 第 31 回地盤工学研究発表会論文集, pp.2523～2524, 1996

16) 村田 修, 安田祐作, 大石守夫, 館山 勝, 八戸 裕：軟弱地盤における発泡スチロール試験盛土の構築, 第 24 回土質工学研究発表会, 1989

17) 三木五三郎, 塚本英樹, 桃井 徹：発泡スチロールによる超軽量盛土の道路路床としての評価, 土木学会第 47 回年次学術講演会講演集, 1992

18) 三木五三郎, 佐川嘉胤, 高木 肇, 塚本英樹：発泡スチロールを用いた実物大道路盛土の挙動, 土と基礎, Vol.37, No. 2, pp.55～60, 1989

19) 久楽勝行, 青山憲明, 竹内辰典：発泡スチロールを用いた構造物背面の土圧軽減工法の大型擁壁実験, 土木研究所資料, No. 2894, 1990

20) 巻内勝彦, 峰岸邦夫：繰返し荷重下の軽量盛土材 EPS の変形特性, 第 24 回土質工学研究発表会, 1989.

21) 田村重四郎：発泡スチロールブロックの集合体の動的特性について, 基礎工, Vol.18, No. .12, pp.26～30, 1990

22) 田村重四郎, 小長井一男, 都井 裕, 芝野亘浩：発泡スチロールブロック集合体の動的安定性に関する基礎的研究 (その 1) － 実験的研究 -, 東大生産研究, Vol.41, No. 9, 1989

23) 堀田 光, 西 剛整, 黒田修一, 阿部 正：地震履歴を受けた発泡スチロール (EPS) 盛土の耐震性評価, 土木学会第 48 回年次学術講演会講演集, 1993

24) 古賀泰之, 古関潤一, 島津多賀夫：EPS 盛土の耐震性に関する模型振動実験および有限要素解析, 土木技術資料, Vol.33, No. 8, 1991

25) 堀田 光, 黒田修一, 杉本光隆, 小川正二, 山田金喜：橋台背面裏込め EPS 盛土の振動特性, 第 27 回土質工学研究発表会講演集, pp.2533～2534, 1992

26) 西 剛整, 堀田 光, 黒田修一, 長谷川忠弘, 李 軍, 塚本英樹：EPS 盛土の実物大振動実験（その 1；振動台実験）, 第 33 回地盤工学研究発表会講演集, pp.2461～2462, 1998

27) 渡邉栄司, 西川純一, 堀田 光, 佐藤嘉広：EPS 拡幅盛土の壁体形式をモデル化した振動実験, 第 37 回地盤工学研究発表会, pp.835～836, 2002

28) 泉沢大樹, 西本 聡, 窪田達郎：EPS 盛土における簡易壁体構造の検討, 第 26 回日本道路会議, 2005

29) T.E.Frydenlund, R.Aabøe：Expanded Polystyrene -The Light Solution, International Symposium on EPS Construction method(EPS TOKYO '96), Tokyo, 1996

30) Hideki Tsukamoto：History of R&D and Design Code for EDO-EPS Method in Japan, EPS 2011 NORWAY 4th International conference on the use of Geofoam Blocks in construction applications, 2011

第2章

材 料

2.1 概 説

EDO-EPS 工法の主要部材としては、本体となる EDO-EPS ブロック、それらを相互に結合する緊結金具、コンクリート床版、被覆土、壁面材、振れ止めアンカー、水平力抑止工などがある。それらのうち、本章では EDO-EPS ブロックと緊結金具について詳細を述べることとする。

2.2 EDO-EPS ブロック

2.2.1 製造方法

一般に製品化されている発泡スチロール（以下 EPS と略す）は、石油精製によって得られるスチレンモノマーを重合して製造されるポリスチレン樹脂が原料である。ポリスチレン樹脂は、ビーズ状またはペレット状をしたポリスチレンに発泡剤を添加したものである。

EPS は 1943 年にアメリカで初めてポリスチレンペレットによる押出発泡法により工業化され、1952 年にはドイツで発泡性ポリスチレンビーズが開発され型内発泡法による製造が開始されている。日本では、1960 年頃に国内生産が開始されている[1]。

EPS は、その製造法の違いから型内発泡法（EPS：Expanded Poly-Styrol）と押出発泡法（XPS：Extruded Poly-Styrol）の2種類に区分される。本書では両者をあわせて EPS と呼称するが、製造法を区別する必要がある場合には型内発泡法によるものを EPS、押出発泡法によるものを XPS と記述する。

型内発泡法とは、原料である発泡性ポリスチレンビーズを所定の発泡倍率に予備発泡させたもの（予備発泡粒）を、さらにサイロで乾燥・熟成させた後、成形機に充填し、予備発泡粒が軟化するまで加熱しながら再発泡した後、冷却して発泡成形体を製造する方法である。この方法ではブロック状の発泡体が成形される。図 2.2.1 に型内発泡法の製造過程を示している。

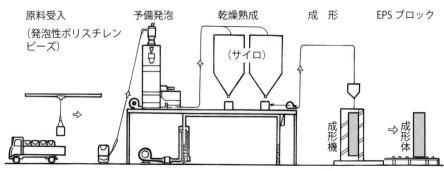

図 2.2.1　型内発泡法（EPS）の製造過程[1]

一方、押出発泡法とは、高圧下で溶融させたポリスチレンペレットに発泡剤を混合して押出発泡機の中で流動性のゲルを作り、これを押出機先端のオリフィスから常圧の徐冷室へ発泡しながら押し出す方法である。この方法では高強度のボード状の発泡体が成形される。図2.2.2に押出発泡法の製造過程を示している。

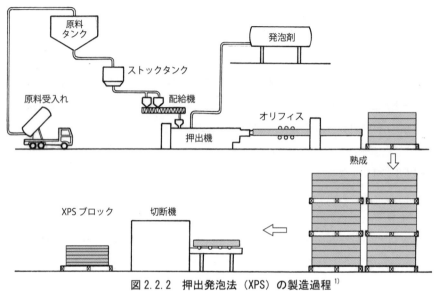

図2.2.2　押出発泡法（XPS）の製造過程[1]

　上記は、一般的な製品となる型内発泡法による発泡ブロックおよび押出発泡法による発泡ボード状ブロックの製造方法を示している。本書では、それぞれの製造過程において発泡スチロール土木工法開発機構（略称EDO）が規定している「EDO-EPS工法認定ブロック品質認定要領」にしたがって製造され品質管理されているEPSブロックをEDO-EPSブロックと規定している。

　いずれの製造方法でも、EDO-EPSブロックの形状および品質の安定を目的として、製造後一定の養生期間を経てから出荷することと規定されている。

2.2.2　形状および寸法

(1) EDO-EPSブロック

　EDO-EPS工法に汎用的に使用されるEDO-EPSブロックの2種類の標準的な形状と寸法を図2.2.3に示している。図2.2.3(a)は型内発泡法（EPS）による直方体ブロックを示しており、寸法は縦1m、横2m、高さ0.5mである。図2.2.3(b)は、押出発泡法（XPS）による厚さ0.1mの直方体ボード状ブロックを重ねて貼り合せたものである。重ねた寸法は、縦1m、横2m、高さ0.5mと型内発泡法（EPS）と同様である。なお、押出発泡法（XPS）は貼り合わせ枚数を変えることで10cm単位のブロック体の厚さ調整が可能である。

　これらのEDO-EPSブロックの現場配置の寸法調整のための切断加工および穴あけ加工などは、あらかじめ工場で行う場合と現場にて熱線ワイヤー（電源必要）により行う場合がある。また、これらのブロックは軟質樹脂であるためノコギリやカッターで切断する場合もある。

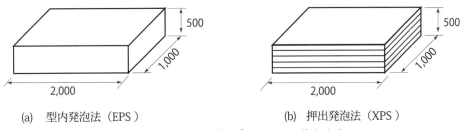

(a) 型内発泡法（EPS）   (b) 押出発泡法（XPS）

図 2.2.3 EDO-EPS ブロックの形状と寸法

(2) 浮力対策 EDO-EPS ブロック

EDO-EPS 工法は軟弱地盤など地下水位の高い場所で使用されることも多いため、ブロック内に設けた空隙（通水孔）に水が流入することで浮力を相殺する浮力対策 EDO-EPS ブロックが製造されている。図 2.2.4 に浮力対策 EDO-EPS ブロックの形状と寸法例を示している。ブロックの寸法は、一般に縦 1.0m、横 1.0 m、高さ 0.5 m であるが、空隙の成形上、高さ方向が 2 分割されている。

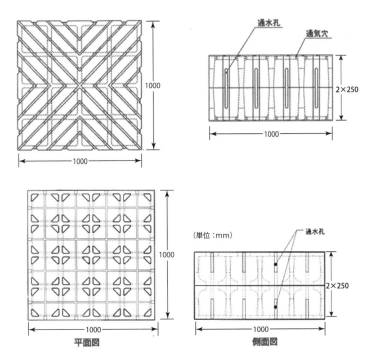

（通水孔、通水溝などの配置パターンは製品により異なる。）
図 2.2.4 浮力対策 EDO-EPS ブロックの形状と寸法（2 例）

2.2.3 設計単位体積重量・許容圧縮応力度

EDO-EPS ブロックは、製造時に成型機に投入するポリスチレン樹脂の量と発泡倍率の設定によって、その単位体積重量および圧縮強度を自在に調整することが可能である。

EDO では、EDO-EPS ブロック製造時の効率性や設計および施工時の簡便性、便宜性などを勘案して、表 2.2.1 に示す EDO-EPS ブロックの種別と設計単位体積重量および許容圧縮応力度を定めている。EDO-EPS ブロックの単位体積重量と許容圧縮応力度の相関は非常によく、単位体積重量の増加に応

じて許容圧縮応力度も大きくなる。設計時には、EDO-EPS ブロックへの作用応力度が表 2.2.1 に示した許容圧縮応力度を下回るよう適切な種別の EDO-EPS ブロックを選定する必要がある。なお、地震の影響、風荷重、衝突荷重など短期的な荷重を考慮する場合は、許容圧縮応力度は表 2.2.1 の値に割増係数（地震の影響および衝突荷重を考慮する場合は 1.5、風荷重を考慮する場合は 1.25）を乗じた値としてよい。

表 2.2.1　EDO-EPS ブロックの種別と設計単位体積重量および許容圧縮応力度

製造法	型内発泡法（EPS）					押出発泡法（XPS）				
種別※	D-12	D-16	D-20	D-25	D-30	DX-24	DX-24H	DX-29	DX-35	DX-45
設計単位体積重量 (kN/m³)	0.12	0.16	0.20	0.25	0.30	0.24	0.24	0.29	0.35	0.45
許容圧縮応力度 (kN/m²)	20	35	50	70	90	60	100	140	200	350
浮力対策 EDO-EPS ブロック	−	−	○	○	○	−	−	−	−	−

※種別の記号は EDO-EPS ブロックのみに使用される固有の記号

- 型内発泡法による EPS ブロックを地下水位以下に常時設置する場合は、吸水を考慮した設計単位体積重量は種別によらず 1.0kN/m³ とする
- 押出発泡法による XPS ブロックを地下水位以下に常時設置する場合は、吸水がほとんどないため設計単位体積重量は種別に応じて表 2.2.1 の値と同じとする。
- 許容圧縮応力度は、圧縮試験（JIS K 7220）における圧縮ひずみ 1% 付近の弾性限界ひずみに対応した値とする。
- 押出発泡法による XPS ブロックの許容圧縮応力度は、発泡時の独立気泡構造の配列に起因する圧縮応力の異方性があるので設計に際しては注意を要する。すなわち、押出成形平面に対して垂直方向の圧縮応力は表 2.2.1 に示すとおりであるが、押出成形平面に対して水平方向では表 2.2.1 に示す値の 1/3 程度になるため、積層したブロックの水平方向から土圧や水圧が作用する場合には設計時に注意する必要がある。
- なお、押出発泡法による XPS ブロックの水平方向の許容圧縮応力度は、各種別ごとに圧縮試験を実施して求めた値とする。
- 道路盛土などへの適用時に輪荷重の影響を受ける箇所には、載荷重に関らず種別 D-20 以上の許容圧縮応力度を有する EDO-EPS ブロックを用いることとする。
- 浮力対策 EDO-EPS ブロックは、種別 D-20、D-25 および D-30 に相当する圧縮強度のブロックが製造されている。

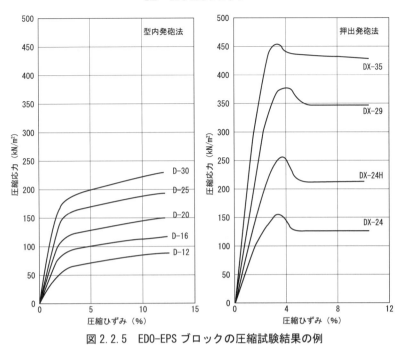

図 2.2.5 EDO-EPS ブロックの圧縮試験結果の例

　EDO-EPS ブロックの圧縮強さは、JIS K 7220（硬質発泡プラスチック － 圧縮特性の求め方）に準じて試験を実施する。図 2.2.5 は、JIS K 7220 に基づいて実施した EDO-EPS ブロックの圧縮試験の例（応力－ひずみ曲線）を示しているが、EDO-EPS ブロックの応力とひずみの関係は弾塑性的であることがわかる。型内発泡法（EPS）、押出発泡法（XPS）のいずれも単位体積重量が大きくなるにつれて応力－ひずみ曲線の立ち上がりが大きくなり圧縮応力も大きくなる。型内発泡法では、グラフに明確なピークは見られず、ひずみの増加に伴い圧縮応力は漸増している。一方、押出発泡法（XPS）では、型内発泡法（EPS）に比べて応力－ひずみ曲線の立ち上がりが急となり、明確なピークを形成している。

　JIS K 7220 では、圧縮強さを「10％ひずみ時の圧縮応力」と規定している。しかし、これは工業製品としての圧縮強度の評価方法で、10％ひずみ付近では材料が塑性領域に入っており、10％ひずみ付近の荷重が繰返し載荷されるとブロックに残留変形が生じることになる。

　したがって、EDO-EPS 工法の設計に使用する許容圧縮応力は、弾性領域内の 1％ひずみに対応する応力としている。なお、EDO-EPS ブロックの品質管理試験では便宜上、JIS K 7220 に準じて 10％ひずみ時の圧縮応力を用いている。

2.2.4　クリープ特性

　EDO-EPS ブロックの長期安定性を考える場合、静的荷重による弾性的な変形のほかに、荷重と載荷時間に依存するクリープ特性を把握しておくことは、EDO-EPS の許容圧縮応力と関連する重要な特性のひとつである。図 2.2.6 は、EDO が実施した代表的な種別の EDO-EPS ブロックのクリープ試験結果である。この試験は、一辺 50mm の立方体の供試体に一軸方向に静的載荷を行い載荷状態のままで圧縮ひずみを長期的に測定したものである[1]。その結果、各種別とも許容圧縮応力以下では、圧縮ひずみの経時的増加は時間とともに収束し安定した状態を示すことが確認されている。なお、具体的な例として、舗装厚 10cm（単位体積重量 22.5kN/m³）、路盤厚 50cm（同 20.0 kN/m³）、上部

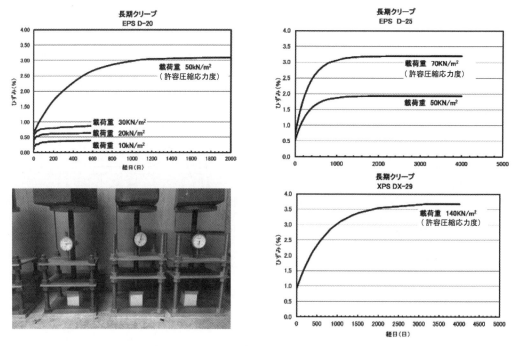

図2.2.6 EDO-EPSブロックのクリープ試験の状況と測定結果（D-20、D-25、DX-29）

コンクリート床版厚15cm（同24.5kN/m³）と仮定すると、上載荷重は$0.1 × 22.5 + 0.5 × 20.0 + 0.15 × 24.5 = 15.9 kN/m^2$となり、一般的な舗装構成を想定した荷重として$10 \sim 30 kN/m^2$の載荷重を型内発泡法の種別D-20に作用させた結果をあわせて示しているが、圧縮ひずみは1％以下であり、約200日で収束していることがわかる。

2.2.5 変形係数

EDO-EPSブロックの変形係数は、圧縮試験結果の弾性領域内の接線勾配で表され、ブロックの単位体積重量に応じて大きくなっている。図2.2.7は、一軸圧縮試験結果から求めた応力～ひずみ曲線の初期接線変形係数と単位体積重量の関係を示したものである。なお、設計時には表2.2.2の値が用いられている。

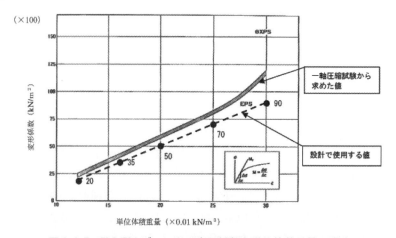

図2.2.7 EDO-EPSブロックの変形係数と単位体積重量の関係

表 2.2.2 EDO-EPS ブロックの変形係数（kN/m²）

製造法	型内発泡法（EPS）					押出発泡法（XPS）				
種別	D-12	D-16	D-20	D-25	D-30	DX-24	DX-24H	DX-29	DX-35	DX-45
変形係数	2,000	3,500	5,000	7,000	9,000	6,000	10,000	14,000	20,000	35,000

※ 変形係数（kN/m²）＝許容圧縮応力度（kN/m²）/0.01 として算出

2.2.6 ポアソン比

EDO-EPS ブロックのポアソン比と単位体積重量および圧縮ひずみの関係の測定例を図 2.2.8 にそれぞれ示している。図より、単位体積重量が大きくなるとポアソン比も大きくなることがわかる。また、圧縮ひずみが弾性領域であればポアソン比はほぼ一定であるが、塑性領域ではポアソン比は次第に小さくなることもわかる。

なお、ポアソン比は微小な値であるため、その測定方法および測定精度の管理には注意を要する。表 2.2.3 は国内の各機関で実施されたポアソン比の測定例である[2]。表中のポアソン比は 0.07～0.13 程度であり、図 2.2.8 とよい対応を示している。

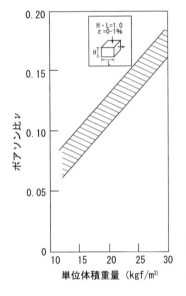
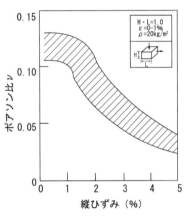

図 2.2.8 EDO-EPS ブロックのポアソン比と単位体積重量および圧縮ひずみの関係

表 2.2.3 ポアソン比の測定例

単位体積重量（kN／m³）	ポアソン比	測定方法　　　　　　（　）内は試料寸法単位：cm
0.18（EPS）	0.12	三軸圧縮試験　$\sigma_0 = \sigma = 10.0$ kN／m²（$\phi 5 \times 10$）
0.29（XPS）	0.10	三軸圧縮試験（$\phi 5 \times 10$）
0.103～0.237（EPS）	$2\sim6\times10^{-4}$	一軸圧縮試験、ダイヤルゲージ（6×6×3）
0.19（EPS）	0.07～0.13	一軸圧縮試験　（5.2×5.2×5.2）
0.20（EPS）	0	一軸圧縮試験　（5×5×5, 5×6×2.5, 50×50×50）
0.21（EPS）	0.080	一軸圧縮試験　（15×15×30）
0.21（EPS）	0.075	弾性波測定　（40×9×180）

2.2.7 動的解析

土質力学において地盤の動的応答解析が行われるようになると、微小ひずみ領域の動的変形特性が必要となるため、土の動的変形特性に関する研究が精力的に行われてきている。ここでは、EDO-EPSブロックの要素としての動的特性について、既往の研究例を紹介する。

(1) 動的強度特性（繰返し載荷試験）

安田ら[3]は、EDO-EPSブロックの疲労特性を把握する目的で、型内発泡法による50cm立方の大型供試体を用いて、載荷応力と周波数を変えた動的繰返し載荷試験を実施している。

EDO-EPSブロックの種別はD-16とD-20の2ケースで、載荷周波数は5Hz、10Hz、20Hzの3ケースである。

図2.2.9は、種別D-16の場合の試験結果を示している。それによると一軸圧縮強度（5%ひずみ70kN/㎡）に対する動的載荷応力の比（載荷比）が0.4以下の場合(図注の点線)には、100万回を超える繰返し載荷を行ってもEDO-EPSブロックにはほとんどひずみが蓄積されていないことがわかる。この傾向は、EDO-EPSブロックの種別や載荷周波数に依存しないことが確認されている。

また舘山ら[4]は、実設計レベルの提案として400万回の繰返し載荷試験を実施している。図

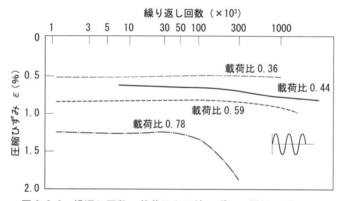

図2.2.9 繰返し回数、載荷比と圧縮ひずみの関係（種別D-16）

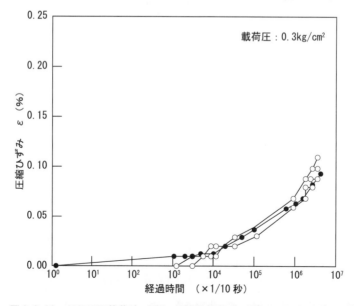

図2.2.10 400万回載荷時（●）と静的載荷時（○）の発生ひずみ比較

2.2.10 は、400 万回載荷時と静的載荷時の発生ひずみ比較を示している。同図より、繰り返し載荷による発生ひずみ量は、同じ供試体条件で実施した静的載荷によるクリープ変形量と等しいことから、動的繰返し載荷による EDO-EPS ブロックの変形はないことが確認されている。

これらの試験結果より、EDO-EPS ブロックへの載荷応力が一軸圧縮強度の 0.4 倍以下（おおむね許容圧縮応力度の 80％以下）であれば、繰返し載荷による強度や変形に対する影響はほとんどないことがわかる。

(2) 動力学的特性

田村[5]は、EDO-EPS ブロックのヤング率、ポアソン比および減衰定数を弾性波測定試験と曲げ自由振動試験により求めている。その結果を表 2.2.4 に示す。同表より、EDO-EPS ブロックのヤング率は、11,000（kN/m^2）程度でポアソン比は 0.075 であることが確認されている。また、減衰定数は振幅の減少とともに減少し、片持梁の固定端部で約 1,000 μ の歪みがあると推定される場合でも 0.9％程度ときわめて低いことが確認されている。

表 2.2.4　弾性波測定ならびに自由振動試験による測定結果例

	弾性波測定試験	自由振動試験
供試体（cm）	182×90×40	矩形　長さ 80
縦波 Vp（m/s）	714	—
横波 Vs（m/s）	484	—
ヤング率（kN/m^2）	10,800	11,400〜12,800
ポアソン比 ν	0.075	—
減衰定数（％）	—	0.9

(3) 動的変形特性

通常 EPS の圧縮試験は、JIS K 7220 に示されるように立方体の供試体により行われている。そこで、通常土質試験で行われる中実円筒形供試体と比較のために JIS K 7220 に示される 50mm×50mm の立方体供試体を用いて、動的変形試験が実施されている。EDO-EPS ブロックの動的変形特性試験により、以下のような特性を示すことが確認されている。

① 図 2.2.11 は、動的変形試験結果として、直径 50mm、高さ 100mm の円筒供試体によるせん断ひずみ γ とせん断剛性率 G の関係を示したものである。同図よりせん断剛性率 G のせん断ひずみ依存性はほとんど見られず、各ひずみでのせん断剛性率は、拘束圧の増加に伴い低下する傾向にあることがわかる。静的三軸圧縮条件下でも拘束圧の増加に伴い EDO-EPS ブロックの静的強度が低下することがこれまでも確認されており、変形性についても同様な傾向のあることが確認された。また、減衰定数は、せん断剛性率と同様にせん断ひずみに対する依存性は小さく、拘束圧に対しても明確な依存性は見られない。すべての拘束圧下で図中のハッチングで示した 1〜3％の範囲内であることが特徴的である。

② 図 2.2.12 に示すように、EPS の動的変形試験による初期せん断剛性率 G_0 は、拘束圧の増加に伴い低下し、また、拘束圧が低い時の円筒形供試体から得られる G_0 は、弾性波速度試験より得られた G_0（$=\rho V_s^2$：ρ は密度）とほぼ一致した値を示している。

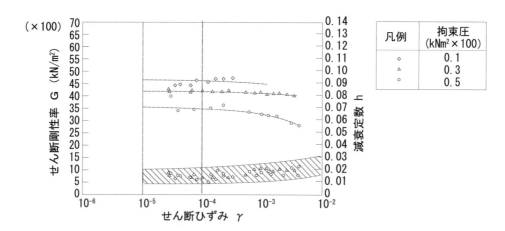

図2.2.11 せん断剛性率Gおよび減衰定数hとせん断ひずみrの関係

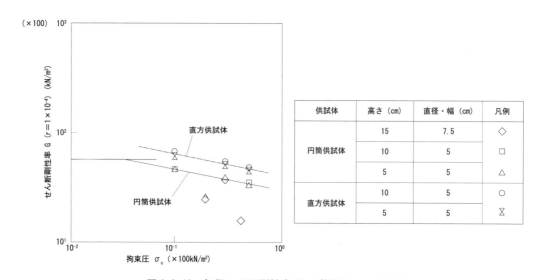

図2.2.12 初期せん断剛性率G0と拘束圧σcの関係

2.2.8 摩擦特性

EDO-EPS工法は、主要材料であるEDO-EPSブロックを積み重ねて道路盛土などを構築する工法である。したがって、EDO-EPSブロック相互およびEDO-EPSブロックとその設置面（敷砂やコンクリートなど）の摩擦特性を把握しておくことが重要である。摩擦係数は、EDO-EPSブロック相互の場合は以下の手順により求められる。図2.2.13は摩擦係数の試験方法を示している。

① EDO-EPSブロックを上下に積み上げる。下段のブロックは基礎に固定する。
② 上段のEDO-EPSブロックに、載荷板によって荷重Wを均等に作用させる。
③ 上段のEDO-EPSブロックを水平方向に引張り、滑り出し時の引張力Fを測定する。
④ 摩擦係数μは、F／Wで算定する。

EDOでは、EDO-EPSブロックと種々の部材を用いて摩擦係数を測定している。

2.2 EDO-EPS ブロック

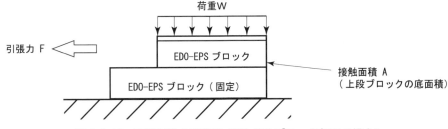

図 2.2.13 摩擦係数の測定例（EDO-EPS ブロック相互の場合）

・EDO-EPS ブロック相互の摩擦係数（図 2.2.14 参照）
・EDO-EPS ブロックとモルタル面の摩擦係数（図 2.2.15 参照）
・製造方法が異なる EDO-EPS ブロック相互（EPS/XPS）の摩擦係数（図 2.2.16 参照）
・EDO-EPS ブロックと砂の摩擦係数（砂の厚みは 2,5,10,20,35mm の 5 通りで実施した結果）（図 2.2.17 参照）

図2.2.14〜図2.2.17に、それぞれの条件における摩擦係数測定結果を示した。

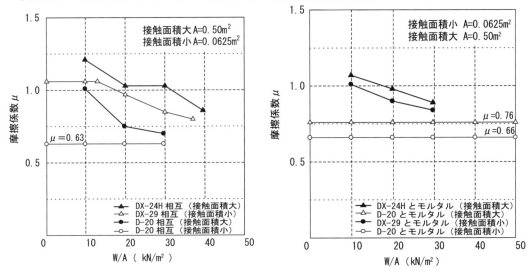

図 2.2.14　EDO-EPS ブロック相互の摩擦係数　　図 2.2.15　EDO-EPS ブロックとモルタル面との摩擦係数

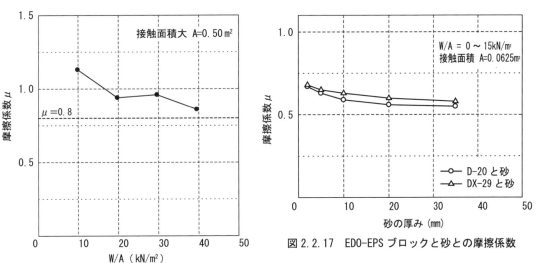

図 2.2.16　製造方法が異なる EDO-EPS ブロック相互（EPS/XPS）の摩擦係数

図 2.2.17　EDO-EPS ブロックと砂との摩擦係数

表 2.2.5 では、各試験の条件と得られた摩擦係数の値、想定される実施工状態をまとめて示した。

表 2.2.5 試験設定条件と摩擦係数

試験条件	摩擦係数	実施工での状態
EDO-EPSブロック相互（型内発泡法EPS相互）（押出発泡法XPS相互）	D-20相互：0.6以上 DX24H相互：0.8以上 DX-29相互：0.8以上	EDO-EPSブロック相互の積層状態を想定
EDO-EPSブロックとモルタル面	D-20とモルタル面：0.66以上 DX-24Hとモルタル面：0.76以上 DX-29とモルタル面：0.76以上	コンクリート床版上の積層を想定
EDO-EPSブロック相互（型内発泡法EPSと押出発泡法XPS）	D-20とDX-24H：0.8以上	EDO-EPSブロック相互の積層状態を想定
EDO-EPSブロックと砂	D-20と砂：0.5以上 DX-29と砂：0.5以上	EDO-EPSブロック（最下段）の敷砂層を想定

一方、巻内ら[7]は、各種の条件下で型内発泡法の EDO-EPS ブロックと砂との摩擦係数 μ の測定を行った。それによると「乾燥砂では $\mu = 0.58$（密）〜0.46（緩）、湿潤砂では $\mu = 0.52$（密）〜0.25（緩）となり、湿潤状態でかつ緩詰めになるほど摩擦係数 μ が低下する」と報告している。また、山内ら[8]は型内発泡法 EDO-EPS ブロックの仕上げ面（成形面、切断面）に着目し、標準砂、マサ土、EDO-EPS 相互の摩擦係数を測定しているが、成形面と標準砂の組合せで $\mu = 0.435$ を示す以外は、全て $\mu = 0.5$ 以上を示している。

以上の結果および図 2.2.17 に示した実験結果から、EDO-EPS ブロックを敷砂の上に設置した場合の摩擦係数 μ は、以下の条件に十分留意することを前提に $\mu = 0.5$ と設定している。
・敷砂は十分に転圧すること。
・敷砂は地下水などにより、飽和状態あるいは湿潤状態とならないよう、地下水低下対策を十分に行うこと。

2.2.9 耐熱性・燃焼性
(1) 耐熱性

EDO-EPS ブロックの原料であるポリスチレン樹脂は熱可塑性であるため、高温に接すると樹脂が軟化して膨張もしくは収縮などの変化が生じる。JIS A 9511（発泡プラスチック保温材）では使用温度を 80℃以下と規定していることや、EDO で実施した耐熱性試験結果（図 2.2.18 参照）などから、

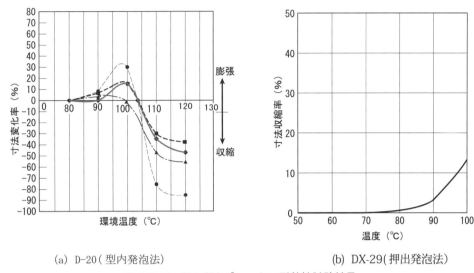

(a) D-20（型内発泡法）　　　　　　　　　　　　(b) DX-29（押出発泡法）

図 2.2.18　EDO-EPS ブロックの耐熱性試験結果

EDO-EPS ブロックは製造方法にかかわらず、80℃以下の温度環境で使用しなければならない。

(2) 燃焼性

一般の発泡スチロールには可燃性と難燃性の特性がある。可燃性の製品は、いったん着火すると火源を離しても燃え続けるが、難燃性の製品には難燃剤が添加されているため、着火しても火源を遠ざければ、しばらくして火は消え、燃え広がらない特性がある。

EDO-EPS 工法による構築物の周囲は舗装、路盤、コンクリート床版、被覆土、壁体などで被覆されるため、完成後に EDO-EPS ブロックに着火する可能性はほとんどない。

EDO-EPS 工法による道路盛土の、のり面火災を想定した実物大実験工事における火災試験の結果[9]は、図 2.2.19 に示すとおりで、通常の土被り厚があれば土中の温度は地上表面火災の影響を受けず、のり面火災が EDO-EPS ブロックに与える影響はほとんどないことが確認された。しかし、工事期間中は EDO-EPS ブロックが露出していること、また、EDO-EPS ブロックの使用量が多い土木構造物ではいったん燃焼すると被害が広範囲に及ぶ恐れがあることから、EDO-EPS ブロックは難燃性が保証されたものだけを使用することにしている。

EDO ではその確認方法として、JIS A 9511（燃焼性の測定方法 A）に規定された方法で燃焼性試

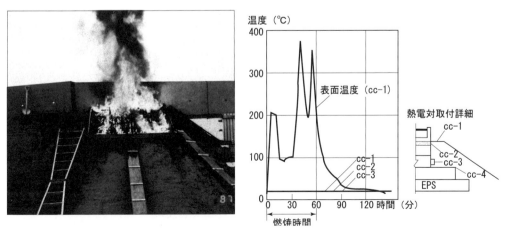

図 2.2.19　のり面火災試験と測定結果

験を行い、火源を取り除けば3秒以内に火が消えること（自己消火性）を品質管理の一つとしている。

一方、これとは別の燃えにくさを表わす評価法として、JIS K 7201 に規定される酸素指数による測定法もある。これは、試料の試験条件下で燃焼が持続するために必要な最低酸素濃度を酸素指数とするもので、消防法の規定にしたがって酸素指数が 26 以上のものを難燃性のグレードと呼び、EDO-EPS ブロックに貼付される認定シールには「酸素指数」の表示をすることとしている。

EDO-EPS 工法用のブロックは難燃性ではあるが、不燃性ではないことに十分留意し、特に工事現場では溶接火花などの火源、可燃物、タバコ、不審者など火災に結びつく要因が多いため、工事中は防火管理を徹底する必要がある。

2.2.10 耐候性・耐微生物性・耐薬品性

(1) 耐候性

EDO-EPS ブロックはポリスチレン樹脂を原料とするため、長期間に亘って紫外線に暴露するとその表面が黄色く変色することがある。そのため、被覆土や壁体などで EDO-EPS ブロックの露出部分を保護する必要がある。また、長期間（概ね一週間以上）にわたって現場に保管する場合は養生シートなどで保護することでかなりの紫外線を防ぐことができる。なお、仮に EDO-EPS の表面が黄変しても劣化が内部に進行しているわけではなく、圧縮強度が急激に低下することはない。

(2) 土中環境・耐微生物性

一般に、吸水性の高い材料ではカビが問題になることがあるが、ポリスチレンは本来吸水性の低い樹脂の一つで、樹脂自体の耐カビ性が問題になることはない。また、その発泡体である EDO-EPS ブロックは木材などの天然材料とは異なり、いかなる微生物や細菌あるいは酵素などによっても侵されることはない。

EDO が財団法人化学品検査協会（現・一般財団法人化学物質評価研究機構）に委託して行った微生物崩壊性評価試験ならびにカビ抵抗性試験の結果、EDO-EPS ブロックは土中環境においても極めて安定しており、材質に変化を受けないことが確認されている。

また、シロアリの食害に関する試験もあわせて行われたが、EDO-EPS ブロックはシロアリの栄養分となるセルロース分を含まないため EDO-EPS 内のシロアリは死滅し、シロアリの餌とはなり得ないことが確認されている。

(3) 耐薬品性

EDO-EPS ブロックの耐薬品性はその原料であるポリスチレン樹脂の性質と同じである。すなわち酸やアルカリなどには優れた抵抗性を示すが、ガソリンや油性塗料、シンナー類、芳香族炭化水素、エステル類などの鉱油系薬品については溶解しやすい。表 2.2.6 に EDO-EPS ブロックの耐薬品性を示している。

なお、ガソリンスタンドが近接する場合など、EDO-EPS ブロックと有害物質が接触するおそれのある場所では、ポリエチレンシート（厚さ 0.15～0.20mm、幅 2,000～6,000mm など）などで EDO-EPS ブロックを被覆した事例もある。

2.2 EDO-EPS ブロック

表 2.2.6 EDO-EPS ブロックの耐薬品性

薬品の種類	反応	薬品の種類	反応
塩　　　　酸	○	無　機　塩	○
硫　　　　酸	○	セ　メ　ン　ト	○
硝　　　　酸	○	海　　　水	○
水酸化ナトリウム	○	アスファルト	×※1
水酸化カリウム	○	Ｌ　Ｐ　Ｇ	○
動・植　物　油	○	Ｌ　Ｎ　Ｇ	○
ガ　ソ　リ　ン	×	水　性　塗　料	○
重　　　　油	△	油　性　塗　料	×
グ　リ　ー　ス	○	消　毒　液	△
脂肪族炭化水素	△	肥料（N, P, K）	○
芳香族炭化水素	×	除　草　剤	○※2
ハロゲン族炭化水素	×	殺　虫　剤	○※2
ケ　ト　ン　類	×	殺　菌　剤	○※2
エ　ス　テ　ル　類	×	エ　ー　テ　ル　類	○

（○：安定　△：膨潤　×：溶解　※1：粘度が低い場合　※2：希釈状態）

2.2.11　吸水性

EDO-EPS ブロックの吸水特性は、製造方法により次のような違いがある。すなわち、型内発泡法（EPS）の場合は発泡粒相互の融着面にわずかな間隙があり、水浸した場合、そこに水が浸透することがある。一方、押出発泡法（XPS）の場合は完全な独立気泡体となっているため、水は表面付近には付着するが、内部にはほとんど浸透しない。

EDO では、EDO-EPS ブロックの供試体を以下の条件のもとで水浸させた場合の吸水量を測定している。

・種別：D-20 および DX-29
・供試体の寸法：$5 \times 5 \times 5$ cm および $10 \times 10 \times 10$ cm
・水圧：$1 kN/m^2$（水深 10cm 相当）、$10 kN/m^2$（水深 1m 相当）、$50 kN/m^2$（水深 5m 相当）

図 2.2.20 ～ 図 2.2.22 は、水深毎の吸水試験結果（経過日数と吸水量の関係）を示している。

ここで吸水量（Vol %）とは、EDO-EPS ブロック $1m^3$ に対して水が占める体積率を示したものである。たとえば吸水量 6.7 Vol % の場合は、$1m^3 \times 0.067 \times 10kN/m^3 = 0.67kN$ の吸水量となる。

型内発泡法（EPS）の場合、水深および水浸期間が同じであれば、供試体の寸法によらず吸水量（vol%）の値は同じである。一方、押出発泡法（XPS）の場合は、供試体の寸法が大きいほど吸水量（vol%）

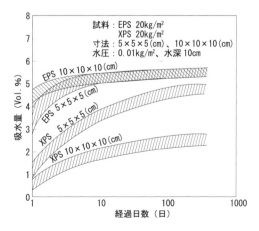

図 2.2.20　水圧 $1kN/m^2$（水深 10cm 相当）での経過日数と吸水量

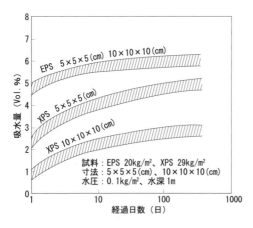
図 2.2.21 水圧 10kN/m² (水深 1m 相当) での経過日数と吸水量

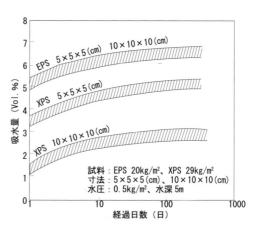
図 2.2.22 水圧 50kN/m² (水深 5m 相当) での経過日数と吸水量

は低下している。

このことを考慮して、実際の施工で用いられる寸法 (2m × 1m × 0.5m = 1.0m³) の EDO-EPS ブロックについて吸水後の重量を試算すると、型内発泡法 (EPS) では元のブロック重量のおよそ 3 ～ 4 倍となる。一方、押出発泡法 (XPS) では重量増加はごくわずかとなっている。

したがって、型内発泡法 (EPS) の水浸時の設計単位体積重量は種別によらず 1.0kN/m³ とし、押出発泡法 (XPS) では、水浸時の設計単位体積重量の増加は考慮しないものとしている。

2.3 緊結金具

2.3.1 概要

緊結金具は、積層された EDO-EPS ブロック相互を一体化するもので、両爪型と片爪型がある。その使い分けは以下のとおりである。

両爪型：EDO-EPS ブロックを積層する場合の EDO-EPS ブロックの各層間に設置。

片爪型：EDO-EPS ブロックを積層した上面のコンクリート床版の打設面に設置。

図 2.3.1 は、EDO-EPS 工法専用の緊結金具の平面図と側面図を示している。また、写真 2.3.1 は、

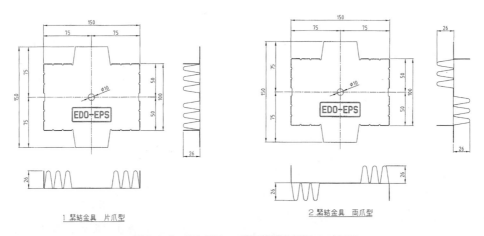
図 2.3.1 EDO-EPS 工法専用緊結金具の一般図

緊結金具の実物写真とそれに打刻されている刻印（EDO-EPS）をそれぞれ示している。

また、表 2.3.1 では緊結金具の材質の性能表を示している。母材は JIS G 3321 に規定される溶融 55％アルミニウム－亜鉛合金めっき鋼板（ガルバリウム鋼板）であるが、海水の影響が懸念される箇所など、厳しい腐食環境が想定される箇所ではアルミニウム製のものを用いた事例もある。EDO では表 2.3.1 に規定された性能と形状寸法を満足した緊結金具に対し「EDO-EPS」の刻印を打刻し、品質保証の証としている。

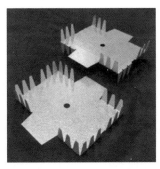 

写真 2.3.1　EDO-EPS 工法専用緊結金具と刻印（写真手前：片爪型、写真奥：両爪型）

表 2.3.1　EDO-EPS 工法専用緊結金具の性能表

項　目	単位	規　格　値			
		長さ	幅	爪高さ	厚さ
形状寸法	mm	－1.0 150.0 ＋1.5	－1.0 100.0 ＋1.5	－1.0 26.0 ＋1.5	0.584 以上
引張試験	N/mm²	降伏点 295 以上，引張強さ 400 以上			
めっき付着量 （両面合計）	g	3 点平均最小付着量：150g/m²（試験片 3 個の平均値） 1 点最小付着量：130g/m²（試験片 3 個の最小値） 1 点最小付着量の 40％以上がいずれかの面に付着していること			
質　量	g	111.9±10％			

2.3.2　設計および施工上の効果

(1) 設計上の効果

ⅰ）EDO-EPS ブロックの一体化

　　緊結金具を用いて一体化された EDO-EPS ブロック積層体は、隣接するブロック相互と上下に積層されたブロック相互の横方向の変位を抑えて一体化する効果があり、ブロック基盤の沈下や変形にもゆるやかに追随する機能がある。

　　図 2.3.2 は EDO-EPS ブロック相互の摩擦係数の測定を行った結果で、EDO-EPS ブロック相互に緊結金具を設置した状態と設置しない状態を比較したものである[10]。測定結果は EDO-EPS ブロック間のせん断応力 τ（＝引張力 F／接触面積 A）と上載荷重 σ（＝上載物の重量 W／接触面積 A）の関係として示している。

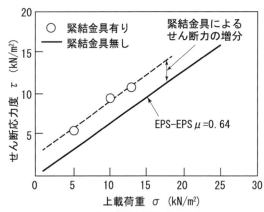

図2.3.2 緊結金具を設置した場合のEDO-EPSブロック相互の摩擦特性

図2.3.2より、上載荷重σの大きさに関係なく、緊結金具を設置するとせん断応力τが2〜3kN/m²（摩擦係数が0.2〜0.3）増加することがわかる。

ⅱ）集中荷重の分散効果

緊結金具を用いて一体化されたEDO-EPSブロック積層体は、輪荷重などの集中荷重が作用した場合、EDO-EPSブロックは緊結金具の一体化効果により載荷重は隣接するブロックに分散される効果がある。

ⅲ）内部応力分散角度の実証

緊結金具を用いて一体化されたEDO-EPSブロック積層体は、輪荷重などの集中荷重が作用した場合、EDO-EPSブロック内部での応力分散角度は本書で規定されている緊結金具を使用した場合に限って分散角度は20°であることが載荷実験などにより実証されている[11)12)]。

ⅳ）レベル1地震動作用時の安定性

EDO-EPSブロック積層体にレベル1地震動が作用した場合の安定性は、EDO-EPSブロック1m²当り1個の緊結金具を設置することによって確保される。これらは実物大規模の振動台実験[13)]で確認されている。

ⅴ）レベル2地震動作用時の安定性

EDO-EPSブロック積層体にレベル2地震動が作用した場合の安定性は、EDO-EPSブロック1m²当り2個（上記の2倍）の緊結金具を設置することによって確保される。これらは実物大規模の振動台実験[14)15)]で確認されている。

なお、ⅳ）およびⅴ）でいう「安定性」とは、積層したEDO-EPSブロックが抜け出したり、目地が大きく開いたりせず、EDO-EPSブロック相互の一体化が確保されることを指している。

(2) 施工上の効果

ⅰ）積上げ精度の確保

施工時においては隣接するEDO-EPSブロック相互の位置ズレを緊結金具により防止することで施工が容易になり、積み上げ精度が確保される。

ⅱ）変形への追従性

EDO-EPS盛土の施工後に、基礎地盤の沈下や地下水位の変動などによりEDO-EPS盛土の基盤などが変形しようとした場合でも、EDO-EPSブロック相互が緊結金具により一体化されているため、沈下や変形に追随し、局部的な変形を防止することができる。

緊結金具は、EDO-EPS盛土の安定性に関して上記に示す設計上および施工上の効果を満足させるために、必ず本書で示す形状と材質のものを設置しなければならない。

参考文献

1) 発泡スチロール土木工法開発機構：EPS工法－発泡スチロール（EPS）を用いた超軽量盛土工法－、理工図書、pp.20～25、1993
2) 発泡スチロール土木工法開発機構：材料マニュアル第3版、p.19、1992
3) 安田裕作、村田修、舘山勝：軽量盛土材料EPSの繰り返し強度圧縮試験、第24回土質工学研究発表会、pp.45～48、1989
4) 舘山勝、坂口修司、堀田光、阿部正：EPS材料の動的繰返し載荷試験、第31回地盤工学研究発表会、pp.1325～1326、1996
5) 田村重四郎：発泡スチロールブロックの集合体の動的特性について、基礎工、Vol.18、No.12、pp.26～30、1990
6) 堀田光、西剛整、只津俊行：発泡スチロール材料の動的変形特性、第26回土質工学研究発表会、pp.2225～2226、1991.
7) 巻内勝彦、峯岸邦夫：軽量盛土材EPSの圧縮および摩擦特性、第23回土質工学研究発表会、pp.1975～1978、1988.
8) 山内豊聡、白地哲也、浜田英治：超軽量盛土材としてのEPSの摩擦特性、第24回土質工学研究発表会、pp.1819～1820、1989
9) 三木五三郎、塚本英樹：EPS工法実物大実験におけるEPS盛土の挙動、第23回土質工学研究発表会、pp. 1983～1986、1988
10) 堀田光、黒田修一：EPSブロック構造体の地震時の滑動特性について、第26回土質工学研究発表会、pp.2223～2224、1991
11) 西川純一、松田泰明、大江祐一、佐野修、巽治、阿部正：EPS盛土の荷重分散特性についての現場載荷実験、第31回地盤工学研究発表会、pp.2521～2522、1996
12) 西川純一、松田泰明、大江祐一、巽治、佐野修、阿部正：EPS盛土の荷重分散特性を考慮した合理的設計法の提案、第31回地盤工学研究発表会、pp.2523～2524、1996
13) 古賀泰之、古関潤一、島津多賀夫：EPS盛土の耐震性に関する検討、土木研究所資料第2946号、1991.
14) 西剛整、堀田光、黒田修一、長谷川弘忠、李軍、塚本英樹：EPS盛土の実物大振動実験（その1：振動台実験）、第33回地盤工学研究発表会、pp.2461～2462、1998
15) 堀田光、西剛整、黒田修一、長谷川弘忠、李軍、塚本英樹：EPS盛土の実物大振動実験（その2：シミュレーション解析）、第33回地盤工学研究発表会、pp.2463～2464、1998

第3章

調　査

3.1　基本的な考え方

　調査は、EDO-EPS工法による構造物の計画、設計、施工および維持管理が安全で経済的かつ合理的に行われることを目的として、これらの要件を明らかにするために行うものである。

　EDO-EPSブロックは、軽量性、自立性および所要の強度を持つ盛土材料として使用される。したがって、EDO-EPS工法を採用する際の調査は、一般的な盛土の計画時などに生じる問題を検討する場合に必要な内容を網羅するとともに、EDO-EPSブロックおよび工法の特徴に起因する固有の問題を検討するための内容を含んでいなければならない。

　EDO-EPS工法を採用する際は、通常、以下に挙げるような調査が実施される。
・設置計画箇所の地盤条件（地形、地質・土質など）
・設置計画箇所の環境条件（地下水位の変動、自然環境への影響など）
・施工条件（搬入・施工計画、埋設物、火気設備など）

　道路土工に関する一般的な調査方法については「道路土工要綱」や「道路土工 擁壁工指針／盛土工指針／軟弱地盤対策工指針」などを参考とするものとし、本章では主にEDO-EPS工法に関する固有の事項について述べる。

　なお、維持管理段階における点検および調査に関する事項は「5.6 維持管理」で述べている。

3.2　計画および設計時の調査方法と項目

　EDO-EPS工法による構造物の計画・設計に必要な調査事項および調査結果の利用法について以下に述べるが、一般的な調査計画および地盤調査などの方法については「道路土工－擁壁工指針」（日本道路協会）などを参考にされたい。

　(1) 資料収集

　EDO-EPS工法による構造物の設置計画箇所近傍の地形図や地質調査結果などの既存資料を収集・検討して概略の地質構成を把握するとともに、問題となる箇所を抽出し、地盤調査を行う際の参考資料とする。

　(2) 現地踏査

　現地踏査は、EDO-EPS工法による構造物の設置計画箇所およびその周辺地域について実施し、既存資料から得られた情報を確認し、地盤調査の計画立案などに活用する。

　現地踏査では、次に挙げる項目を調査する。
・地形、地質・土質
・既存の道路、構造物、水路などの現況

- 地表面の状態および植生状況
- 地表水や地下水、湧水などの状況（雨天時に踏査することが望ましい）

（3）地盤調査

　地盤調査は、①基礎地盤の支持力の計算に必要な設計定数、②構造物の安定検討に必要な設計定数、③圧密沈下や斜面安定化の検討に必要な設計定数などを求めるために行われる。

　地層の構成や硬軟などを知るために最もよく使われている調査方法はボーリングである。ボーリングはEDO-EPS工法による構造物の設置計画箇所（検討断面）で2本以上実施することが望ましく、また地盤の支持力、すべり、沈下などに影響する範囲の深さまで行う。一般的に、基礎地盤に生じるすべり破壊は構造物底面から背面盛土高の1.5倍以内の深さに生じると考えられており、また、接地圧による沈下の影響は盛土高の1.5～3倍以内の深さと考えられている。これらはあくまでも目安であり、地層構成などを踏まえ、適切に判断し調査する必要がある。

（4）周辺環境条件の調査

　EDO-EPS工法による構造物を計画する際は、計画箇所の地形・地盤調査だけでなく、周辺環境へ与える影響や、逆に周辺環境から受ける影響を、施工中および完成後に想定されるあらゆる条件をあわせて考慮する必要がある。具体的には以下のような事項が挙げられる。

- 現地でボーリング調査位置を確認し、地形・地質構造を立体的に構成してみる。ボーリング調査実施時から地形が改変されている場合や、ボーリング柱状図が必ずしも施工箇所全体を代表していないケースもあるので注意が必要である。
- EDO-EPSブロックは軽量であるため浮力による浮き上がりが生じる。地下水の状態はもとより、季節的な降雨、過去の洪水履歴などについても調査を行うとともに、EDO-EPSブロックの設置箇所に滞水しないよう、排水系統についても十分に調査を行う。
- ガソリンなどの溶剤を取り扱ったり、火気や熱風が発生したりするなど、EDO-EPSブロックに悪影響を及ぼすおそれのある施設について調査する。必要に応じ、そのような施設の将来計画の有無についても調査しておく。
- 埋設管、マンホール、電柱、共同溝などをEDO-EPS盛土の完成後に設置する場合、通常の土質材料とは異なり、EDO-EPSブロックを掘削することはできない。したがって、それらが設置されることを考慮したEDO-EPSブロックの配置方法を検討できるよう、それらの将来計画の有無を調査しておく。なお、小規模な埋設物であればEDO-EPSを盛土後に切削して埋設物を設置することは可能である。
- 埋蔵文化財や景観などへの影響を調べ、環境保全に留意する。

（5）施工条件の調査

　EDO-EPS工法の施工にあたっては作業員の安全を確保することはもちろん、掘削斜面の安定、火気の取り扱いなどに留意して工事全体の安全を確保しなければならない。そのために、以下の内容について調査・検討する必要がある。

- 作業足場としての地盤の支持力、作業空間を調べ、適用できる建設機械の種類、重量、制限高さなどを検討する。
- 既設埋設物の位置は図面上と異なっている場合があるため、関係者立会の下、丁寧に人力で掘り起こし、確認する必要がある。確認後は埋設物があることをわかりやすく表示するとともに、

必要に応じて防護や迂回路を検討する。
- EDO-EPS ブロックの搬入路および仮置き場の位置を検討する。ブロックの保管にあたっては火気、風、紫外線、降雨、洪水などに注意する。
- 作業範囲および周辺における火気、溶接作業などの使用状況を調査する。必要に応じて監視員を配置したり、火気取り扱い時間の制限を検討する。
- 作業中の騒音、振動、汚水、粉じんなどの処置について検討する。

また、EDO-EPS ブロックは軽量ではあるが、施工現場における小運搬の距離は施工工程に大きく影響するため、可能な限り EDO-EPS ブロックの設置箇所に近い仮置き場を確保することが重要である。そのため、EDO-EPS ブロックの設置箇所と仮置き場との位置関係を調査するとともに、両者の距離が目安として 50m を越える場合には小運搬などの工事費にも反映させることを検討する。

3.3 施工時の調査方法と項目

(1) 施工条件の見直し

施工段階に入ってから、調査・設計段階時の想定と異なる条件（地盤や地下水の状況など）が判明した場合は、当初設計を随時見直して修正設計を行わなければならない。

具体的には、EDO-EPS 盛土の背面斜面が不安定であることが判明した場合は、のり枠工やロックボルトなどでの補強が必要であり、斜面からの湧水が想定よりも多ければ、水抜きボーリングや排水材の設置を検討するなど排水工設計を見直さなければならない。

(2) 施工中の浮き上がり対策

EDO-EPS ブロックは軽量であるため、その設置箇所が集中豪雨などで水浸するとブロックが浮き上がる。中には、設置箇所への直接の降雨ではなく、周辺に降った雨水が EDO-EPS ブロックの設置箇所に流れ込んで浮き上がった例もある。

その対策としては、降雨の集水エリアを把握しておき、EDO-EPS ブロックの設置箇所に流入・滞水しないよう排水対策について事前に十分に調査しておくことが必要である。また、実際の施工時には、周辺からの雨水を流入させないよう、EDO-EPS ブロックの設置箇所の周囲に土のうを設置することや、流入した場合でもすみやかに排水できるよう、仮側溝（釜場とポンプ排水）や地下排水工の設置を検討することが重要である。

参考文献

1) 発泡スチロール土木工法：EPS 工法－発泡スチロール（EPS）を用いた超軽量盛土工法－、理工図書

第4章

設計

4.1 概説

　EDO-EPS工法の設計は、従来から擁壁などの構造物に対して規定されている設計手法を準用できるところが多い。しかし、EDO-EPSブロックが超軽量であり，かつ自立性があるなど従来の建設材料と異なる特性を有することから、この工法特有の考え方を取り入れて設計しなければならない。

　ここでは、EDO-EPS工法が最も効果的と考えられ、また実績も多い荷重軽減と土圧低減を目的とした用途に着目し、それらの基本的な設計方法を示している。

　EDO-EPS工法の主要な設計検討項目は、

（1）支持地盤の安定
（2）EDO-EPS盛土全体の安定（滑動、転倒、地耐力、変形など）
（3）EDO-EPSブロックおよび併用する各部材の内部および外部安定などの検討

であり、さらに地下水位が影響する場合には浮き上がりについての検討が必要となる。

　また、これらの検討に加え、既設盛土および構造物との接合方法や排水施設、EDO-EPSブロックの積立方法や防護方法などについての検討も必要である。さらに、用途によっては耐震性や衝撃性についての検討が必要となることもある。これら設計検討の具体的な方法を以下に示している。

4.2 共通項目

4.2.1 設計荷重

　EDO-EPS工法の用途は荷重軽減や土圧低減など多岐に及んでいる。その設計に際しては、構造物の設置地点の諸条件および構造形式などによって設計荷重を適宜選定する。図4.2.1は、EDO-EPS工

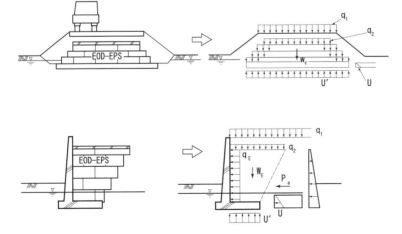

図4.2.1　EDO-EPS工法の適用形態と設計荷重

法の適用形態とそれに対応する設計荷重を示している。設計荷重としては、以下に示すものが挙げられる。

- EDO-EPS ブロックの自重
- 上載荷重（死荷重、活荷重）
- 土圧（EDO-EPS ブロック背面に作用）
- 側圧（上載荷重作用時に EDO-EPS 内に発生）
- 水圧および浮力
- 地震の影響
- その他の荷重（風荷重、衝撃荷重など）

以下にそれぞれの荷重について説明する。

(1) EDO-EPS ブロックの自重

EDO-EPS ブロックの設計単位体積重量は、表 4.2.1 に示す値を使用する。

表4.2.1　EDO-EPSブロックの設計単位体積重量（単位：kN/m³）

製造法	型内発泡法（EPS）					押出発泡法（XPS）			
種別	D-12	D-16	D-20	D-25	D-30	DX-24 DX-24H	DX-29	DX-35	DX-45
地下水位以浅	0.12	0.16	0.20	0.25	0.30	0.24	0.29	0.35	0.45
長期水浸状態	1.0					0.24	0.29	0.35	0.45

押出発泡法（XPS）のブロックは吸水がほとんどないため、長期水浸時の設計単位体積重量は地下水位以浅の値と同じとする。

(2) 上載荷重

上載荷重としては舗装、路盤、上部コンクリート床版などの死荷重と、各種用途での載荷重(自動車交通・列車・航空機など)に応じた活荷重を考慮する。

死荷重を算定する場合の各部材の単位体積重量は、表 4.2.2 の値を用いてもよい。

ただし、実際の単位体積重量が明らかなものはその値を用いることとする。

表4.2.2　材料の単位体積重量

材料種別	単位体積重量（kN/m³）
アスファルト舗装	22.5
路盤	20.0
無筋コンクリート	23.0
鋼・鋳鋼・鍛鋼	77.0
コンクリート舗装	23.0
路体（盛土材）	18.0
鉄筋コンクリート	24.5

表4.2.3 設計計算で使用されている活荷重

用途・荷重種別	荷重値 q (kN/m²)	適用指針など
道路　交通荷重 道路　群衆荷重	10 3.5	道路土工　擁壁工指針 （歩道など車両交通が無い場合）
ビル（屋上）	3〜5	建築基準法施行令第 85 条
鉄道（軌道：在来線） 鉄道（列車：在来線）	10 24	スラブ軌道 「鉄道標準（抗土圧）解説表 8.1.4-1」
公園	（20〜40）	

　活荷重は荷重種別や対象構造物の用途によって異なる。表4.2.3では、一般的な値を示している。道路の場合にはT荷重を想定するが、指定がある場合はそれに従う。また、盛土の安定検討時には等分布荷重（10 kN/m²）としてよい。この値はTL-20荷重をその車両占有面積 (7.0 m × 2.75 m) で分布させた場合に相当する。

(3) 土　圧

　擁壁や橋台など抗土圧構造物の背面にEDO-EPS工法を用いる場合、EDO-EPSブロックを積層した背面地盤が安定した状態では、その背面には土圧は作用しないものと考えてよい。しかし、背面地盤の勾配が安定勾配よりも急な場合には、土圧が作用する。この土圧は試行くさび法などで求めることができる。

　図4.2.3は、抗土圧構造物背面にEDO-EPSブロックを用いた場合の背面の勾配と土圧の関係を図示したものである。

　EDO-EPSブロック背面に作用する土圧は、EDO-EPSブロックの許容圧縮応力以下とすることが必要である。なお、押出発泡法（XPS）によるEDO-EPSブロックの圧縮応力は、鉛直方向に比べて水平方向は約3割程度と小さくなるため、土圧や水圧が水平方向に作用する場合の設計にあたっては注意が必要である。なお、押出発泡法（XPS）ブロックの圧縮強度の異方性については、適用する種別の圧縮試験を行って確かめる必要がある。

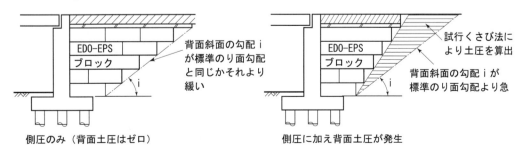

図4.2.3　EDO-EPSブロック背面の勾配と土圧の有無

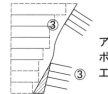

① 背面斜面は安定か
② 表土・崩積土は除去したか

③ 斜面安定対策は十分か

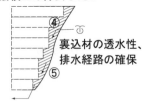

④ 湧水、排水処理は十分か
⑤ 排水機能のある裏込材、軽量材か

⑥ 埋戻し材による土圧が発生しないか
⑦ 埋戻し材が潜在すべりとならないか

図4.2.4 拡幅盛土の背面斜面安定対策の留意点

斜面の道路拡幅工事でEDO-EPS工法を用いる場合、斜面の安定が確保されていることを原則とする。

EDO-EPSブロックの背面が不安定な場合は、安定勾配まで掘削するか地山補強工や斜面安定工などで土圧が発生しないように対策を講じる必要がある。図4.2.4は、拡幅盛土にEDO-EPS工法を適用する場合の背面斜面の安定対策の留意点を示したものである。

(4) 側圧

擁壁や橋台など抗土圧構造物の背面にEDO-EPS工法を用いる場合、接する構造物に水平方向の側圧が発生する。側圧は図4.2.5に示すように、上載荷重(舗装、路盤、上部コンクリート床版、活荷重など)の0.1倍が深度方向に一様に分布するものとする[1]。

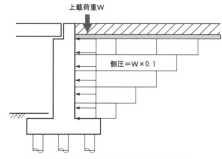

図4.2.5 上載荷重による側圧分布

(5) 水圧および浮力

EDO-EPSブロックは軽量であり、浸水状態となる場合では浮き上がりが懸念される。このためEDO-EPSブロックの設置箇所周辺には地下水位などを下げる対策が必要であり、たとえば、基盤やその設置場所周辺には砕石やドレーン材などによる排水層を設けることが重要である。しかし、諸条件によりやむを得ず地下水位面以下に設置する場合には水圧および浮力を考慮しなければならない。水圧は静水圧分布として算定し、一方、浮力は

写真4.2.1 浮力対策ブロックの例

EDO-EPS 工法による構造物の安定に最も不利となるように作用させる必要がある。例えば、転倒や滑動に対する照査では浮力を考慮し、支持に対する照査では浮力を無視することになる。

浮き上がりに対する安全率は、常時水位については 1.3 以上[2]、異常時水位については 1.1 以上とする。ここで、異常時水位とは、集中豪雨などにより急激かつ一時的に水位が上昇する場合を指している。なお、EDO-EPS ブロックに作用する浮力を緩和する目的で製造された浮力対策ブロック（空隙率 0.6）が有効となる。写真 4.2.1 は浮力対策ブロックの例を示している。

(6) 地震の影響

EDO-EPS 盛土の地震時の検討は、「4.6 耐震設計」による。地震の影響として、次のものを対象構造物に応じて考慮する。

- EDO-EPS ブロックなどの自重に起因する地震時慣性力
- 地盤の液状化の影響
- 地震時土圧、地震時動水圧

なお、周辺地盤の液状化の可能性の判定については「道路土工－軟弱地盤対策工指針」などによるものとする。

(7) その他の荷重

その他の荷重としては、風荷重、雪荷重、衝突荷重などがあり、これらを考慮する場合は、「道路橋示方書・同解説 I 共通編」や「道路土工 擁壁工指針」などの関連基準を参考に検討する。

4.2.2 コンクリート床版

コンクリート床版は、図 4.2.6 のように積み重ねた EDO-EPS ブロックの上端面および中間部（概ね高さ 3m ごと）に設置する。前者を上部コンクリート床版、後者を中間コンクリート床版と呼ぶ。

コンクリート床版の設置目的は以下のとおりである。

- 交通荷重や上載荷重を均等に分散させる。
- EDO-EPS ブロックの設置時に発生した不陸を一定高さごとに修正し、全体を押えてなじませる。
- 個々の EDO-EPS ブロックを一定の高さごとに一体化する。
- EDO-EPS ブロック設置後の浮き上がり防止荷重の一部となる。
- EDO-EPS ブロックにとって有害な物質（ガソリンなど）の浸透を防止する。
- 壁体支柱を接続する振れ止めアンカーならびに水平力抑止工（グラウンドアンカーなど）の固定箇所とする。
- 路盤材などのまき出し基盤とする。

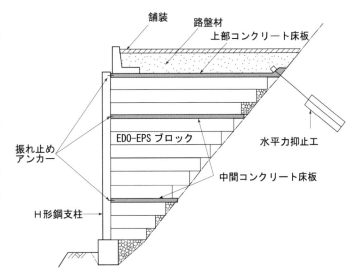

図 4.2.6　コンクリート床版の配置例

コンクリート床版の構造の目安を表4.2.4に、壁体構造を伴う場合の配筋概要を図4.2.7にそれぞれ示している。コンクリート床版の目地間隔は、各発注機関の基準値を参考とするが、特に基準が定められていない場合は20m以内としてよい。

なお、コンクリート床版の養生期間を短縮する必要がある場合は、早強セメントコンクリートなどを用いるとよい。

表4.2.4 コンクリート床版構造の目安

設計条件	コンクリート床版の仕様
壁体構造を伴わない場合 （盛土で被覆する場合など）	厚さ t＝10cm $\sigma_{ck} = 18$ N/mm² 以上 配筋：溶接金網 φ6mm ＠150×150
壁体支柱構造を伴う場合 （壁体支柱と振れ止めアンカー等接続する場合）	厚さ t＝15cm （または17cm[※1]） $\sigma_{ck} = 24$ N/mm 以上 配筋：D13 ＠150×150[※2]

※1：上部床版自体を水平力抑止工とする場合（上部床版を地山側へ延長し、床版と地山との摩擦抵抗を抑止力とする場合）。
※2：床版の下面側に道路横断方向の鉄筋を配置すること。

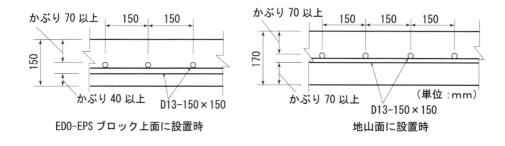

図4.2.7 コンクリート床版の配筋図の模式図（壁体支柱構造を伴う場合）

コンクリート床版の設計に際して留意する点は以下のとおりである。

(1) 縦断勾配への対応

コンクリート床版の道路縦断勾配への対応は、道路縦断勾配に沿ってスロープ状に設計する場合と、EDO-EPSブロックの設置形状にあわせて階段状に設計する方法がある。コンクリート床版の必要厚さが確保されればいずれの方法を用いてもよい。

　ⅰ）スロープ状に設置する場合

　　図4.2.8は、コンクリート床版をスロープ状に設置する方法を示している。階段状に設置されたEDO-EPSブロックの上に路盤材を撒き出し、縦断勾配を調整した後に厚さが均等なコンクリート床版を設置する。また、勾配にあわせて加工したEDO-EPSブロックを設置した後にコンクリート床版を設置する方法もある。

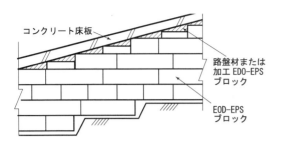

図4.2.8 コンクリート床版をスロープ状に設置する場合

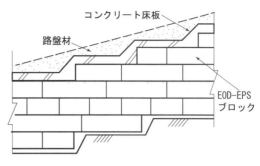

図4.2.9 コンクリート床版を階段状に設置する場合

ⅱ） 階段状に設置する場合

図4.2.9 は、コンクリート床版を階段状に設置する方法を示している。階段状に設置されたEDO-EPSブロックにあわせて、コンクリート床版も階段状に設置し、縦断勾配は路盤材で調整する。

(2) コンクリート床版の輪荷重分散効果

コンクリート床版の輪荷重分散効果に関して、既往の研究成果として以下のことが報告されている。
・コンクリート床版を設置した場合、舗装・路盤・床版内部での輪荷重の分散角度は 60°となる。
・コンクリート床版を設置しない場合、同上の輪荷重の分散角度は 45°となる。
・コンクリート床版を設置しない場合、設置した場合と同等の輪荷重分散効果を得るためには、コンクリート床版の3倍の厚さの路床材が必要となる[3]。

図4.2.10 はコンクリート床版と路床材との応力分散の関係を示したものである。

養生期間が確保できないなどの理由で、やむを得ず上部コンクリート床版を設けることができない場合がある。この場合は、路床材を厚くして応力分散を図ることになるが、路床材を厚くすると上載荷重が増加して、EDO-EPSブロックのクリープ変形や地震時の安定性に対して問題となる恐れがある。そのため、コンクリート床版を設けない場合であっても、できる限り路床材の厚さは小さくし、輪荷重の応力分散に対処できるように路床材直下の EDO-EPS ブロックの種別を高強度にすることで、許容圧縮強度を高めた対処が必要となる。

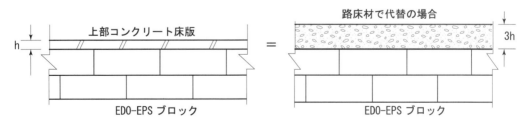

図4.2.10 上部コンクリート床版と路床材との応力分散の関係

(3) 排水孔

傾斜地盤上の拡幅盛土の場合、背面斜面からの湧水の流下を中間コンクリート床版で遮断しないよう、写真4.2.2 に示すように背面斜面側の床版端部付近に排水孔を設けることがある。

孔径は 10cm 以上、設置間隔は斜面に沿って 2m としている例が多いが、湧水などの状況に応じて適宜検討することが必要である。

床板設置前

床板設置後

写真4.2.2　コンクリート床版への排水孔設置例

(4) 一般盛土部とのすりつけ部

EDO-EPS盛土と一般盛土との接続部には、一定のすり付け区間を設ける。特に軟弱地盤上の盛土では、一般盛土とEDO-EPS盛土との間で沈下量の差異が生じる場合があるため、図4.2.11を参考にして十分なすり付け区間を確保する必要がある。なお、沈下量の差異を緩和するため、上部コンクリート床版はEDO-EPSブロック端部から0.5～2.0m程度延長しておくものとする。

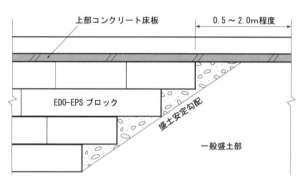

図4.2.11　一般盛土部との接続模式図

4.2.3　EDO-EPS路床

アスファルト舗装の設計では通常、設計CBR法により路床評価が行われる。

EDO-EPS工法を路床として使用した場合の道路盛土の構成は、路面から順に舗装、路盤、上部コンクリート床版、EDO-EPSブロックとなるが、従来の材料とは性質の異なる上部コンクリート床版とEDO-EPSブロックをCBR法で評価することは難しい。

したがって、上部コンクリート床版とEDO-EPSブロックの複合構造を"EDO-EPS路床"として評価するため、CBR値が既知の一般盛土とその近傍のEDO-EPS盛土にてFWD（Falling Weight Deflectmeter）試験を実施し、EDO-EPS路床の変形係数などからCBR値に換算できる評価を行っている[4]。

表4.2.5は、EDO-EPS路床の構成と対応するCBR値を示したものである。同表以外の組み合わせ

表4.2.5　EDO-EPS路床とCBR値

EDO-EPS路床の構成	CBR(%)
コンクリート床版（10cm以上）＋種別D-20	8
コンクリート床版（10cm以上）＋種別D-25	9
コンクリート床版（10cm以上）＋種別DX-24H	11
コンクリート床版（10cm以上）＋種別DX-29	12

に対しては補間してよいものとする。

路床を構成する EDO-EPS ブロックの種別は表 2.2.1 による。また、上部コンクリート床版直下の EDO-EPS ブロックは、少なくとも厚さ 1m は同一種別とする。ただし、EDO-EPS ブロックに作用する応力度の検討を行い、厚さ 1m の範囲内で EDO-EPS の種別が異なる結果となった場合は、その限りではない。

4.2.4 EDO-EPS ブロックの応力度の検討

EDO-EPS ブロックに作用する応力度の検討は、そのブロック各層の上面で行う。EDO-EPS ブロックに発生する応力度は、舗装および路盤などの死荷重による応力度 σ_{Z1} と活荷重（輪荷重）による応力度 σ_{Z2} の和であり、許容圧縮応力度（表 2.2.1 参照）が $\sigma_{Z1} + \sigma_{Z2}$ を上回るような EDO-EPS ブロックを選定する。

(1) 盛土部の応力度検討

死荷重による応力度 σ_{Z1} は、舗装、路盤材などの各部材の厚さと単位体積重量から算定する。

輪荷重の分散角度については「4.2.2 (2) コンクリート床版の輪荷重分散効果」で述べたように、ノルウェー国立道路研究所での研究成果を示している。その後、北海道開発局 開発土木研究所とEDO との共同研究成果[5)6)]を受け、安全側の値として、上部コンクリート床版を含んだ舗装構造体内部では 45°で分散し、上部コンクリート床版がない場合は 30°で分散するものとする。また、EDO-EPS ブロック内部では、コンクリート床版の有無にかかわらず、EDO-EPS ブロックをEDO-EPS 工法設計・施工基準書（案）（以下、基準書と略す）で指定している緊結金具で一体化した場合に限って、荷重分散係数 $\alpha = 1.0$ とし、20°で分散するものとして計算することができる。図 4.2.12 は、EDO-EPS ブロック内の応力分散の模式を示している。

EDO-EPS ブロックに作用する輪荷重の分散を考慮した応力度 σ_{Z2} は次式により算定する。

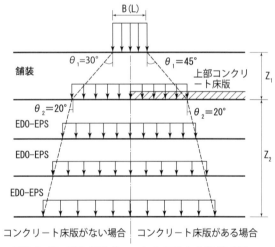

図4.2.12　EDO-EPSブロック内の応力分散模式図（一般盛土部）

$$\sigma_{Z2} = \alpha \cdot \frac{P \cdot (1 + i)}{(B + 2 \cdot Z_1 \cdot \tan \theta_1 + 2 \cdot Z_2 \cdot \tan \theta_2) \cdot (L + 2 \cdot Z_1 \cdot \tan \theta_1 + 2 \cdot Z_2 \cdot \tan \theta_2)}$$

ここに、P：輪荷重（T 荷重の場合、P = 100kN）
　　　　B：車輪輪帯幅（T 荷重の場合、B = 0.50m）
　　　　L：車輪接地長（T 荷重の場合、L = 0.20m）
　　　　Z_1：路面から EDO-EPS ブロック上端面（上部コンクリート床版直下）までの深さ (m)
　　　　Z_2：EDO-EPS ブロック上端面（上部コンクリート床版直下）からの深さ (m)
　　　　θ_1：舗装部（上部コンクリート床版を含む）の荷重分散角度（$\theta_1 = 45°$）

ただし、上部コンクリート床版がない場合は $\theta_1 = 30°$
θ_2：EDO-EPS ブロック内部の荷重分散角度（$\theta_2 = 20°$）
（θ_2は実験によって求めているため EDO-EPS ブロックを基準書指定の緊結金具で一体化した場合に限り適用可能）
α：荷重分散係数（α＝1：EDO-EPS ブロックを基準書指定の緊結金具で一体化した場合に限り適用可能）
i：衝撃係数（i ＝ 0.3）

(2) 自立面（直立部）端部の応力度検討

図 4.2.13 に示すように、EDO-EPS 盛土の自立面（直立部）端部では輪荷重の分散面積が小さくなるため、(1) の一般部よりも大きな応力度が発生することが既往の解析結果から確認されている[7]。

自立面（直立部）端部における σ_{Z2} は次式により算出する。

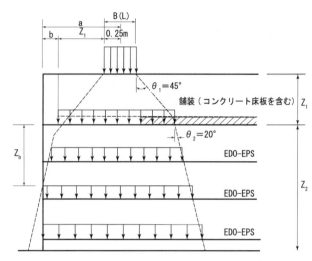

図4.2.13　EDO-EPSブロック内の応力分散模式図（自立面端部）

$Z_2 \leq Z_b$ において（一般部と同じ）

$$\sigma_{Z2} = \alpha \cdot \frac{P \cdot (1+i)}{(B + 2 \cdot Z_1 \cdot \tan\theta_1 + 2 \cdot Z_2 \cdot \tan\theta_2) \cdot (L + 2 \cdot Z_1 \cdot \tan\theta_1 + 2 \cdot Z_2 \cdot \tan\theta_2)}$$

$Z_2 > Z_b$ において

$$\sigma_{Z2} = \alpha \cdot \frac{P \cdot (1+i)}{(B/2 + a + Z_1 \cdot \tan\theta_1 + Z_2 \cdot \tan\theta_2) \cdot (L + 2 \cdot Z_1 \cdot \tan\theta_1 + 2 \cdot Z_2 \cdot \tan\theta_2)}$$

ここに、P：輪荷重（T 荷重の場合、P ＝ 100kN）
B：車輪輪帯幅（T 荷重の場合、B ＝ 0.50m）
L：車輪接地長（T 荷重の場合、L ＝ 0.20m）
a：自立面端部から輪帯幅中心までの距離（m）
b：自立面端部から EDO-EPS ブロック上端面（上部コンクリート床版直下）における荷重分散端までの距離（m）
Z_1：路面から EDO-EPS ブロック上端面（上部コンクリート床版直下）までの深さ（m）
Z_2：EDO-EPS ブロック上端面（上部コンクリート床版直下）からの深さ（m）
Z_b：EDO-EPS ブロック上端面（上部コンクリート床版直下）から自立面端部と荷重分散線の交点までの深さ（m）
θ_1：舗装部（上部コンクリート床版を含む）の荷重分散角度（$\theta_1 = 45°$）
ただし、上部コンクリート床版がない場合は $\theta_1 = 30°$
θ_2：EDO-EPS ブロック内部の荷重分散角度（$\theta_2 = 20°$）
（θ_2は実験によって求めているため EDO-EPS ブロックを基準書指定の緊結金具で一体化

した場合に限り適用可能）

α：荷重分散係数（α = 1：EDO-EPS ブロックを基準書指定の緊結金具で一体化した場合に限り適用可能）

i：衝撃係数（i = 0.3）

4.2.5 圧縮変形・クリープ変形

EDO-EPS ブロックは弾塑性体である。弾性領域を超えた荷重が作用すると塑性変形が生じ、徐荷しても変形が残留することになる。

そのため EDO-EPS 工法による構造物の設計（応力度照査）では、作用荷重が弾性領域内に収まるように、すなわち、発生応力度が許容圧縮応力度を下回るように EDO-EPS ブロックの種別を決定することが基本となる。

また「2.2.4 クリープ特性」で前述したとおり、EDO-EPS ブロックは、一定の載荷重を長期間持続するとクリープ変形が生じ、収束するまで長期間を要することが確認されている。

図 4.2.14 は、種別 D-20 の EDO-EPS ブロックに 4 種類の載荷重を載荷してクリープ試験を実施した結果である。同図によると、許容圧縮応力度（$50kN/m^2$）と同等の載荷重では 3%程度の圧縮ひずみが生じ、収束に約 1,200 日を要することがわかる。一方、

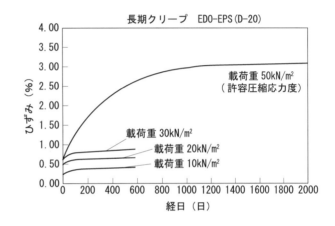

図 4.2.14　EDO-EPS ブロックのクリープ試験例（種別 D-20）

許容圧縮応力度の 60% 程度（$30kN/m^2$）以下の載荷重では、圧縮ひずみは 1% 以下となり、200 日程度で収束することがわかる。

一般的な道路の舗装構成で EDO-EPS 工法を適用する場合には、上載荷重（舗装、路盤、コンクリート床版などの死荷重）は許容応力度の 30 ～ 40% 程度である。したがって、弾性変形・クリープ変形は 1% 以下に収まると考えられる。一方、上載荷重に対して許容圧縮応力度の余裕が少ないと、大きなクリープ変形が長期間継続することとなるため注意が必要である。

4.2.6 EDO-EPS ブロックの配置

EDO-EPS ブロックの配置にあたっては、以下に示す事項を基本とする。

(1) EDO-EPS ブロックの配置

EDO-EPS ブロックは、千鳥配置（交互配置）を基本とし、ブロック相互の接続部である目地ができる限り重ならないように配置する。特に縦方向の目地は 3 層以上重ならないように注意する。作業に先立ち各層の割付図を作成し、あらかじめ配置を確認することで、ブロックの搬入、仮置きもわかりやすくなり、作業の効率性からも重要である。割付図については第 5 章の図 5.2.13 および図 5.2.14 を参考に作成する。

(2) 緊結金具による一体化

EDO-EPS ブロック相互は、「2.3 緊結金具」で規定した EDO 認定の緊結金具で必ず一体化する。緊結金具による一体化には以下の目的と機能がある。

ⅰ）EDO-EPS ブロック内部での輪荷重分散角 $\theta = 20°$ は本緊結金具を使用する場合に限って発揮される値である。これらの数値は実証実験[5)6)]で確認されている。

ⅱ）軟弱地盤上などに設置された EDO-EPS 盛土に予期せぬ沈下が生じた場合、局部的な変形を抑止できる。

ⅲ）地震時の挙動に対して、EDO-EPS 盛土の一体化を確保する。これは、EDO-EPS 盛土の実物大モデルの振動台実験で実証されている[8)9)]。

上記の各項目を満足するために、緊結金具は EDO-EPS ブロック $1m^2$ あたり 1 個以上、$1m^3$ あたり 2 個以上設置する。図 4.2.13 は、緊結金具の設置例を示している。なお、レベル 2 地震動を対象とした設計では、その 2 倍（EDO-EPS ブロック $1m^2$ あたり 2 個以上、$1m^3$ あたり 4 個以上）の数を設置することによりブロックの抜け出しなどを抑止できる。

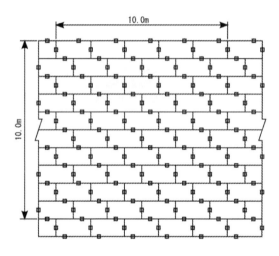

$10m×10m = 100m^2$（1 層）に 100 個
→ 1 個／m^2

$10m×10m×1m = 100m^3$（2 層）に 200 個
→ 2 個／m^3

（レベル 2 地震動を考慮する場合は、この 2 倍の個数が必要）

図-4.2.15　緊結金具の設置例

4.3 荷重軽減工法としての適用

4.3.1 概説

軟弱地盤上に盛土を行う場合には、盛土荷重による地盤の沈下や変形が懸念され、また急傾斜地や地すべり地での盛土によってすべり破壊の発生が問題となる。

このような軟弱地盤上や急傾斜地、および地すべり地での盛土において、超軽量の EDO-EPS ブロックを盛土材料として用いることで地盤への作用荷重を大幅に軽減し、沈下の低減やすべり破壊を防止することができる。また、ボックスカルバートや埋設管など地中構造物への作用荷重の軽減にも有効である。

図 4.3.1 は軟弱地盤上の盛土における主な問題点を示し、図 4.3.2 は地すべり地の盛土のすべり破

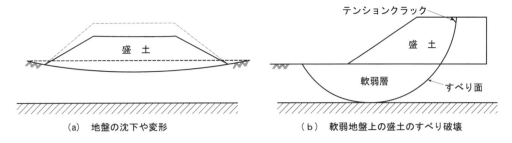

(a) 地盤の沈下や変形　　　　(b) 軟弱地盤上の盛土のすべり破壊

図4.3.1　軟弱地盤上の盛土における主な問題点

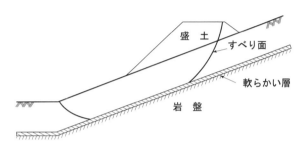

図4.3.2　地すべり地の盛土のすべり破壊の形態例

壊の形態例を示している。

　図 4.3.3 は EDO-EPS 工法の (a) 軟弱地盤への適用例、(b) 地すべり地への適用例、(c) 急傾斜地への適用例、(d) 地下構造物への適用例についてそれぞれの模式図を示している。

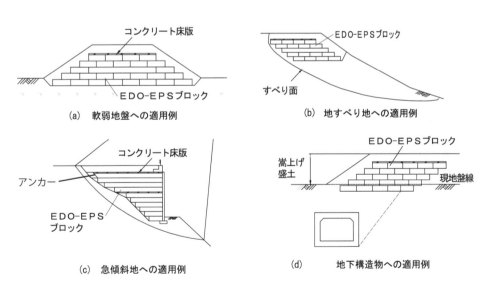

図4.3.3　軟弱地盤、地すべり地、急傾斜地、地下構造物への適用例

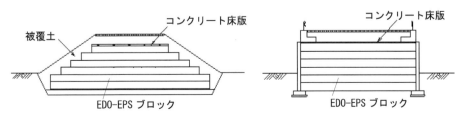

図4.3.4　軟弱地盤上のEDO-EPS道路盛土模式図

本節では，軟弱地盤対策や地すべり対策として，図 4.3.4 に示すような EDO-EPS 道路盛土を適用する場合の設計法について示す。

軟弱地盤上、あるいは地すべり地上の EDO-EPS 盛土の設計を行う際には、まず以下のような設計条件を設定する必要がある。

- 盛土形状 (計画盛土高さ，のり面勾配など)
- 荷重条件 (舗装荷重，交通相当荷重，設計水位など)
- 地盤のすべり破壊に対する設計安全率
- 浮力による EDO-EPS 盛土の浮き上がりに対する設計安全率
- 許容沈下量 (盛土基礎地盤が軟弱な場合)

さらに、事前に土質調査や室内土質試験を実施して盛土基礎地盤に関する以下のような情報を収集しておく必要がある。

- 土層構成 (特に軟弱層の厚さや分布深度、すべり面の深度や連続性など)
- 地下水位
- 地盤の強度特性（粘着力、内部摩擦角など）
- 軟弱地盤の圧密特性など

4.3.2　設計検討項目

軟弱地盤上や地すべり地の EDO-EPS 盛土は、現地盤に対する盛土荷重を軽減することで、盛土施工後に沈下やすべり破壊がなく、浮き上がりに対して安定であるように設計する必要がある。具体的には以下の項目を検討する必要がある。

(1) EDO-EPS ブロックの応力度の検討ならびに EDO-EPS 種別の設定

EDO-EPS 盛土に作用する上載荷重によってEDO-EPSブロックに発生する圧縮応力度が許容圧縮応力度以下になるようにEDO-EPS種別を設定する。

(2) 置換え厚さの算定並びに浮き上りに対する検討

地盤内の増加応力がゼロとなる置換え深さを算定し、あわせて地下水位などによりEDO-EPS盛土に浮力による浮き上がりが生じないか検討を行う。

(3) 地盤の沈下検討

盛土の基礎地盤が軟弱な場合に、盛土荷重、交通相当荷重などによって生じる地盤の沈下量が許容沈下量以下であるか検討を行う。

(4) 地盤の安定検討

軟弱地盤や地すべり地の地盤に対して盛土荷重や交通相当荷重によるすべり破壊が生じないか検討を行う。

図4.3.5に軟弱地盤上のEDO-EPS盛土の設計手順を示している。

4.3.3　設計手順

(1) EDO-EPS ブロックの応力度検討

EDO-EPS ブロックの応力度の検討は、死荷重（盛土全体荷重）、活荷重（交通相当荷重など）などの上載荷重によってEDO-EPS ブロックに発生する圧縮応力度が許容圧縮応力度以下になるような

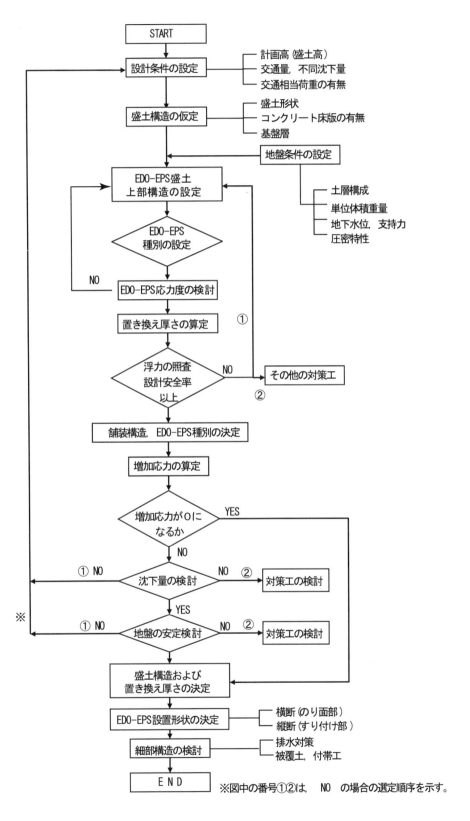

図4.3.5 軟弱地盤上のEDO-EPS盛土の設計手順

EDO-EPSブロックの種別を表2.2.1から選定する。EDO-EPSブロックに生じる応力度は、EDO-EPS各層の上面で求める。上載荷重によるEDO-EPSブロック内での荷重分散が両側に均等に生じる一般盛土部の場合には式(4.3.2)、直立盛土の自立面端部のように荷重分散が片側で有限となる場合には式(4.3.3)を用いて算定する。応力度算定の計算は以下の手順と条件で行うものとする。

ⅰ）EDO-EPSブロック上面での応力度は、死荷重による応力度σ_{z1}と活荷重による応力度σ_{z2}の和で表される。

$$\sigma_z = \sigma_{z1} + \sigma_{z2} \qquad 式(4.3.1)$$

ⅱ）死荷重による応力度σ_{z1}は、舗装などの各部材の構成厚さと単位体積重量から算定する。

ⅲ）輪荷重の分散は、上部コンクリート床版を含んだ舗装構成層内では45°、上部コンクリート床版がない場合は30°で分散するものとする。

ⅳ）EDO-EPSブロック内部での荷重分散角は、EDO-EPS工法専用の緊結金具で連結し、一体化した場合に限って荷重分散係数$\alpha = 1.0$とすることができ、コンクリート床板の有無にかかわらず荷重分散角は$\theta = 20°$とする。

また、EDO-EPSブロックの応力度検討は、以下の項目にも留意して行う。

① 応力度の検討はEDO-EPSブロックに最も応力的に厳しい条件となる位置を選定して行う。

輪荷重が作用する場合には、輪荷重の分散距離の小さい、すなわち舗装、路盤厚が薄い箇所のEDO-EPS盛土の上層部で大きな応力度となることが多い。一方、盛土高が高い場合には、累積した死荷重の影響で下層部での応力度が大きくなり、全体として上層部と下層部のEDO-EPS種別が中間部よりも高強度となる場合が多い。

さらに、路面からの荷重のみならず、4.5.4で説明している急傾斜拡幅盛土でのEDO-EPS盛土の最下層部付近への応力集中による増加応力によって下層部のEDO-EPS種別が決定される場合がある。

② 路肩をはじめとして橋台取り付け部などのEDO-EPS盛土に地覆などの構造物がある場合には、構造物の荷重によって生じる応力度を算出し、これを満足するEDO-EPS種別を選定する。

したがって、構造物直下のEDO-EPS種別が局所的に高強度となる場合もある。

③ EDO-EPSブロックの応力度照査では、作用荷重が弾性領域内に収まるように、すなわち作用応力度が許容圧縮応力度を下回るようにEDO-EPSの種別を決定するが、図2.2.6に示されるように長期的なクリープ変形が懸念される場合には、例えば一段階上の高強度なブロック種別を選定することも重要である。

図4.3.6は、一般盛土部と直立盛土の自立面端部の応力分散の模式図を示している。

・ **一般盛土部の応力度検討**

一般盛土部の輪荷重の分散を考慮した応力度σ_{z2}は次式により算定する。

$$\sigma_{Z2} = \alpha \cdot \frac{P \cdot (1 + i)}{(B + 2 \cdot Z_1 \cdot \tan\theta_1 + 2 \cdot Z_2 \cdot \tan\theta_2) \cdot (L + 2 \cdot Z_1 \cdot \tan\theta_1 + 2 \cdot Z_2 \cdot \tan\theta_2)}$$

$$式(4.3.2)$$

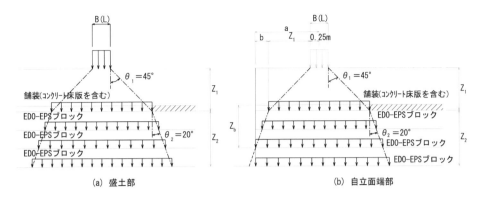

図4.3.6　応力分散模式図

- 直立盛土部の自立面端部の応力度検討

EDO-EP直立盛土の自立面端部では輪荷重の分散面積が小さくなるため、一般盛土部よりも大きな応力が生じる。したがって、EDO-EPS自立面端部におけるσ_{Z2}は次式により算出する。

$Z_2 \leqq Z_b$において、一般盛土部と同じ式(4.3.2)を用いる。

$Z_2 > Z_b$において、

$$\sigma_{Z2} = \alpha \cdot \frac{P \cdot (1+i)}{(B/2 + a + 2 \cdot Z_1 \cdot \tan\theta_1 + Z_2 \cdot \tan\theta_2) \cdot (L + 2 \cdot Z_1 \cdot \tan\theta_1 + 2 \cdot Z_2 \cdot \tan\theta_2)}$$

式(4.3.3)

ここに、
 P：輪荷重（T荷重の場合、P = 100 kN）
 B：車輪輪帯幅（T荷重の場合、B = 0.50 m）
 L：車輪接地長（T荷重の場合、L = 0.20 m）
 a：盛土端部（鉛直境界面）から輪中心までの距離（m）
 b：盛土端部（鉛直境界面）からEDO-EPSブロック荷重分散端までの距離（m）
 Z_1：路面からEDO-EPSブロック上端面までの深さ（m）
 Z_2：EDO-EPSブロック上端面からの深さ（m）
 Z_b：EDO-EPSブロック上端面から盛土端部（鉛直境界面）と荷重分散線の交点までの深さ（m）
 θ_1：舗装部（上部コンクリート床版を含む）の荷重分散角度　$\theta_1 = 45°$
　　　ただし、上部コンクリート床版がない場合は$\theta_1 = 30°$
 θ_2：EDO-EPS内部の荷重分散角度　$\theta_2 = 20°$
 α：荷重分散係数
　　（$\alpha = 1$：EDO-EPSブロックを基準書で指定された緊結金具で一体化した場合に限り適用可能）
 i：衝撃係数（i = 0.3）

(2)　地盤の置換え深さの算定

EDO-EPSブロックを利用した荷重軽減工法の基本的な考え方は、盛土荷重によって発生する地盤内応力を極力抑制するか、あるいは発生させないことである。そのためには、図4.3.7に示すように

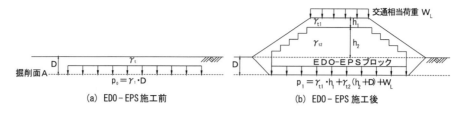

図4.3.7　EDO-EPS盛土の置換え深さ

盛土自体を超軽量のEDO-EPSブロックで軽量化し、さらに現地盤を掘削してEDO-EDOブロックに置き換えることで、掘削面における増加応力を極力抑えることである。掘削面Aにおける盛土施工前後の増加応力、および増加応力がゼロとなるような掘削深さ(EPS-EPS置換え深さ)は以下のように求められる。

図4.3.7の掘削面Aにおける、EDO-EPS盛土施工前の土かぶり圧p_0は、

$$p_0 = \gamma_t \cdot D \quad \text{式(4.3.4)}$$

掘削面Aにおける、EDO-EPS盛土施工後の土かぶり圧p_1は、

$$p_1 = \gamma_{t1} \cdot h_1 + \gamma_{t2} \cdot (h_2 + D) + W_L \quad \text{式(4.3.5)}$$

よって、掘削面AにおけるEDO-EPS盛土施工後の増加応力$\Delta\sigma$は、

$$\Delta\sigma = p_1 - p_0 \quad \text{式(4.3.6)}$$

掘削面Aの応力を増加させないためには、$p_0 = p_1$として置換え深さDを求める。

$$D = \frac{\gamma_{t1} \cdot h_1 + \gamma_{t2} \cdot h_2 + W_L}{\gamma_t - \gamma_{t2}} \quad \text{式(4.3.7)}$$

ここに、

p_0：掘削面AにおけるEDO-EPS盛土施工前の土かぶり圧 (kN/m^2)

p_1：掘削面AにおけるEDO-EPS盛土施工後の土かぶり圧 (kN/m^2)

γ_t：現地盤の単位体積重量 (kN/m^3)

D：EDO-EPSブロックによる置換え深さ(掘削深さ) (m)

γ_{t1}：舗装、路盤の単位体積重量 (kN/m^3)

h_1：舗装、路盤の厚さ (m)

γ_{t2}：EDO-EPSブロックの単位体積重量 (kN/m^3)

地下水位以下に常時EDO-EPSブロックを設置する場合には、設計単位体積重量は種別によらず$1.0kN/m^3$とする。ただし、押出発泡法のブロックXPS(種別DX)はほとんど吸水しないため設計単位体積重量は地下水位以浅の値(表4.2.1)と同じとしてよい。

h_2：EDO-EPS盛土の地盤面上の高さ (m)

W_L：交通相当荷重(低盛土で交通量が多い場合に考慮することもある) (kN/m^2)

また、現況地盤上に既に交通荷重などの先行荷重がある場合には、これを含めない。

上式において、地下水や洪水などによる浮き上がり対策(押え荷重による応力増加)、施工性(地下水位が高く置き換えが困難など)、経済性の問題から必ずしも増加応力をゼロにできない場合には、式(4.3.6)の荷重を用いて「道路土工－軟弱地盤対策工指針(日本道路協会)」などを参考に圧密沈下量を算定し、地盤の沈下対策を十分に行う必要がある。また、何らかの沈下が発生する場合でも許容

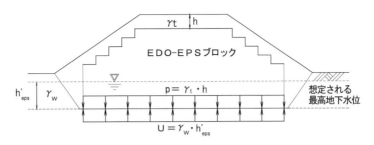

図4.3.8　浮き上がり検討模式図

沈下量以下であることを確認することが必要である。

(3) 浮き上がりの検討

EDO-EPSブロックが設計水位（地下水位など）以下に設置される場合および急激な内水の上昇などでEDO-EPS盛土が水浸するおそれのある場合には、式(4.3.8)による浮き上がりの検討が必要となる。図4.3.8は、浮き上がり検討時の模式図を示している。

$$Fs = \frac{P}{U} \qquad 式(4.3.8)$$

ここに、

F_s：浮き上がりに対する設計安全率

　　（常時水位時は $Fs \geqq 1.3$、異常時水位時は $F_s \geqq 1.1$）

p：上載荷重（$= \Sigma \gamma_t \cdot h$）(kN/m^2)

γ_t：設計水位以上の各層の単位体積重量（EDO-EPSブロック自重は無視）(kN/m^3)

h：設計水位以上の各層の厚さ（同上）(m)

U：浮力（$= \gamma_w \cdot h'_{eps}$）(kN/m^2)

γ_w：水の単位体積重量 (kN/m^3)

h'_{eps}：設計水位以下のEDO-EPSブロックの厚さ (m)

浮き上がりの検討は、以下の項目に留意して行うものとする。

① 設計水位以上のEDO-EPSブロックの自重は安全側として押さえ荷重として考慮しない。

② 交通相当荷重 W_L は安全側として押さえ荷重に考慮しない。

③ 設計水位は想定される最高の水位を用いて検討を行う。

EDO-EPSブロックは超軽量であるため、設計水位は安全側に設定しなければならない。このため設計水位は地質調査時での孔内水位などを過信することなく、近年の集中豪雨を考慮した長期にわたる最高水位を想定する。近年、ゲリラ豪雨による内水氾濫で過去の想定外の高水位になる場合もあり、地理的条件および余裕のある排水施設なども考慮した検討が必要である。

④ 水浸時の吸水によるEDO-EPSブロックの単位体積重量の増加は安全側として考慮しない。

⑤ EDO-EPSブロック側面と地盤との摩擦抵抗力は安全側として考慮しない。

上記の検討の結果、浮き上がりに対する所要の設計安全率を満足しない場合には以下の対策を講じる。

① EDO-EPSブロックの置換え深さDを少なくする。

　　この場合には、EDO-EPSブロックに作用する浮力が小さくなるため、浮き上がりに対する安

全率は向上するが、逆に現地盤の置き換え効果も少なくなるため、地盤への増加応力が発生し圧密沈下が生じることになる。

② EDO-EPSブロックの上載土(土かぶり)を厚くしてEDO-EPSブロックに対する上載荷重を増加させる。

押さえ荷重を大きくすることで浮き上がりに対する安全率は向上するが、地盤への増加応力で圧密沈下が生じる。

③ 地下排水工(排水溝工、暗渠工、ドレーン敷設工など)により地下水位を下げる。

なお、地下排水工は、目詰まりなどにより長期に亘って確実な水位低下効果が期待できない場合もあるので形状や設置材料に注意を要する。

④ 浮力対策EDO-EPSブロックを地下水位以下に設置する。

浮力対策EDO-EPSブロックを用いた場合の浮力U_bは式4.3.9で求める。浮力対策ブロックは外壁に設けた通水孔からブロック内に水が流入する構造である。そこで通水孔周辺には透水性に優れた埋戻し材を使用するとともに、フィルター材などでブロック内への土砂の流入を防ぎ、浮力低減効果を保持できる構造とする必要がある。

図4.3.9は浮力対策EDO-EPSブロックの設置例を示している。浮力対策ブロックは、内部に空隙を加工成形する必要から厚さ(高さ)方向に2分割された構造となっている。

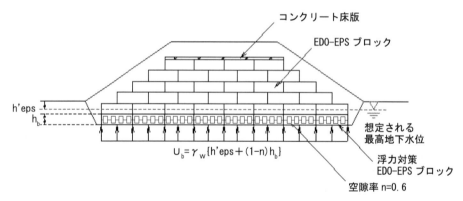

図4.3.9 浮力対策ブロック設置の模式図

$$U_b = \gamma_w \cdot \{h'_{eps} + (1 - n) \cdot h_b\} \qquad 式(4.3.9)$$

ここで、

γ_w : 水の単位体積重量 (kN/m³)

h'_{eps} : 設計水位以下のEDO-EPSブロック(通常ブロック)の厚さ (m)

h_b : 設計水位以下の浮力対策EDO-EPSブロックの厚さ (m)

n : 浮力対策EDO-EPSブロックの空隙率(通常0.6)

(4) **地盤の沈下検討**

EDO-EPS盛土の浮き上がり防止のために様々な対策工を採用する場合や施工性などから掘削深さを減少させる場合には、盛土荷重によって発生する地盤内応力が施工前に比べて大きくなる。したがって、基礎地盤が軟弱な場合には、増加応力による地盤の沈下に対する検討が必要となる。盛土荷重によって発生する掘削面位置での増加応力$\Delta\sigma$は、式4.3.10により算定する。図4.3.7に掘削面位置の模式図を示している。

$$\Delta \sigma = p_1 - p_0 \qquad \text{式 (4.3.10)}$$
$$P_0 = \gamma_t \times D$$
$$P_1 = \gamma_{t1} \times h_1 + \gamma_{t2} \times (h_2 + D) + W_L$$

したがって、盛土中央部における地盤の沈下量Sは、以下に示すいずれかの式によって求められる。

$$S = m_v \cdot \Delta \sigma \cdot H \qquad \text{式 (4.3.11)}$$
$$S = \frac{e_0 - e_1}{1 + e_0}$$
$$S = \frac{C_c}{1 + e_0} \cdot \log \frac{P_z + \Delta \sigma}{P_z}$$

ここに、

  $\Delta \sigma$：盛土荷重による地盤内増加応力 (kN/m²)

  H：軟弱層の厚さ (cm)

  m_v：軟弱層の体積圧縮係数 (m²/kN)

  e_0：軟弱層の初期間隙比

  e_1：増加応力$\Delta \sigma$作用後の軟弱層の間隙比 (圧密試験により得られるe-logp曲線から求める)

  C_c：軟弱層の圧縮指数

  P_z：盛土施工前の有効土被り圧

このようにして求められた地盤の沈下量Sが、許容沈下量Saを上回る場合には、置換工法や深層混合処理工法などの地盤改良工法の併用について検討し、沈下量が許容沈下量以下となるようにしなければならない。

(5) 地盤の安定検討

EDO-EPS盛土の安定検討は、「道路土工－軟弱地盤対策工指針 (日本道路協会)」など各設計基準に準拠して円弧すべり破壊の検討を行うものとする。円弧などのすべり面は図4.3.10に示すように

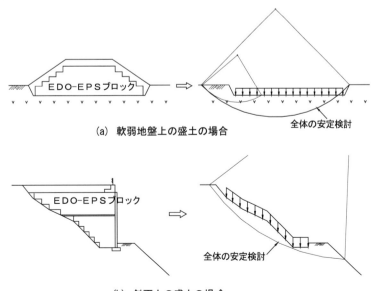

(a) 軟弱地盤上の盛土の場合

(b) 斜面上の盛土の場合

図4.3.10　地盤の安定計算の模式図

EDO-EPS設置底面の地盤に適用し、EDO-EPSブロック部分にはすべり面を設定せず荷重としてのみ評価して検討を行う。目標安全率は各設計基準に準拠して設定する。

また、EDO-EPS盛土施工後の増加応力がゼロであれば、施工前よりも地盤の安定度が下がらないとして地盤の安定検討を省略するのではなく、軟弱地盤上などでは、現状での地盤沈下が収束しているかどうかなど、施工前の地盤安定度が将来にわたって十分確保されているかについての確認も必要である。

斜面上拡幅盛土などの荷重軽減においては、掘削荷重（除荷範囲）と盛土荷重（載荷範囲）の重心位置の違いから、単純に荷重を相殺しただけで斜面の安定度が確保できる保証はないため、盛土の背面斜面を含めた地盤の安定検討にも十分に注意することが必要である。

4.3.4 設計計算例

軟弱地盤上の直立盛土の設計計算例

軟弱地盤上のEDO-EPS工法設計計算例を以下に示している。図4.3.11に計画盛土形状（両端直立型盛土）と地盤状況を示している。

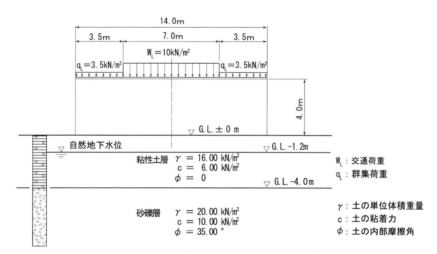

図4.3.11　計画盛土形状および地盤条件

(1) 設計条件

ⅰ）計画盛土形状および地質

計画盛土は高さ4mの両端直立型道路盛土で車道幅員は7m、両側に3.5mの歩道部を有している。

両直型盛土であり、両側に保護壁が施工されるため保護壁の振止めアンカーがコンクリート床版に取り付けられる。したがって、コンクリート床版の厚さは0.15mとなる。

道路の舗装構成は上部コンクリート床版（0.15m）を含めて0.8mである。

地質は、深さ4mまで軟弱な粘性土層があ

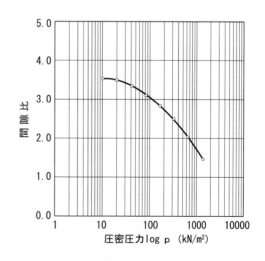

図4.3.12　粘土層のe-log p曲線

り、以深は砂礫層である。地下水位は、地表面から−1.2mである。圧密対象層である粘性土層のe−logp曲線は図4.3.12に示している。

ii）地盤のすべり破壊に対する設計安全率：$F_s \geqq 1.2$

iii）EDO-EPS盛土の浮き上がりに対する設計安全率：$F_s \geqq 1.3$

なお、EDO-EPSの浮き上がりに対する検討の際には、図4.3.12に示した自然地下水位(G.L.−1.2m)ではなく、想定される最高水位である地表面(G.L.±0m)を設計水位とする。

iv）供用開始後の許容沈下量：$S_a \leqq 10cm$

(2) EDO-EPS ブロックの応力度の検討

EDO-EPS盛土の舗装構成を表4.3.1に示す。表層から路床までの厚さは0.65 mで、上部コンクリート床版を含めた平均単位体積重量は$\gamma_1 = 21.0$ kN/m³となり、死荷重による応力度は$\delta_{z1} = 16.79$kN/m²となる。

表4.3.1　EDO−EPS盛土の舗装構成と荷重

名　　称	単位体積重量 (kN/m³)	厚　さ (m)	応力度 (kN/m²)
表層	22.5	0.05	1.13
基層	22.5	0.05	1.13
瀝青安定処理	20.0	0.10	2.00
粒土調整砕石	20.0	0.15	3.00
クラッシャラン	20.0	0.15	3.00
路床土	19.0	0.15	2.85
上部コンクリート床板	24.5	0.15	3.68
合　　計	平均21.0	0.80	16.79

(舗装構造の設計条件)
・交通量区分：N_6　・設計CBR：8 %　・目標TA：26 cm

次に、活荷重（T-25）によるEDO-EPSへの応力度を算定する。車道が盛土の中央部に位置することから、式(4.3.2)より算出する。後輪荷重（100kN）による最上層EDO-EPSブロックへの応力は、

$$\sigma_{z2} = \alpha \cdot \frac{P \cdot (1+i)}{(B + 2 \cdot Z_1 \cdot \tan\theta_1 + 2 \cdot Z_2 \cdot \tan\theta_2) \cdot (L + 2 \cdot Z_1 \cdot \tan\theta_1 + 2 \cdot Z_2 \cdot \tan\theta_2)}$$

$$= 1.0 \times \frac{100 \times (1 + 0.3)}{(0.5 + 2 \times 0.80 \times \tan 45° + 2 \times 3.2 \times \tan 20°) \times (0.2 + 2 \times 0.80 \times \tan 45° + 2 \times 3.2 \times \tan 20°)}$$

$= 34.39$ kN/m² 　　　　　　　　　　　　　　　式(4.3.9)

したがって、最上層EDO-EPS上面での応力度の合計は式(4.3.1)より、

$\sigma_z = \sigma_{z1} + \sigma_{z2} = 16.79 + 34.39 = 51.18$kN/m²

この計算結果より、最上層のEDO-EPS種別は、51.18 kN/m²以上の許容圧縮応力度を有するブロックを選択する。ここでは種別DX-24（許容圧縮応力度$\sigma_a = 60$ kN/m²）を適用する。

同様に、最上層ブロックより下のブロックについてEDO-EPS内部での荷重分散角度（$\theta_2 = 20°$）

表4.3.2　EDO-EPS盛土各層の圧縮応力度計算

照査位置			荷重				EDO-EPS 種　別	許容圧縮応力度 (kN/m^2)
	Z1 (m)	Z2 (m)	死荷重		活荷重 (kN/m^2)	EPS 上面荷重合計 (kN/m^2)		
			各層荷重 (kN/m^2)	荷重累計 (kN/m^2)				
舗装・路盤	—	—	16.790	—	—	—	—	—
最上階EPS	0.800	0.000	0.120	16.790	34.392	51.182	DX-24	60.0
7層目	0.800	0.500	0.100	16.910	24.381	41.291	D-20	50.0
6層目	0.800	1.000	0.100	17.010	18.184	35.194	D-20	50.0
中間コンクリート床版	0.800	1.500	3.675	17.110	14.083	31.193	—	—
5層目	0.800	1.650	0.100	20.785	13.123	33.908	D-20	50.0
4層目	0.800	2.150	0.100	20.885	10.541	31.426	D-20	50.0
3層目	0.800	2.650	0.100	20.985	8.653	29.638	D-20	50.0
2層目	0.800	3.150	0.100	21.085	7.230	28.315	D-20	50.0
最下層EPS	0.800	3.650	0.100	21.185	6.132	27.317	D-20	50.0

を用いて考慮して下層部各層の応力度を算定する。これらの計算結果と対応する EDO-EPS 種別を表 4.3.2 に示している。

5層目より下層のブロックは作用応力度 35 kN/m^2 未満になるため種別 D-16（許容圧縮応力度 σ_a = 35 kN/m^2）が応力条件としては満足する。一方、EDO-EPS 工法設計・施工基準書では、輪荷重の影響を受ける盛土には、種別 D-20（許容圧縮応力度 50 kN/m^2）以上のブロックを使用することと規定されているため、ここでも適用する種別は D-20 とする。

(3)　地盤の置換え深さの算定

盛土荷重により地盤内での増加応力がゼロとなるような掘削深さ (EDO-EPS の置換え深さ) を算定する。掘削深さ D は式 (4.3.7) を参照し、EDO-EPS の自重に中間コンクリート床板 (厚 0.15m) の重量を加算し、さらに、交通量が多いことから交通荷重 (W_L) を考慮している。

$$D = \frac{\gamma_{t1} \times h_1 + \gamma_{t2} \times h_2 + W_L}{\gamma_{t1} - \gamma_{t2}}$$

$$= \frac{21.00kN \times 0.80m + 0.25 \times 0.50m + 0.20 \times 2.55m + 24.5 \times 0.15m + 10.00}{16.00 - 0.20}$$

$$= \frac{31.11}{15.80} = 1.97 \text{ m}$$

上式では、置換え地盤の単位体積重量は自然地下水位より上方の湿潤単位体積重量としていたが、掘削深さが自然地下水位（G.L − 1.20m）以下に算出されたため、次式によって地下水位以下で増加応力がゼロとなる掘削深さを求めなおす。

$$D = 1.20 + \frac{31.11 - 16.00 \times 1.20}{16.00 - 10.00} = 3.19 \text{m}$$

結果、増加応力がゼロとなる地盤の置換え深さは 3.19 m となる。

表4.3.3 EDO-EPS盛土の荷重

名　称	単位体積重量 (kN/m³)	厚　さ (m)	荷　重 (kN/m²)
表層	22.5	0.05	1.13
基層	22.5	0.05	1.13
瀝青安定処理	20.0	0.10	2.00
粘土調整砕石	20.0	0.15	3.00
クラッシャラン	20.0	0.15	3.00
路床土	19.0	0.15	2.85
上部コンクリート床板	24.5	0.15	3.68
上部コンクリート床板	24.5	0.15	3.68
合　計			20.47

(4) 浮き上がりに対する検討

設計水位を地表面 (G.L. ± 0) として浮力の検討を行う。

EDO-EPS 盛土が、浮き上がりに対する設計安全率（$F_s = 1.3$）を満足する最大の掘削深を次式で求める。なお、ここでの EDO-EPS 盛土の荷重（P）は EDO-EPS ブロックの自重および活荷重を含めないこととする。

$$F_s = \frac{P}{U} = \frac{P}{\gamma_W \times h'_{eps}} = 1.3 \text{ より、} h'_{eps} = \frac{P}{1.3 \times \gamma_W} = \frac{P}{1.3 \times 10.00} = 1.57 \text{ m}$$

浮き上がりに対する安全率（$F_s = 1.3$）を満足する置換え深さは、1.57mである。

(5) 地盤の沈下検討

地盤内での増加応力がゼロとなる掘削深さ D = 3.19m に対して、浮き上がりの設計安全率を満足する最大深さが 1.57m となる。このような場合は、浮き上がりに対する安全率を優先して、掘削深さ = 1.57m における基礎地盤の圧密沈下量 S_c を算定する。なお、ここでは算定式として e − log p 曲線による方法を用いる。

掘削面における EDO-EPS 盛土施工後の増加応力 $\varDelta \sigma$ は式 (4.3.10) より、

$\varDelta \sigma = p_1 - p_0$
$= 21.00 \times 0.80 + 0.25 \times 0.50 + 0.20 \times 4.12 + 24.5 \times 0.15 + 10.00$
$- (16.00 \times 1.20 + (16.00 - 10.00) \times 0.37) = 10.00 \text{ kN/m}^2$

EDO-EPS 盛土施工後での圧密層の層厚を次式で求めて、図 4.3.13 に示している。

H = 4.00 − 1.57 = 2.43 m

EDO-EPS 盛土施工後での圧密層の中央深度における盛土施工前の鉛直有効応力 p_{Z0} は、

$p_{Z0} = 16.00 \times 1.20 + (16.00 - 10.00) \times 1.59 = 28.74 \text{ kN/m}^2$

EDO-EPS 盛土施工後での圧密層の中央深度における盛土施工後の鉛直有効応力 p_{Z1} は、

$p_{Z1} = p_{Z0} + \varDelta \sigma = 28.74 + 10.00 = 38.74 \text{ kN/m}^2$

EDO-EPS 盛土施工前での圧密層の鉛直有効応力 p_{Z0} での初期間隙比 (e_0)、および盛土施工後での鉛直有効応力 p_{Z1} での間隙比 (e_1) を図 4.3.12 から以下の値に読み取る。

$p_{Z0} = 28.74 \text{ kN/m}^2 \rightarrow e_0 = 3.438$

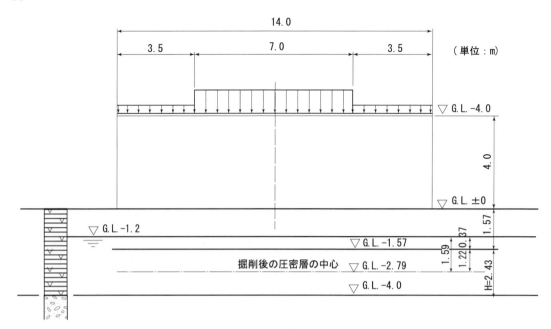

図4.3.13　暫定断面図

$p_{Z1} = 38.74 \text{ kN/m}^2 \to e_1 = 3.360$

したがって、基礎地盤の圧密沈下量 S_c は $e - \log p$ 法により、

$$S_c = \frac{e_0 - e_1}{1 + E_0} \cdot H$$

$$= \frac{3.438 - 3.360}{1 + 3.438} \times 2.43 = 0.04 \text{ m}$$

式(4.3.11)

EDO-EPS の置換え深さを 1.57m とした場合の沈下量は 0.04 m となる。

ここでの許容沈下量は、$S_a = 0.10$ m であるので、0.04m ≦ 0.10 m となり許容沈下量以下である。

図 4.3.13 は、これらの一連の計算結果を反映させて図化した暫定断面である。

これまでに行ってきた EDO-EPS の置換え深さの算定、浮き上がりに対する検討、地盤の沈下検討は、本工法の一連の計算として成り立っている。

ここで、許容沈下量に 0.06 m の余裕があることを勘案し、EDO-EPS ブロックの置換えを少なくすることにより、さらに経済性を向上させるために許容沈下量 $S_a = 0.10$m に漸近する置換え深さを求めることにする。

EDO-EPS ブロックの標準寸法は厚さ 0.5m であるため、計画高から舗装厚、コンクリート床版厚 2 層を差し引いて EDO-EPS ブロックの配置を検討すると、中間床版より上は 1.50m となり下は 3.00m（計算上は 3.12m）とする。このうち、地盤面より上部は 1.55m であるため、地盤下は 1.45m となる。

このため、EDO-EPS 底面高をブロック 1 層（0.5m）ごとの配置を考慮して－1.45m（前述の計算結果は－1.57m）と設定し、さらに 0.25m ピッチで浅くしたときの計算結果を表 4.3.4 に示している。

これらの結果、EDO-EPS の底面高が－0.95m のときに沈下量は 9cm となり、許容沈下量に漸近している。図 4.3.14 では、これらの計算結果による決定断面図を示している。

上記では道路中心部での最終沈下量を算定したが、設計実務では道路路肩部や道路周辺の沈下量が

4.3 荷重軽減工法としての適用

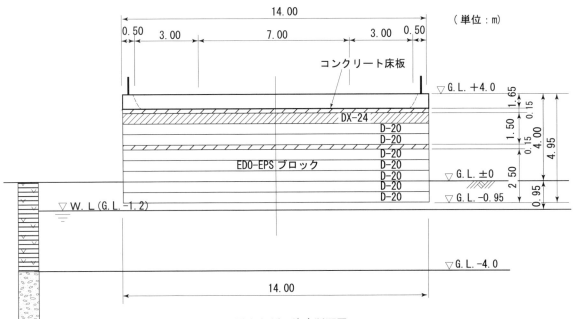

図 4.3.14 決定断面図

表 4.3.4 EDO-EPS 盛土掘削底面を変化させたときの圧密沈下量計算結果一覧表

EDO-EPS 底面高 (m)	増加応力 $\Delta\sigma$ (kN/m²)	施工後の圧密層厚 H (m)	施工後での鉛直応力 p_{z0} (kN/m²)	施工後での鉛直応力 p_{z1} (kN/m²)	初期間隙比 e_0	有効応力の間隙比 e_1	圧密沈下量 (m)
-0.70	20.05	3.30	26.10	46.15	3.457	3.303	0.11
-0.95	16.10	3.05	26.88	42.98	3.450	3.327	0.08
-1.20	12.15	2.80	27.60	39.75	3.446	3.352	0.06
-1.45	10.70	2.55	28.38	39.08	3.440	3.357	0.05

項 目	左側10m	左側路肩部	道路中心	右側路肩部	右側10m
地表高	CDL-0.95	CDL-0.98	CDL-1.02 v	CDL-0.98	CDL-0.95
沈下量	0.00m	0.03m	0.07m	0.03m	0.00m

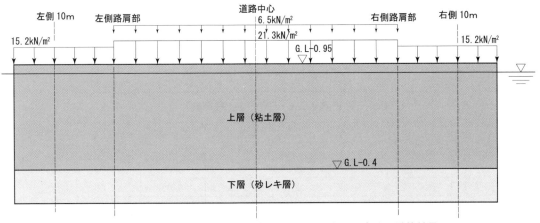

図 4.3.15 EDO-EPS の底面高が -0.95 m のときの圧密沈下計算結果

項　目	左側10m	左側路肩部	道路中心	右側路肩部	右側10m
地表高	CDL−0.03	CDL3.73	CDL3.58	CDL3.73	CDL−0.03
沈下量	0.03m	0.27m	0.42m	0.27m	0.03m

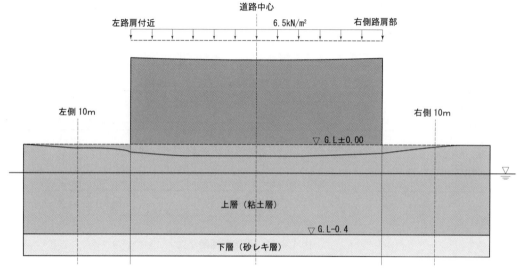

図4.3.16　通常盛土の圧密沈下計算結果

必要な場合がある。このような場合には圧密沈下計算ソフトウェアを用いるのが便利で、モデル作成時の留意点を以下に、また、EDO-EPS底面高−0.95mの場合の計算結果(沈下量7cm)および通常盛土の場合の計算結果（沈下量47cm）を図4.3.15と図4.3.16に示している。

圧密計算ソフトウェア操作上の前提条件
① EDO-EPS盛土は、表4.3.5に示す荷重としてのみ評価して掘削面に作用させる。
② 交通相当荷重は、EDO-EPS盛土のコンクリート床板やEDO-EPSブロック内部で分散されると考え、等分布荷重載荷とした。

表4.3.5　EDO-EPS盛土荷重

名　称	荷重強度 (kN/m²)	体積 (m³)	荷　重 (kN/m³)
EDO-EPS 上載土	21.00	0.80	16.80
中間コンクリート床版	24.50	0.15	3.68
EDO-EPS ブロック（DX-24）	0.24	0.50	0.12
EDO-EPS ブロック（D-20）	0.20	3.50	0.70
合　計			21.30

表4.3.6　EDO-EPS上載荷重

名　称	荷重強度 (kN/m²)	載荷幅 (m)	荷　重 (kN/m³)
交通相当荷重	10.00	4.00	70.00
群衆荷重	3.50	6.00	21.00
合　計			91.00

平均荷重強度＝91.00/14.00−6.5kN/m²

層番号	飽和重量 (kN/m³)	湿潤重量 (kN/m³)	内部摩擦角 (度)	粘着力 (kN/m²)	粘着力の 一次係数	水平震度	鉛直震度
1	16.00	16.00	0.00	5.00	0.00	0.000	0.000
2	21.00	20.00	35.00	20.00	0.00	0.000	0.000

水の単位体積重量＝100.00 (kN/m³)

最小安全率　$F_{s(MIN)} = 2.592$

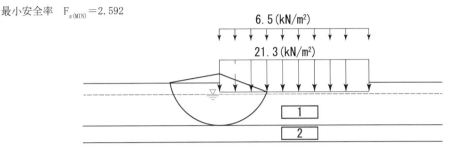

図 4.3.17　円弧すべり計算結果

なお、荷重の載荷形状は計画盛土形状に応じて都度判断する必要がある。
③　盛土施工前での圧密層の初期間隙比 (e_0) は、掘削された地盤の荷重を含めたものであるため、本計算ソフトウェアでは、掘削地盤の荷重を先行圧密荷重として扱っている。

(6) 地盤の安定検討

盛土荷重による地盤のすべり破壊に対する安定検討を行う。図 4.3.17 は円弧すべりの計算結果を示している。すべり破壊に対する安全性は設計安全率 $F_s \geqq 1.2$ を満足しており、地盤の安定に対しては問題は生じない。

4.4　土圧低減工法としての適用

4.4.1　概説

一般に、擁壁や橋台などの抗土圧構造物の裏込め材料には、粒度のよい粗粒土などの土質材料が使用されている。このため、構造物躯体の設計や安定性検討などは、背面盛土や載荷重などによる土圧を考慮して行われている。

また、構造物が軟弱地盤上に計画される場合には、沈下および安定対策としてプレロードや各種地盤改良などが行われている。

これに対し、土質材料に代わり、軽量で自立性のある EDO-EPS ブロックを図 4.4.1 のように構造物の背面に設置することで、構造物躯体に作用する土圧の低減ならびに盛土荷重の軽減が図られる。そのため躯体の安定性の向上、躯体構造や基礎形式の簡略化、地盤改良の規模の縮小などが可能となる。

ここでは、構造物背面に EDO-EPS 工法を適用する場合の留意点について述べる。

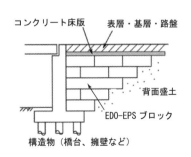

図 4.4.1　構造物背面への EDO-EPS 工法の適用模式図

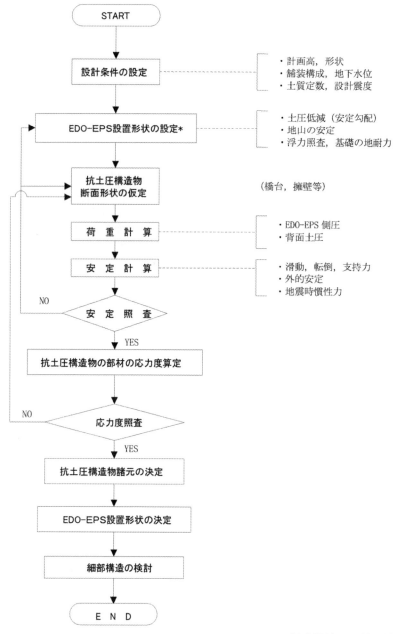

＊：経済性等の比較・検討を行う

図 4.4.2　構造物背面への EDO-EPS 工法適用時の設計手順

4.4.2　設計の手順

　構造物への土圧低減などを目的として、その背面に EDO-EPS 工法を適用する場合の標準的な設計手順を図 4.4.2 に示している。設計は条件設定に関する検討から開始し、構造物背面への EDO-EPS ブロック設置形状の設定、安定検討、構造物の部材の応力度照査を経て、構造細目の検討さらには全体の経済性や工期などを考慮して設計を行うことになる。

　なお、構造物自体の設計については「道路土工 擁壁工指針：日本道路協会」や「道路橋示方書・同解説 Ⅳ 下部構造編：日本道路協会」などに準拠して行うものとする。

4.4.3 安定検討

(1) 設計荷重

構造物の設計荷重としては、土圧、水圧、構造物の躯体重量、EDO-EPS ブロックの自重、上載荷重、EDO-EPS ブロックの側圧、浮力ならびに地震の影響を考慮する。ここでは EDO-EPS ブロックの側圧と背面斜面からの土圧について説明する。

i) 側圧

構造物の背面に設置した EDO-EPS ブロックに上載荷重が作用すると、微小ではある

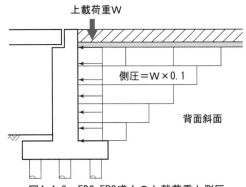

図4.4.3 EDO-EPS盛土の上載荷重と側圧

がブロックが水平方向に膨らむことで、構造物に対して側圧が作用する。側圧は、図4.4.3のように上載荷重（舗装、路盤、上部コンクリート床版、活荷重など）の0.1倍の荷重が深度方向に一様に分布するものとする。

ii) 土圧

構造物の背面に EDO-EPS ブロックを設置する場合、その背面に作用する土圧は、背面斜面の安定性（安定勾配）に左右されることになる。すなわち、図4.4.4 に示されるように背面斜面の勾配 i が安定勾配と同じか、それより緩ければ背面斜面からの土圧は作用しないことになる。

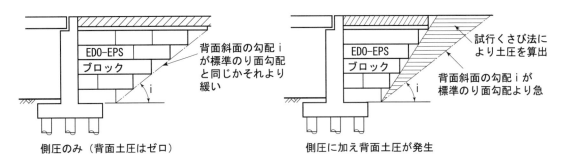

図4.4.4 EDO-EPS盛土の背面勾配と土圧

一方、背面斜面の勾配 i が安定勾配より急な場合は土圧が作用することになる。その土圧は試行くさび法などによって求め、EDO-EPS ブロック背面に水平に作用するものとする。

なお、EDO-EPS ブロック背面に作用する土圧は、EDO-EPS ブロックの許容圧縮応力を下回ることが必要である。特に押出発泡法（XPS）によるブロックには圧縮強度の異方性があり、ブロック製造時の押出し方向の強度は、それに直交する方向の3割程度であるため注意が必要である。なお、押出発泡法（XPS）の圧縮強度の異方性については、種別ごとに圧縮試験を実施して確かめる必要がある。

(2) 構造物の滑動、転倒、基礎地盤の支持力に対する安定

EDO-EPS ブロックを背面に用いた構造物は、滑動、転倒、基礎地盤の支持力および全体安定が確保できるよう設計されなければならない。その具体的な手法は「道路土工 擁壁工指針：日本道路協会」や「道路橋示方書・同解説 IV 下部構造編：日本道路協会」などの関連基準によるものとする。

また、橋台の側方移動の検討が必要な場合は「道路橋示方書・同解説 IV 下部構造編：日本道路協会」

や「設計要領 橋梁建設編：東日本／中日本／西日本高速道路株式会社」などによるものとする。

(3) EDO-EPS 盛土の全体安定検討

橋台および擁壁背面や橋台取付盛土部に EDO-EPS ブロックが連続して設置される場合、上記 (2) の構造物としての安定検討とは別に、EDO-EPS 盛土の全体安定検討が必要な場合がある。全体安定検討は、EDO-EPS 盛土の規模や設置形状および軟弱地盤などの地盤特性にもよるが、道路縦断方向 (橋軸直角方向) または道路横断方向 (橋軸直角方向) に対して基礎地盤を含む円弧すべりなどにより安定検討を行うことが多く用いられている。

4.4.4 EDO-EPS の特性を利用した土圧低減工法

EDO-EPS ブロックの特性を利用した土圧低減工法として、土被りが大きなボックスカルバートの頂版上に EDO-EPS ブロックを敷設し、頂版に作用する鉛直土圧を低減する場合がある。

ボックスカルバートの外幅に比べて土被りが大きい場合、図 4.4.5 ①に示すようにボックスカルバート直上盛土部の圧縮沈下よりボックスカルバート横の裏込め部盛土の圧縮沈下の方が大きくなる。このことから、カルバート直上の盛土には周辺から下向きの集中応力が働き、カルバートの鉛直土圧は頂版上の土被り荷重より大きくなる。このため設計では、土被りに応じて鉛直土圧の割増しが行われている。

一方、図 4.4.5 ②に示すようにカルバートの頂版上に圧縮性の高い EDO-EPS ブロックを敷設した場合、その圧縮沈下は裏込め部盛土の圧縮沈下に対して相対的に大きくなる。そのため①とは異なり、土被りがある程度大きくなっても、カルバートの鉛直土圧は土被り荷重よりも大きくならないことがこれまでの計測結果などにより確認されている。したがって、土砂と比較して圧縮性の高い EDO-EPS ブロックを頂版上に敷設すると、鉛直土圧の低減が可能となるため、経済性の高い構造物が建設できることとなる。

詳細な設計方法については「設計要領　第二集【カルバート編】東日本・中日本・西日本高速道路株式会社」を参照されたい。

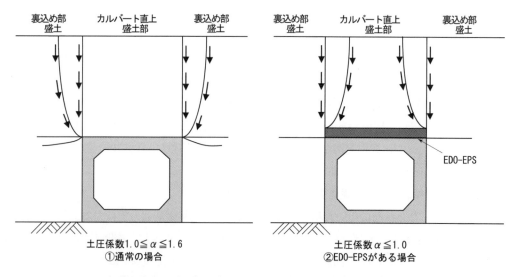

図4.4.5　EDO-EPSブロックによる鉛直土圧低減の原理

4.5 斜面上の道路拡幅盛土の設計

4.5.1 設計手順

斜面上の道路を拡幅する場合、従来は腹付け盛土、擁壁などの抗土圧構造物と盛土、補強土盛土などによる施工が行われてきた。この場合、谷筋への高盛土が生じたり、構造物掘削により斜面が不安

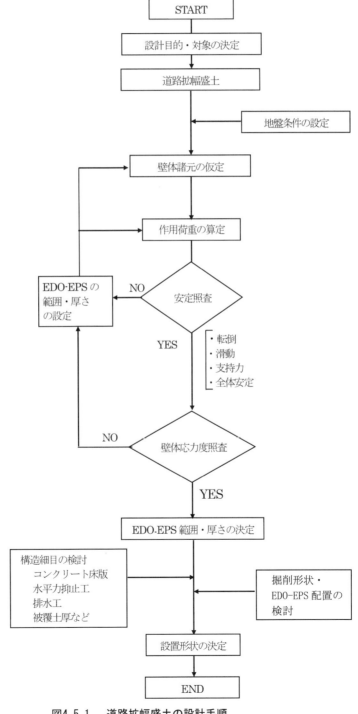

図4.5.1　道路拡幅盛土の設計手順

定になることがある。一方、山側を拡幅する場合は大規模な切土斜面が生じ、斜面安定工などが必要になる場合もある。これらの問題を解決する工法として、軽量で自立性のある EDO-EPS 盛土を行うことで抗土圧構造物が省略され、地山への影響も少なく、地形改変も最小限で済むなど、多くのメリットを有した方法で施工することができる。ただし、EDO-EPS 盛土は抗土圧構造物ではないため、背面からの土圧や水圧を作用させてはならない。

斜面上の道路拡幅 EDO-EPS 盛土の設計手順を図 4.5.1 に示している。

4.5.2 安定検討

道路拡幅 EDO-EPS 盛土は、滑動、転倒、基礎地盤の支持力および全体の安定が確保できるように設計しなければならない。

(1) 常時の安定

EDO-EPS 盛土の常時における安定計算は、以下に示す方法により行う。

ⅰ) 滑動に対する安定

滑動に対する安全率は、次式を満足しなければならない。

$$Fs = \frac{滑動に対する抵抗力}{滑動力} = \frac{\Sigma V \cdot \tan\delta + c \cdot B_l}{\Sigma H} = \frac{(W+P_v)\tan\delta + c \cdot B_l}{P_h} \geq 1.5$$

ここに、ΣV：全鉛直荷重
ΣH：全水平荷重
W：EDO-EPS 盛土の自重
P_v：土圧合力の鉛直成分
P_H：土圧合力の水平成分
$\tan\delta$：最下段の EDO-EPS ブロックと基礎地盤の間の摩擦係数
c：最下段の EDO-EPS ブロックと基礎地盤の間の粘着力
B_l：最下段の EDO-EPS ブロックの設置幅

ⅱ) 転倒に対する安定

つま先から合力 R の作用点までの距離 d は次式で表される。

$$d = \frac{\Sigma M_r - \Sigma M_0}{\Sigma V} = \frac{W \cdot a + P_v \cdot b - P_H \cdot h}{W + P_v}$$

ここに、
ΣM_r：つま先まわりの抵抗モーメント
ΣM_0：つま先まわりの転倒モーメント
a：つま先と W の重心との水平距離
b：つま先と P_V の作用点との水平距離
h：つま先と P_H の作用点との鉛直距離

合力 R の作用点の EDO-EPS 盛土天端中央からの偏心距離 e は次式で表される。

$$e = \frac{Bu}{2} - d$$

ここに、B_u：EDO-EPS 盛土の天端幅（最上段の EDO-EPS ブロックの設置幅）

転倒に対する安定条件として、合力 R の作用点は天端幅中央の 1/3 の範囲内になければならない。すなわち、偏心距離 e は次式を満足しなければならない。

$$|e| \leq \frac{B_u}{6}$$

なお、合力 R の作用点が天端幅中央よりも後方（背面側）に位置する場合には、転倒に対する検討を省略してよい。

iii）基礎地盤の支持力に対する安定

支持に対する安定性の照査では「道路橋示方書・同解説 IV 下部構造編」の「10.3 地盤の許容支持力」による極限支持力 Q_u（静力学公式で求められる荷重の偏心傾斜および支持力係数の寸法効果を考慮）から求めた許容鉛直支持力度を用いる。

この場合、単位奥行き幅あたりの全鉛直荷重 V_0 を有効載荷幅 B' で除して得られる鉛直地盤反力度が、下式を満足しなければならない。

$$\frac{V_0}{B'} \leq q_a = \frac{q_U}{F_s}$$

ここに、q_a：静力学公式による基礎地盤の許容鉛直支持力度

q_u：静力学公式による基礎地盤の極限支持力度（＝極限支持力／有効載荷幅）

F_s：安全率（常時:$F_s = 3$）

V_0：EDO-EPS 盛土底面における全鉛直荷重

B'：荷重の偏心を考慮した EDO-EPS 盛土の有効載荷幅

なお、EDO-EPS 盛土の前面が斜面となっている場合は、図 4.5.2 のように EDO-EPS 盛土の端部を通る円弧すべり計算を行い、安全率が概ね 1.0 のときの荷重を極限支持力と見なす方法がある[11]。

iv）全体の安定

斜面上に道路拡幅 EDO-EPS 盛土を施工する場合は、盛土端部を通る支持力的な斜面破壊と、盛土を含む一般的な斜面破壊を生じうる。

一般に基礎地盤全体が均一な場合の斜面安定は前者により検討するが、基礎地盤の地層構成が複雑であり、地形的にも変化が激しい場合には、支持力的な斜面安定だけでなく基礎地盤全体を含めた総合的な検討をするのがよい。図 4.5.2 にその概念図を示している。

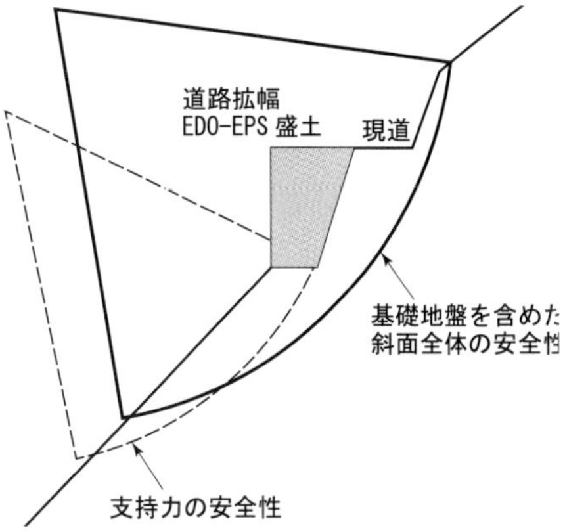

図 4.5.2 斜面安定の概念図

(2) 地震時の安定

地震時における EDO-EPS 盛土の安定検討は、「4.7 耐震設計」による。

4.5.3 壁体の検討

EDO-EPS 盛土の自立面には、紫外線による劣化や周辺火災による熱溶融などから EDO-EPS ブロックを保護するための壁体が必要になる。

これまでの事例では、H形鋼などの支柱に押出成形セメント板などの壁面材を取り付けた構造が多い。また、支柱の設置方式には、コンクリート基礎上に固定するもの（コンクリート基礎方式）と根入れ杭とするもの（支柱根入れ方式）とがある。ここでは、H形鋼支柱と壁面材の組合せによる壁体構造の検討方法について示す。なお、H形鋼支柱の設置間隔は2mを標準とする。

H形鋼に作用する側圧は、H形鋼の分担幅（設置間隔）を考慮した設計とし、地震時においては地震時慣性力（H形鋼、EDO-EPSブロック、コンクリート床版、裏込め材、壁面材など壁体形式に応じて適宜考慮）をH形鋼の分担幅で算出した値を考慮した設計とする。

また近年の実験および研究[12]によれば、壁体のないEDO-EPS拡幅盛土においても、背面斜面への水平力抑止工が有効に機能すれば、大規模地震時においても充分な安定性を示すことが確認されている。このような研究成果を受けて、EDOでは、より合理的かつ経済的な壁体についての研究[13]を進めている。

(1) コンクリート基礎方式

　i) H形鋼支柱の安定検討

　　H形鋼支柱は基礎コンクリートに確実に接続されているものとして、安定検討を行う。

　　H形鋼支柱は、上部コンクリート床版に振止めアンカーで接続された箇所（図4.5.3の支点A）、および基礎コンクリートに接続された箇所（同図支点B）を支点とする単純梁として設計する。また、H形鋼支柱が中間コンクリート床版にも振止めアンカーで接続されている場合は、そこを中間支点とした連続梁として設計する。

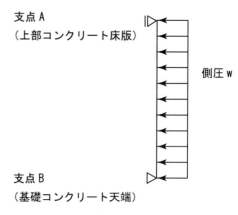

図4.5.3　側圧分布とH形鋼支柱の支点

　　次に、同計算により得られた各支点反力を用いて、H形鋼支柱とコンクリート床版を接続する振止めアンカーの設計計算（部材断面力、引抜き抵抗など）を行う。

　　単純梁の場合の支点反力の計算方法は以下のとおりである。

$$R_A = R_B = w \cdot L/2$$

　　ここに、R_A：支点Aの反力（kN）

　　　　　R_B：支点Bの反力（kN）

　　　　　w：H形鋼支柱1本あたりの設計荷重（kN／m）（支柱の分担幅を考慮）

　　　　　L：支点間隔（m）

　　中間コンクリート床版とH形鋼支柱が振止めアンカーで接続されている場合、そこを支点と判断した理由は以下のとおりである。コンクリート床版としての抵抗力は、H形鋼支柱の設置間隔（標準2m）×コンクリート床版の横断方向幅に載荷される上載荷重による摩擦抵抗分がこれにあたる。これは、H形鋼支柱に作用する側圧に比べて非常に大きな抵抗力となることから支点になり得るものとしている。

なお、基礎コンクリート部は小規模構造物であるため、単体での安定検討（滑動・転倒・地盤支持力）は省略している。

ii）支柱の断面検討

① 支柱断面力の計算

$M_{max} = w \cdot L^2 / 8$

$S_{max} = w \cdot L / 2$

ここに、M_{max}：H形鋼支柱の最大曲げモーメント（kN・m）

S_{max}：H形鋼支柱の最大せん断力（kN）

w：H形鋼支柱1本あたりの設計荷重（kN/m）（支柱の分担幅を考慮）

L：支点間隔（m）

② 支柱応力度の照査

H形鋼支柱は、得られた最大曲げモーメントおよび最大せん断力に対して次式を満足するように照査する。H形鋼支柱は防錆処理を行うことを原則とし、腐食による断面性能の低減は行わないものとするが、施工環境により腐食の影響が懸念される場合には、別途腐食しろを考慮して設計を行うものとする。

$\sigma_s = M_{max} / Z \leqq \sigma_{sa}$

$\tau_s = S_{max} / A_w \leqq \tau_{sa}$

ここに、

σ_s：H形鋼支柱の曲げ応力度（N/mm²）

M_{max}：H形鋼支柱の最大曲げモーメント（N・mm）

Z：H形鋼支柱の断面係数（mm³）

σ_{sa}：鋼材の許容曲げ応力度（N/mm²）

τ_s：H形鋼支柱のせん断応力度（N/mm²）

S_{max}：H形鋼支柱の最大せん断モーメント（N）

A_w：H形鋼支柱のウェブ断面積（mm²）

τ_{sa}：鋼材の許容せん断応力度（N/mm²）

(2) 支柱根入れ方式

i）支柱根入れ長の計算

支柱根入れ方式においては、Changの半無限長杭の計算式で根入れ長さを求める。なお、多層地盤など水平方向地盤反力係数が一様でない場合は、仮想地盤面から$1/\beta$までの深さの水平方向地盤反力係数の平均値によるものとする。

① 水平方向地盤反力係数

根入れ部の水平方向地盤反力係数は次式により求めるものとする。

$k_H = k_{H0} (B_H / 0.3)^{-3/4}$

ここに、

k_H：水平方向地盤反力係数（kN/m³）

k_{H0}：直径0.3mの剛体円板による平板載荷試験の値に相当する水平方向の地盤反力係数（kN/m²）

B_H：H形鋼支柱のフランジ幅（m）

ただし、斜面の傾斜による影響は「設計要領第二集 橋梁建設編 4 章 基礎構造 5-2-2 斜面の影響：東日本／中日本／西日本高速道路株式会社」を参考にし、次式のように支柱前面から斜面までの距離に応じて水平方向地盤反力係数の低減を行うものとする（図 4.5.4 参照）。

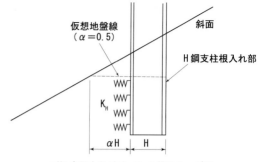

αH: 水平土かぶり　H：H鋼のウェブ幅
K_H：水平方向地盤反力係数

$\alpha_\theta = 0$　　　　　　　　　　$(0 \leq \alpha < 0.5)$
$\alpha_\theta = 0.3\log_{10} \alpha + 0.7$　$(0.5 \leq \alpha < 10)$
$\alpha_\theta = 1$　　　　　　　　　　$(10 \leq \alpha)$

図 4.5.4　支柱根入れ方式における水平方向地盤反力係数の考え方

ここに、

α_θ：斜面傾斜の影響による水平方向地盤反力係数に関する補正係数

α：斜面までの水平土かぶりとH形鋼支柱ウェブ幅の比

② 支柱根入れ長の計算

$L \geq 2.5/\beta$ ※

ここに、L：根入れ長（m）

β：H形鋼支柱の特性値　$(k_H \cdot B_H / 4EI)^{1/4}$　(m^{-1})

k_H：水平方向地盤反力係数（kN/m^3）

B_H：H形鋼支柱のフランジ幅（m）

EI：H形鋼支柱の曲げ剛性（$kN \cdot m^2$）（＝弾性係数×断面二次モーメント）

※ 道路橋示方書・同解説Ⅳ下部構造編（平成 24 年 3 月）p. 626 より

ii）支柱の断面検討

① 支点反力および断面力の計算

支柱の支点反力および断面力は、図 4.5.5 に示すような、根入れ部を弾性床でモデル化した梁モデルにより求めるものとする。

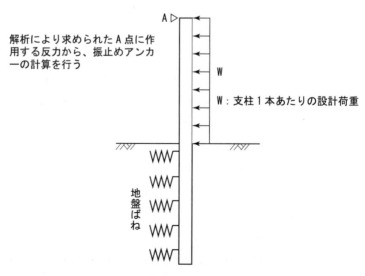

図 4.5.5　解析モデルの概念

② 支柱応力度の照査

照査方法は「(1) コンクリート基礎方式」と同様である。

(3) 壁面材

H形鋼支柱方式の場合は、通常、壁面材とEDO-EPSブロックの自立面との間に空隙があるため、側圧に対する壁面材の応力度照査は行わなくてもよい。一方、風荷重や積雪荷重に対する照査は必要に応じて行う。

なお、壁面材とEDO-EPSブロックの自立面との間の空隙に降雨などが滞水し、その水圧により壁面材が破損する場合がある。これを防止するために、必要に応じて図4.5.6のように基礎コンクリート天端に排水用の切り欠きを設けるものとする（基礎コンクリート全体が根入れされている場合も同様）。

また、支柱方式とは別の壁体構造の場合は適切な手法により排水を考慮した設計を行うものとする。

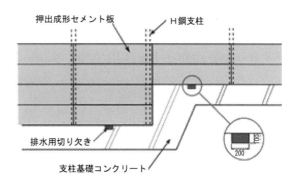

図4.5.6　基礎コンクリート天端への排水孔設置例

4.5.4 設計時の留意事項

(1) 背面斜面の安定対策

EDO-EPS盛土は軽量であり、それ自体は抗土圧・抗水圧構造物ではない。そのため、EDO-EPS盛土の前面に他の抗土圧構造物がない限り、背面斜面からの土圧や水圧をEDO-EPS盛土に作用させてはならない。そのため、EDO-EPSブロックの設置に先立ち、背面斜面に不安定な要素がみうけられる場合には、必要に応じて、次のような処理を行うことが望ましい（図4.5.7参照）。

① ルーズな表層の土砂は除去するとともに、潜在すべり面に対してロックボルトなどでのり面を補強する。

② 湧水などが確認された場合には、適切な排水機能を設ける。

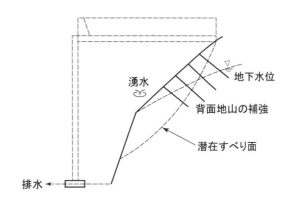

図4.5.7　背面斜面の処理方法

⑵ 最下段付近への応力集中現象
　ⅰ）応力度の算出
　　　EDO-EPS 盛土の背面斜面の安定性（支持力など）によっては、最下段付近の EDO-EPS ブロックに応力が集中する可能性がある。このような場合には、最下段付近に剛性の大きな EDO-EPS ブロックを設置したり、最下段の EDO-EPS ブロックの設置幅を広げて適切な幅にするなどの検討を行う必要がある。
　　　最下段付近の EDO-EPS ブロックの種別は、応力集中を勘案し、以下の方法により簡易的に作用応力度 q を算定のうえ決定する。
　①　盛土の重心が最下段 EDO-EPS ブロックの設置幅内に位置する場合（図 4.5.8 の左側）
　　　$q = W /$ 最下段 EDO-EPS ブロックの設置幅
　　ここに、
　　　　q：最下段 EDO-EPS ブロックへの作用応力度
　　　　W：上載荷重（舗装・路盤・路床・コンクリート床版）
　②　盛土の重心が背面斜面に位置する場合（図 4.5.8 の右側）
　　　$q = (W \cdot \sin\theta - W \cdot \cos\theta \cdot \mu) /$ 最下段 EDO-EPS ブロックの設置幅
　　ここに、
　　　　q：最下段 EDO-EPS ブロックへの作用応力度
　　　　W：上載荷重（舗装・路盤・路床・コンクリート床版）
　　　　θ：背面斜面の傾斜角
　　　　μ：EDO-EPS ブロックと背面斜面の摩擦係数

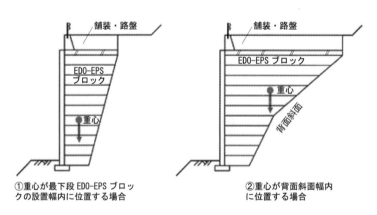

図 4.5.8　応力集中現象の検討ケース

　ⅱ）応力集中の軽減策
　　　応力集中の軽減策としては、以下のような対策が挙げられる。
　①　上載荷重などの軽量化
　　　路盤材や路床材が厚くなる場合は、上部コンクリート床版と EDO-EPS ブロックを組み合わせた「EDO-EPS 路床」を採用し盛土全体の軽量化を図ることが望ましい。また、裏込め材も極力少なく、かつ軽量化することが望ましい。図 4.5.9 にその概念図を示している。

4.5 斜面上の道路拡幅盛土の設計

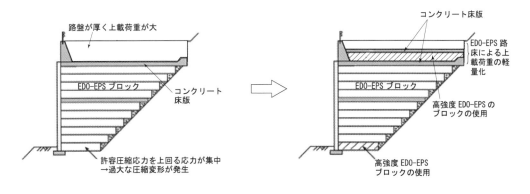

図4.5.9 上載荷重の軽量化

② 最下段設置幅の確保

図4.5.10のように最下段EDO-EPSブロックの設置幅を広く確保するために背面斜面を掘削すると、かえって斜面が不安定になるおそれのある場合、また岩盤などで掘削自体が困難な場合には、現地の状況に応じて設置幅を決定する。

最下部の狭隘部分はコンクリートで埋め戻して基礎の一部とし最下段幅を確保する方法もある。

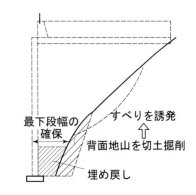

図4.5.10 最下段設置幅の確保

(3) 設置面の処理

図4.5.11のように最下段EDO-EPSブロックが支柱基礎コンクリートと基盤工にまたがって設置される場合には、基礎砕石層を充分に転圧するなど、支持力を均一にするための処理を行うことが望ましい。

(4) 支柱基礎コンクリートの根入れ

壁体支柱の基礎コンクリートは、洗掘などから保護するために根入れ深さを50cm以上確保する。ただし、基礎コンクリートが確実に基盤に固定できる場合はこの限りではない。

(5) 裏込め材

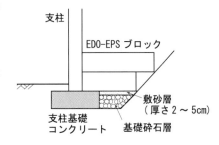

図4.5.11 最下段設置面の処理

裏込め材については、以下の事項に留意する。

ⅰ) 荷重の軽減および背面土圧の低減のため、裏込め材は極力少なくする。特に横断図のある測点間を直線的に結ぶと、地形（斜面形状）が複雑な路線では大量の裏込め材が投入され、潜在的なすべり面になるおそれもある（図4.5.12参照）。したがって、現地の斜面形状に沿った形でEDO-EPSブロックの割り付けを行い、裏込め材を極力少なくする。

ⅱ) 裏込め材は、非圧縮性で透水性があり、かつ水による強度低下が少ない材料を選ぶ。具体的には、単粒砕石や軽量骨材などが挙げられる。

ⅲ) また、排水機能を備えた材料として、ⅱ) に挙げた材料の他、排水機能付きジオテキスタイルや透水性を備えたEDO-EPSブロック（参考写真）などを併用してもよい。

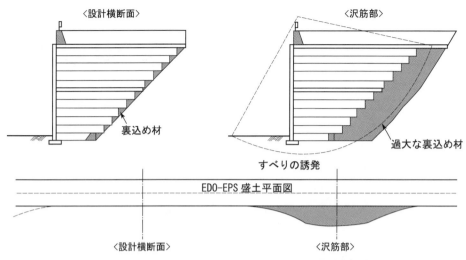

図4.5.12 道路横断図と沢筋部の裏込め材

図4.5.12 内部に20%～30%の空隙を持った多孔質な透水性EDO-EPSブロック

(6) 水平力抑止工の設置

背面斜面が安定しており、また耐震検討の結果、グラウンドアンカーなどの水平力抑止工が必要となった場合は、既往の研究成果[12]より図4.5.13に示した通り、上部コンクリート床版にのみ設置するのが効果的であることが確認されている。

なお、上部コンクリート床版が縦断勾配による段差によって分断される場合は、地震時あるいは変形時の対策として図4.5.14に示した通り、一段当たり2ヶ所以上の水平力抑止工を設置することが望ましい。

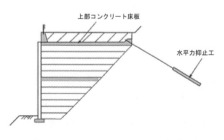

図4.5.13 水平力抑止工の設置位置

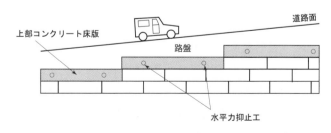

図4.5.14 コンクリート床版が分断された場合の水平力抑止工の設置例

4.6 舗装設計

4.6.1 設計 CBR 法による方法

アスファルト舗装の設計では、一般に設計 CBR 法により路床の評価が行われている。

EDO-EPS 工法を適用した場合の道路盛土の構成は、路面から順に舗装（表層、基層）、路盤、上部コンクリート床版、EDO-EPS ブロックである。EDO-EPS の舗装設計では、従来の路床に代わる構成として、コンクリート床版と EDO-EPS ブロックの組み合わせである複合構造を EDO-EPS 路床と呼んでいる。

EDO-EPS 路床を評価するために、現地での計測が行われた。具体的には、FWD（フォーリングウエイトデフレクトメーター）によるたわみ量の測定で、路床の CBR 値が既知の盛土区間と EDO-EPS 路床が採用されている区間とをそれぞれ測定し、逆解析プログラムなどにより弾性係数を求めるとともに EDO-EPS 路床の CBR 値を求めた。

表 4.6.1 は、上記によって解析的に求められた EDO-EPS 路床の CBR 値を示したものである。

表4.6.1　EDO-EPS路床とCBR値

EDO-EPS路床	CBR（％）
コンクリート床版（10cm以上）＋種別D-20	8
コンクリート床版（10cm以上）＋種別D-25	9
コンクリート床版（10cm以上）＋種別DX-24H	11
コンクリート床版（10cm以上）＋種別DX-29	12

表4.6.1のEDO-EPSブロック種別は、表2.2.1による。また、上部コンクリート床版直下のEDO-EPSブロックは、厚さ1m以上を同一種別とする。ただし、応力分散の計算などによりEDO-EPSブロックの種別が1m以内で異なる場合はこの限りでない。

4.6.2 理論的設計方法

舗装設計便覧（以下便覧と記す）（日本道路協会）は、路床を設計 CBR で評価できない場合、すなわち等値換算厚 TA 法による舗装設計が適当でないと判断される場合には、理論的設計方法を適用することを示している。ここでは、EDO-EPS 盛土上のアスファルト舗装について、コンクリート床版と EDO-EPS ブロックで構成される路床を設計 CBR で評価できないとみなした場合の理論的設計方法について示す。なお、EDO-EPS 盛土上のセメントコンクリート舗装については、本節では省いた。

(1) 舗装の基本的な設計条件

　ⅰ）舗装の設計期間
　① 設計では道路管理者が設定した舗装の設計期間を設計条件として用いる。
　② 設計期間は、一般国道で 20 年が目安として設定されることが多い。

　ⅱ）舗装計画交通量と舗装の性能指標
　① 道路管理者が舗装計画交通量と設計期間に応じて設定した疲労破壊輪数を設計条件として用いる。疲労破壊輪数は、表 4.6.2 に示す値以上とする。
　② 本設計方法では、アスファルト混合物層の疲労によるひび割れ率が 20％の場合を構造的な

表4.6.2 疲労破壊輪数の基準値（普通道路、標準荷重49Kn）

交通量区分	舗装計画交通量 (単位：台／日・方向)	疲労破壊輪数 (単位：回／10年)
N7	3,000以上	35,000,000
N6	1,000以上3,000未満	7,000,000
N5	250以上1,000未満	1,000,000
N4	1,00以上250未満	150,000
N3	40以上100未満	30,000
N2	15以上40未満	7,000
N1	15未満	1,500

破壊と仮定する。

ⅲ）信頼度

① 道路管理者が設定した舗装の信頼度を設計条件として用いる。

② 本設計方法では、設定された信頼度に応じた係数を表4.6.3に示す。

表4.6.3 信頼度に応じた係数

信頼度（％）	信頼度に応じた係数
50	1
60	1.3
70	1.8
75	2
80	2.6
85	3.2
90	4

(2) **構造設計条件**

ⅰ）交通条件

① 疲労破壊輪数を交通条件として用いる。

② 交通荷重は、49kNを標準値として多層弾性理論によるひずみの計算に用いる。

③ 本設計法は、交通荷重を円形など分布荷重として取り扱う。そのため、車輪の配置、タイヤ接地圧、タイヤ接地半径の設定が必要である。図4.6.1 に大型車後輪の複輪荷重をモデル化した一例を示す。

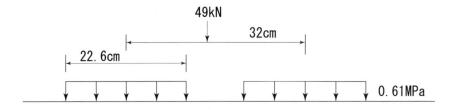

図4.6.1 交通荷重のモデル化の例

ⅱ）基盤条件

① 図4.6.2は、一般舗装での層構成とEDO-EPS盛土上での層構成の比較を示している。図では、EDO-EPS盛土のコンクリート床版とEDO-EPSブロックが一般舗装の路床部分に相当する。ここでは、コンクリート床版はEDO-EPSに附帯する路床の一部と考え、以下ではこれをEDO-EPS路床と記述する。

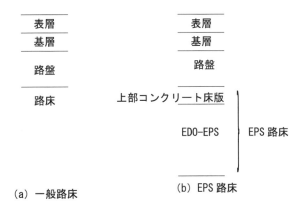

図4.6.2 一般舗装とEDO-EPS路床舗装との舗装構成の対比

② EDO-EPS路床の弾性係数は、EDO-EPSの製造法および単位体積重量に応じて、表4.6.4の値を参考にして設定する。なお、EDO-EPS路床の弾性係数は年間を通じて一定とする。

表4.6.4 EPS路床の弾性係数およびポアソン比

EDO-EPSの種類※	単位体積重量 (kN/m³)	弾性係数 (kN/m²)	ポアソン比
型内発泡法EPS路床	0.18	1500〜2000	0.50
型内発泡法EPS路床	0.20（種別：D-20）	3500〜5000	0.50
押出発泡法EPS路床	0.29（種別：DX-29）	6000〜8000	0.50

※型内発泡法：EPS＋セメントコンクリート版
　押出発泡法：XPS＋セメントコンクリート版

ⅲ) 材料条件
① 舗装各層の弾性係数とポアソン比を設定する。
② アスファルト混合物の弾性係数は温度に依存し、温度条件ごとに設定する。
③ アスファルト混合物を除く他の材料の弾性係数は、年間を通じて一定とする。

表4.6.5 舗装材料の弾性係数およびポアソン比

使用材料	弾性係数（MPa）	ポアソン比
アスファルト混合物	600〜12,000	0.25〜0.45（0.35）
舗装用コンクリート	25,000〜35,000（28,000）	0.15〜0.25（0.20）
セメント安定処理混合物	1,000〜15,000[注1]	0.10〜0.30（0.20）
粒状材料	100〜600 （粒度調整砕石：300） （クラッシャラン：200）	0.30〜0.40（0.35）

［注1］ 一軸圧縮強度は3〜15MPaである。
［注2］ （ ）内は、代表的な値である。

(3) 多層弾性理論によるひずみの計算

仮定した舗装断面に標準荷重49KNを載荷した場合に舗装に生じるひずみを計算する。

① 計算には、多層弾性理論に基づく舗装構造解析プログラムを用いる（便覧の「付録-4 多層弾性理論に基づく舗装構造解析プログラム」を参照）。

② 舗装構成のモデルを図4.6.3に示す。

③ ひずみの計算は、図4.6.3に示すようにアスファルト混合物層の疲労ひび割れの指標となるアスファルト混合物下面の水平方向の引張りひずみ（εt）を計算する。

ひずみの計算において着目する点は、図4.6.3のA、B点である。

アスファルト混合物層下面の引張りひずみの着目点は、複輪荷重で交通荷重をモデル化する場合では、複輪間隔の中心直下（A点）と一輪の荷重中心直下（B点）である。引張りひずみは、A点またはB点のいずれかにおいて一般に最大の値となる。一方、単輪荷重でモデル化する場合は、荷重中心直下がひずみの着目点となる。

これら着目点における最大となる引張りひずみをそれぞれの暫定破壊基準に適用する。

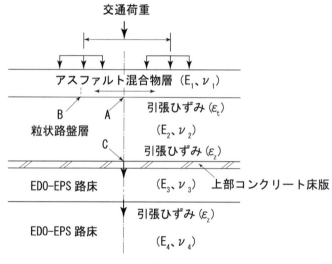

図 4.6.3　舗装構造のモデル

(4) 暫定破壊基準による許容 49kN 輪数の計算

上記(3)で計算したひずみを暫定破壊基準に代入して、許容 49kN 輪数を求める。

(1) アスファルト混合物層の暫定破壊基準式

アスファルト混合物層の疲労破壊に対する暫定破壊基準式（4.6.1）を用いて、舗装の構造的な疲労によってアスファルト混合物層下面に発生したひび割れが舗装表面まで伝播し、ひび割れ率が20%に達した状態までに許容される 49Kn 輪数を算定する。

$$N_{fa} = \beta a_1 \cdot (C) \cdot (6.167 \times 10^{-5} \cdot \varepsilon_t^{-3.291\,\beta a2} \cdot E^{-0.854\,\beta a3}) \qquad (4.6.1)$$

ここに、N_{fa}：許容 49kN 輪数

　　　C：アスファルト混合物層の最下層に使用する混合物の容積特性に関するパラメータ

　　　$C = 10^M$

　　　$M = 4.84 \cdot (VFA/100 - 0.69)$

VFA：飽和度（%）

ε_t：アスファルト混合物層下面の引張りひずみ（μ）

E：アスファルト混合物層の最下層に使用する混合物の弾性係数（MPa）

β_{a1}、β_{a2}、β_{a3}：わが国の経験による AI 破壊基準に対する補正係数

$\beta_{a1} = K_a \cdot \beta_{a1}'$

K_a：図 4.5.4 に示すアスファルト混合物層の厚さによるひび割れ伝播速度に対する補正係数

$\beta_{a1}' = 5.229 \times 10^4$

$\beta_{s2} = 1.314$

$\beta_{s3} = 3.018$

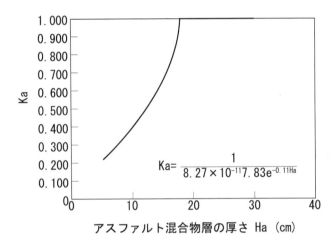

図4.6.4　ひび割れ伝播速度に対する補正係数（K_a）

(5) 繰返し計算

温度条件の数だけ、上記 (3) と (4) を繰り返し、アスファルト混合物層の暫定破壊基準式から温度条件ごとの許容 49kN 輪数を求める。

(6) 舗装断面の力学的評価

上記(5)で求めた許容 49kN 輪数（N_{fs}）から舗装が 49kN 輪荷重 1 回当たりに受ける疲労度（ダメージの重み付き平均）を式（4.6.2）にて算出する。

$$D_a = \frac{1}{k} \sum_{i=1}^{k} \left(\frac{N_i}{N_{fa,i}} \right) \qquad \text{式（4.6.2）}$$

D_a：アスファルト混合物層が 49kN 輪荷重 1 回当たりに受ける疲労度（ダメージの重み付き平均）

k：温度条件の数

N_{fai}：温度条件 i におけるアスファルト混合物層の許容 49kN 輪数

N_i：温度条件 i におけるアスファルト混合物層のダメージを算出するための 49kN 輪数

たとえば、月別に温度条件を設定した場合は、i = 1 〜 12 であり、$N_1 \cdots\cdots N_{12}$ はすべて 1 となる。D_s は 12 種類の N_{fsi} より計算する。

疲労度が 1 でひび割れ率約 20% となる。したがって、舗装の破壊回数は式（4.6.3）で算出する。

$$N_{fa.d} = 1/D_a \tag{4.6.3}$$

ここに、$N_{fa.d}$：アスファルト混合物層の破壊回数

舗装断面の力学的評価は、表4.6.3に示す信頼度に応じた係数（γ_R）を用いて、(アスファルト混合物層の破壊回数（$N_{fa.d}$）/ 信頼度に応じた係数（γ_R）と疲労破壊輪数（N））を比較して行う。仮定した舗装断面が、($N_{fa.d}/\gamma_R$) ＜ N であれば、舗装断面の再検討を行い、($N_{fa.d}/\gamma_R$) ≧ N となるまで繰返し計算を行い、舗装断面の力学的な安全性を確認する。

(7) EDO-EPSの変形についての検討

EDO-EPSの変形については、EDO-EPS上面、言い換えればコンクリート床版直下に発生する垂直応力に着目して行う。

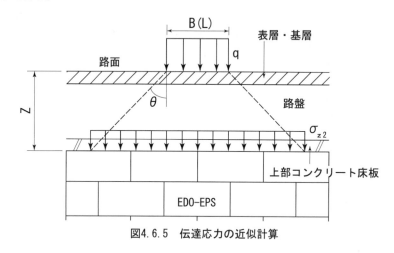

図4.6.5　伝達応力の近似計算

積荷応力の算定には舗装体、セメントコンクリート版の自重及び交通荷重を考慮して、次式を用いて計算する。

$$\sigma_z = P(1+i)/\{(B + 2\cdot Z\cdot \tan\theta)\cdot(L + 2\cdot Z\cdot \tan\theta)\}$$

　　　σ_z：EDO-EPS上面での応力度

　　　P：輪荷重（TL-25荷重の場合、P = 100kN）

　　　i：衝撃係数（i = 0.3）

　　　Z：路面からEDO-EPS上面までの深さ（表層、路盤、コンクリート床版などを含む）

　B、L：輪荷重（B = 50cm、L = 20cm）

　　　θ：荷重分散角度（コンクリート床版を使用する場合、θ = 45度）

このようにして計算された載荷応力を、表4.6.6に示すEPSの許容圧縮応力と照査し、EPSの変形に対する安全性を確認する。

(8) 舗装構成の決定

(6)で確認した舗装体としての疲労破壊に対する安全性、(7)で確認したEDO-EPSの変形に対する安全性および経済性などを考慮した上で、最終的な舗装構成を決定する。

表4.6.6　EDO-EPSの圧縮特性

製造法	型内発泡法（EPS）					押出発泡法（XPS）				
種別	D-12	D-16	D-20	D-25	D-30	DX-24	DX-24H	DX-29	DX-35	DX-45
設計単位体積重量 (kN/m³)	0.12	0.16	0.20	0.12	0.25	0.24	0.24	0.29	0.35	0.45
許容圧縮応力度 (kN/m²)	20	35	50	70	90	60	100	140	200	350

4.7 耐震設計

4.7.1 概説

地震の多いわが国では、構造物の設計に際して地震時の安定性照査は必須である。特にEDO-EPS工法による構造物は、舗装や路盤などの上載荷重が相対的に大きく、トップヘビーとなりやすいため十分な検討が必要である。

近年EDO-EPS工法による道路拡幅盛土や橋台背面盛土の施工例が多く見られる。その際、急峻な斜面や谷地形などに施工される場合は、道路横断幅に比べて盛土高が大きくなることが多く、中には盛土高が20m以上にも及ぶ施工例も出てきている。

EDO-EPS盛土は、通常の土質材料を用いた盛土と比較し、変形や崩壊が生じた場合の修復性に劣ることから、崩壊した場合には社会的な影響が大きく復旧が困難な高盛土や、近接して重要な諸施設がある盛土などについては、特に地震に対する十分な検討が必要である。

わが国において、これまでに施工されてきたEDO-EPS盛土は多くの地震動の履歴を受け、さらに計測やシミュレーション解析も行われてはいるが、地震時の挙動については未解明のところがある。どの程度まで詳細な耐震検討を行うかは、道路や近接する諸施設の重要度、復旧の難易度、あるいはEDO-EPSブロックが道路構造物のどの部位に用いられているかによって判断することとなる。

4.7.2 研究成果と評価の現状

参考としてEDO-EPS盛土の耐震検討の変遷を以下に示し、評価の現状をまとめた。

(1) 建設省土木研究所による耐震検討とマニュアルの発行（1990～1992年）

EDO-EPS盛土の地震時挙動は、1990年に建設省土木研究所(現 独立行政法人土木研究所)によって、国道9号道路拡幅EDO-EPS盛土（鳥取県船磯）を対象とした模型振動実験ならびに有限要素解析などによる研究[1)2)]によって体系化され、その成果を受けて1992年に「発泡スチロールを用いた軽量盛土の設計・施工マニュアル」[3)]が発行された。

同マニュアルの発行以降、EDO-EPS盛土の用途拡大や施工の大規模化（盛土高の増大）、さらに「平成7年（1995年）兵庫県南部地震」を受けての大規模地震動などに対応するため、再び設計体系を整える必要が生じた。

(2) 北海道開発土木研究所による耐震検討と成果発表（1999～2001年）

上記の背景のもと、EDOでは1999年に北海道開発土木研究所（現 独立行政法人土木研究所 寒地土木研究所）との産官共同研究を開始し、大規模地震動を対象とした振動台実験により、道路拡幅盛土の壁体支柱の基礎形式による地震時挙動の違い、水平力抑止工に作用する張力、最下段EDO-EPSブロックの地震時増加応力などを実測した。

この研究成果として、以下に示す知見が得られている[4)5)]。

① EDO-EPS盛土の上載物の地震時慣性力を全てアンカーなどの水平力抑止工でカバーする必要はなく、上部コンクリート床版とその下部のEDO-EPSブロックとの摩擦抵抗を期待できることが確認された。

② 水平力抑止工は、上部コンクリート床版のみの設置であっても、十分に抑止効果があることが確認された。

③ 壁体支柱の基礎形式（支柱根入れ方式、直接基礎方式）の違いによるEDO-EPS盛土の応答特性（固有周期、応答倍率など）についても確認、実証され、ロッキング・スウェイモードを考慮したEDO-EPS盛土の固有周期算定式の妥当性が検証された。

④ 壁体支柱の基礎形式の違いにかかわらず、道路拡幅盛土はほとんど同じ地震時応答特性を示すことが確認された。

⑤ 道路拡幅盛土の最下段EDO-EPSブロックに発生する地震時増加応力について、その妥当性が確認された。

EDO-EPS盛土の耐震設計の考え方に、これらの研究成果を盛り込んでいる。また、EDO-EPS盛土の耐震設計を行う際に参考になると考えられる既往の研究成果を以下に紹介する。さらに、軟弱地盤上のEDO-EPS盛土の耐震設計を行う際の留意点について章末に記述している。

(3) 既往の研究成果と評価

・EDO-EPS盛土の耐震性評価方法は、標準設計地震動（レベル1地震動）に対しては、建設省土木研究所による実物大振動台実験ならびに数値解析が実施され[1)2)]、その詳細が報告されている。

・平成7年（1995年）兵庫県南部地震以降、他の土木構造物については、新たに大規模地震動（レベル2地震動）対応の設計体系を導入した指針・基準などの改訂が行われている。EDO-EPS工法については、前述のように北海道開発土木研究所（現 独立行政法人土木研究所 寒地土木研究所）やEDOを含めた各研究機関にて積極的に研究活動が行われ、その成果として大規模地震時（レベル2地震時）の挙動が解明され、EDO-EPS盛土の地震時安定性の評価方法が提案されている。

・EDO-EPS盛土の高さ（H）が高くなり、Hと盛土横断幅（B）の比H／Bが大きくなると、

表4.7.1　両直型EDO-EPS盛土の施工例ならびに耐震検討方法

施工情報		EDO-EPS盛土		耐震検討方法	
機　関	現　場	直高 (m)	幅 (m)	簡易法	詳細法
国土交通省	山形河川	3.4	9.4	○	○
東日本高速道路㈱	蛇田工事	15.0	14.5	○	△
東日本高速道路㈱	月山工事	14.4	11.4	○	－
山形県	山形工事	13.8	12.0	○	○
群馬県	藤岡土木	18.0	14.5	○	○

（凡例）○：設計段階で実施　△：施工段階で実施　－：実施せず

EDO-EPS盛土自体の地震時挙動が基礎地盤との連成挙動で大きく変化するため、詳細な耐震検討を実施する例が多い。表4.7.1に両直型EDO-EPS盛土における耐震検討の実施例について示す。なお、具体的な耐震検討方法（簡易法、詳細法）については後述する。

EDO-EPS盛土の動的特性ならびに地震時挙動については、巻末資料の関連文献に現在までの研究成果を示している。以下に関連文献から得られた知見を列記する。

① EDO-EPSブロック集合体の動的特性

EDO-EPSブロック集合体の動的特性について、各機関において室内試験、室内振動台実験、原位置振動実験が実施されている[6)7)8)]。

② 道路拡幅EDO-EPS盛土の地震時安定性検討

標準設計地震動（レベル1地震動）を対象とした振動台実験ならびに数値シミュレーション解析[1)2)]により、道路拡幅EDO-EPS盛土の地震時挙動が解明されている。同様に大規模地震動（レベル2地震動）を対象とした振動台実験ならびに数値シミュレーション解析[4)5)]により、道路拡幅EDO-EPS盛土の大規模地震時挙動が解明されている。

③ 橋台背面EDO-EPS盛土の地震時安定性検討

大規模地震動（レベル2地震動）を対象とした、実際の橋台背面盛土との相似則を考慮した室内振動台実験ならびに数値シミュレーション解析が行われ[9)]、橋台背面EDO-EPS盛土の地震時挙動が解明されている。

その結果、橋台背面EDO-EPS盛土は橋台の振動モードに追従した挙動を示すこと、橋台に作用する地震時土圧ならびにEDO-EPS盛土の地震時安定性などが実証されている。さらに、実観測地震動を用いた解析的検討においてもEDO-EPS盛土の地震時安定性が実証されている。

④ 両直型EDO-EPS盛土の地震時安定性検討

両直型EDO-EPS盛土の地震時安定性については、各種研究機関において実験的・解析的研究[10)11)]がなされている。また、実際に施工されたEDO-EPS盛土の動態観測[12)]が行われている。このEDO-EPS盛土に対しては、設計段階で静的応力・変形解析ならびに地震時応答解析など、多岐にわたり詳細な検討がなされており、かつ施工時から供用開始までの間、動態観測、現場試験ならびに地震観測が実施されている。そして、その構造安定性の実証検討の結果、常時ならびに地震時の安定性が十分確保できることが実証されている。

さらに、最大高さ8mの実物大EDO-EPS盛土に大規模地震動（レベル2地震動：タイプⅡの内陸直下型地震動）で加振した振動台実験が実施されており、その地震時安定性ならびに大規模地震動による耐震性能についても評価[13)14)]が行われている。

⑤ 擁壁背面EDO-EPS盛土の地震時安定性検討

擁壁背面のEDO-EPS盛土の地震時安定性検討については、長期の地震観測結果によるシミュレーション解析および通常の擁壁背面盛土との比較検討[15)16)]が実施されている。同研究成果によるとEDO-EPS盛土背面の盛土、EDO-EPS盛土、および擁壁が一体となって震動するため、擁壁に作用する地震時土圧は非常に小さくなることが確認されている。すなわち、擁壁背面土圧は通常の土盛土に比べてかなり小さくなり、耐震設計上有利な構造体となることが確認されている。

これまで示してきたように、EDO-EPS盛土の形態毎に地震時安定性の検討が実施されており、か

つ大規模地震動（レベル2地震動）に対する耐震性能についても研究がなされている。これらの研究成果によると、

- EDOが認定するEDO-EPSブロックを緊結金具を用いて一体化することを前提条件として、盛土高（H）と盛土横断幅（B）の比H／Bが0.8以下で、かつHが6m以下であれば、EDO-EPS盛土の地震時安定性能は十分に高いことが検証されている。
- 一方、山岳地における道路拡幅盛土などでは、盛土高（H）が高くなるためH／Bが大きくなることが多い。このような場合には、地震時安定性に対して詳細な検討が必要となる。

4.7.3 耐震設計

(1) 設計手順

図4.7.1[3]はEDO-EPS盛土の耐震検討の流れと動的解析の関係を大まかに示したものである。まず舗装、路盤および上部コンクリート床版などの上載物の応答加速度を簡易法あるいは詳細法により推定する。そして、これを震度に換算して各部に作用させ、震度法（＝修正震度法）により、EDO-EPS盛土の滑動、転倒、支持力に対する安定性の照査を行うことになる。

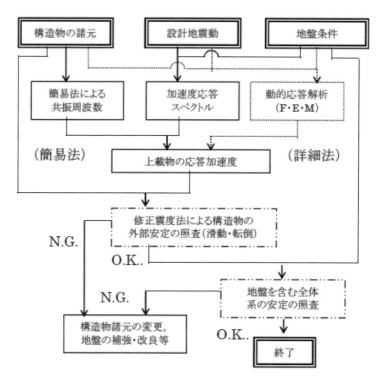

図4.7.1　EDO-EPS盛土の耐震検討手順

4.7 耐震設計

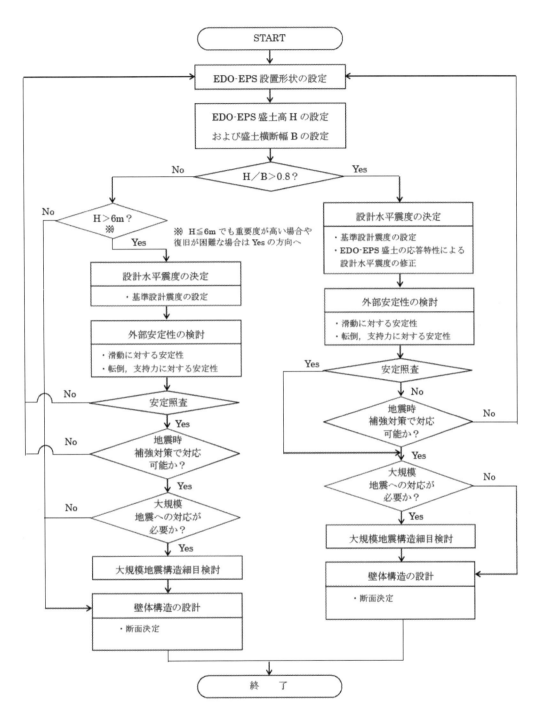

図4.7.2 拡幅盛土および両直型盛土の耐震設計手順

さらに、拡幅盛土および両直型盛土を対象とした耐震設計手順を図 4.7.2 に示す。なお、同図中における EDO-EPS 盛土高（H）と盛土横断幅（B）の概念を図 4.7.3 に、盛土高と盛土横断幅の比（H／B）による耐震設計の要否および設計水平震度の設定の判断方法を図 4.7.4 にそれぞれ示す。

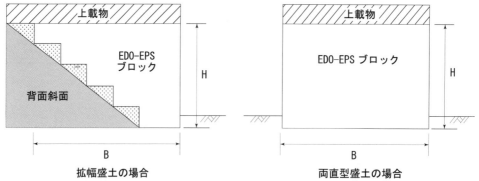

図4.7.3　EDO-EPS盛土高Hと盛土横断幅Bの概念図

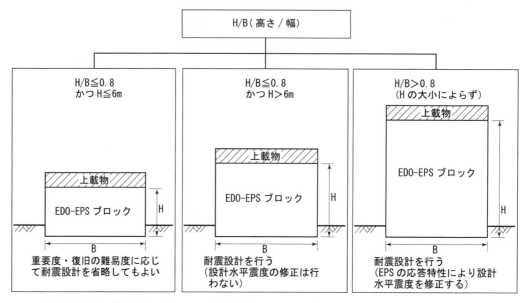

図4.7.4　EDO-EPS盛土形状による耐震設計の要否および設計水平震度設定の判断基準

(2) 地震の影響

ⅰ) 基本的な考え方

　　EDO-EPS盛土に作用する地震時の荷重状態として、EDO-EPS盛土の自重に起因する慣性力と背面裏込め材の地震時土圧を考慮する必要がある。しかし、既往の地震被害調査結果や振動台実験結果ならびに動的解析検討結果によれば、常時の作用に対する設計・施工を綿密に行っておけば、地震の影響を特に考慮しなくても、通常規模の地震に対して機能的に耐え得ることが認められている。

　　これらのことより、盛土高（H）と盛土横断幅（B）の比H／Bが0.8以下で、かつ高さが6m以下のEDO-EPS盛土では、盛土の重要度や復旧の難易度に応じ、地震時の安定検討を省略してもよい。

　　地震時の安定検討で考慮する設計地震動のレベルについては、表4.7.2を参考例[17]として示す。

4.7 耐震設計

表4.7.2 耐震検討で考慮する地震動の選択

重要度	復旧の難易度	
	困 難	容 易
重 要	耐震検討を行う （レベル1地震動対応、ただし、きわめて重要な二次的被害のおそれのあるものについてはレベル2地震動対応）	耐震検討を行う （レベル1地震動対応）
その他	耐震検討を行う （レベル1地震動対応）	耐震検討を行う （レベル1地震動対応、ただしH（盛土高）／B（盛土横断幅）が0.8以下で、かつ高さが6m以下の通常のEDO-EPS盛土では、地震時の安定検討を省略してもよい）

- 重要度のうち「重要」とは、万一崩壊すると隣接する施設などに重大な損害を与える場合や、周囲に迂回路がなく交流ができなくなる場合を判断の目安とする。
- 復旧の難易度のうち「困難」とは、万一崩壊すると復旧に長時間を要し、道路機能を著しく阻害する場合を判断の目安とする。
- レベル1地震動とは、供用期間中に発生する確率が高い地震動を意味する。
- レベル2地震動とは、供用期間中に発生する確率は低いが、大きな強度を持つ地震動を意味する。

ⅱ）設計水平震度

設計水平震度は次式により算出する。

$$K_h = C_z \cdot K_{h0}$$

ここに、

K_h：設計水平震度（小数点以下2けたに丸める）
K_{ho}：設計水平震度の標準値で、表4.7.3を用いてよい。
C_z：「道路土工要綱 巻末資料 資料-1」[18] に示す地域別補正係数（図4.7.5参照）。

ただし、EDO-EPS盛土の設置地点が地域の境界線上にある場合には、係数の大きい方をとるものとする。

表4.7.3 設計水平震度の標準値K_{ho}

地震動の作用	地盤種別		
	Ⅰ種	Ⅱ・Ⅲ種	Ⅳ種
レベル1地震動	0.12	0.15	0.18
レベル2地震動	0.16	0.20	0.24

表4.7.4 耐震設計上の地盤種別

地盤種別	地盤の特性値 T_G (s)
Ⅰ種	$T_G < 0.2$
Ⅱ種	$0.2 \leq T_G < 0.4$
Ⅲ種	$0.4 \leq T_G < 0.6$
Ⅳ種	$0.6 \leq T_G$

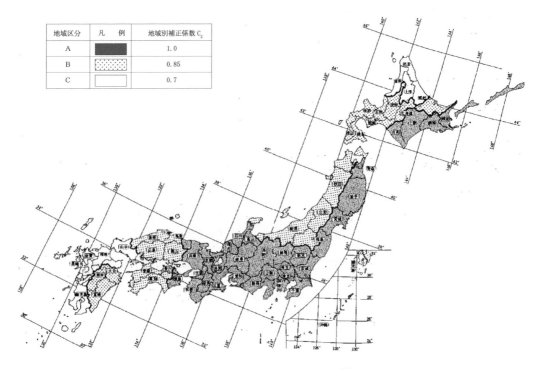

図 4.7.5 地域別補正係数 C_z [18]

耐震設計上の地盤種別は、原則として地盤の特性値 T_G（表4.7.4 参照）により区別する。地表面が耐震設計上の基盤面と一致する場合は、Ⅰ種地盤とする。表4.7.4 は地盤種別と地盤の特性値 T_G を示している。

ⅲ）応答特性

EDO-EPS 盛土の応答特性による設計水平震度の修正は、舗装などの上載物の応答特性を加味して次の方法により求める。なお、盛土高（H）と盛土横断幅（B）の比 H／B が 0.8 以下の場合は、設計水平震度の修正は行わない。

① 簡易法

EDO-EPS 盛土の応答特性による設計水平震度の修正を簡易的に算出するものである。

EDO-EPS ブロックの質量は、舗装・路盤や上部コンクリート床版などの上載物と比べるとはるかに小さい。そこで EDO-EPS ブロック部分を質量の無視できる弾性梁に置き換えて固有周期を計算する。ここで、斜面上の拡幅形状盛土などの場合は、図4.7.6 のような斜面部分の等価化を行う[3]。

実大規模の EDO-EPS 盛土にこの方法を適用した結果を図4.7.7[3] に示す。

地震時の EDO-EPS 盛土の応答特性は、この方法により求めた固有周期と地震動の加速度応答スペクトル[19] および図4.7.8 に示した EDO-EPS 盛土全体の減衰特性[3] から簡易的に推定することができる。

以下に算出の流れを示す。なお、EDO-EPS ブロック（種別 D-20）の変形係数は、せん断波速度を V_S=350m/s とし、$E = 5,375$ kN/m^2（ポアソン比：$\nu = 0.075$）とすると上載荷重載荷時の既往の実験結果との対応がよいことが確認されている。

4.7 耐震設計

・EDO-EPS盛土の固有周期の算出

$$\bar{T} = 2\pi \cdot \sqrt{\frac{W \cdot H'}{E \cdot A \cdot B \cdot g} \left\{ 4\left(\frac{H'}{B}\right)^2 + 1 + \frac{12}{5}(1+\nu) \right\}}$$

ここで、

$\bar{T}$：EDO-EPS盛土の固有周期

W：上載物の重量

E、ν：EDO-EPSブロックの弾性係数、ポアソン比

g：重力加速度

H'：EDO-EPSブロックの積み上げ高さ

（斜面上の拡幅形状盛土などの場合は、図4.7.6のように等値化を行った値）

A、B：EDO-EPS盛土の奥行き、横断幅

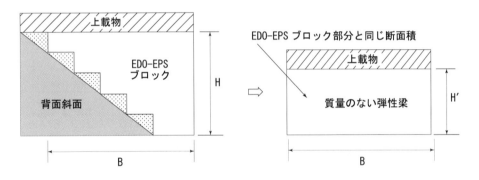

図4.7.6　簡易法による斜面部分の等価化[3]

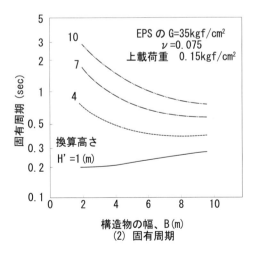

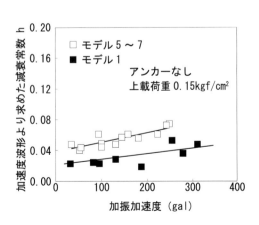

図4.7.7　簡易法による実大規模のEDO-EPS盛土の固有周期[3]

図4.7.8　EDO-EPS盛土の減衰定数[3]

・設計水平震度の応答倍率の算出

上記で求めた EDO-EPS 盛土の固有周期 $\bar{T}$ 、および図 4.7.9 に示した地盤種別毎の平均応答スペクトル曲線を利用し、最大加速度応答スペクトル倍率（応答倍率）β を算出する。なお、図 4.7.9 の使用に際しては各地震規模に応じた EDO-EPS 盛土の減衰定数 h が必要となるが、既往の研究成果[3]より以下のように設定する。

　レベル 1 地震動：h = 0.05

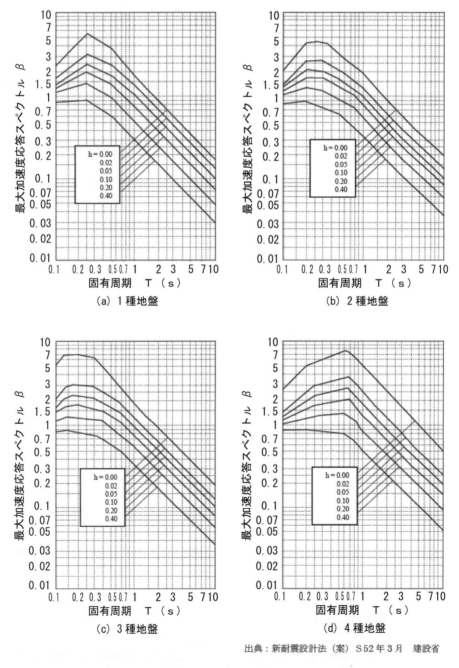

出典：新耐震設計法（案）S52年3月　建設省

図 4.7.9　地盤種別毎の平均応答スペクトル曲線[19]

レベル2地震動：h = 0.10

図4.7.9より得られた応答倍率βに設計水平震度k_hを乗じて、EDO-EPS盛土の修正震度k_{he}を設定する。

$$k_{he} = \beta \cdot k_h$$

② 詳細法

動的応答解析手法によりEDO-EPS盛土各部の応答加速度を求める方法である。EDO-EPSブロックは一定の減衰を持つ線形弾性として扱うが、ブロック間の摩擦に起因する減衰を考慮し、材料自体の減衰よりも大きい減衰定数h = 5%（レベル2地震動の場合はh = 10%）程度の値をみかけの減衰として用いることができる。

解析方法として、地震動の加速度応答スペクトルを入力する応答スペクトル法と、地震波形を入力する時刻歴応答解析法の二通りがある[20]。

拡幅形状のEDO-EPS盛土など、背面に地山や盛土がある場合には、それらとEDO-EPS盛土との境界部にきわめて小さいせん断剛性と、大きめの減衰定数を持つ薄片状のダミー要素を入れ、境界部の特性を考慮することが必要である[3]。

(3) 安定性の照査

修正震度法によりEDO-EPS盛土の地震時の滑動、転倒、支持力に対する安定照査を行う。

ⅰ）構造物背面盛土

一般的な擁壁や橋台などの抗土圧構造物については、構造物に作用する常時土圧と地震時慣性力（舗装・路盤などの上載物、構造物躯体）に対し、構造物背面端部を仮想背面とした構造物の自重および背面フーチング上の裏込め土などの重量を抵抗力と考えて、滑動・転倒に対する安定計算が行われている。一方、水平力抑止工が設置された既往のEDO-EPS盛土の動態観測結果[15] [16]によると、上載物の慣性力が全て水平力抑止工に作用するわけではなく、EDO-EPSブロックとコンクリート床版間の摩擦によりEDO-EPS盛土内に分散し、EDO-EPS盛土が一体として応答する地震時挙動が確認されている。すなわち、EDO-EPS盛土各部の地震時慣性力から計算される水平作用力と裏込め材の慣性力などに対し、EDO-EPS盛土全体の自重が抵抗するものとして滑動および転倒の安定検討を行うとともに、部材強度および変形量に関する照査を行う。図4.7.10は、構造物背面EDO-EPS盛土の地震時安定計算手法を示している。

なお、EDO-EPS盛土の抵抗力が水平作用力を上回っている場合には、計算上はEDO-EPS

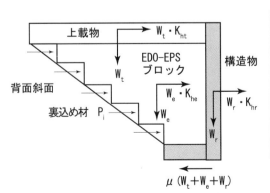

図4.7.10 構造物背面EDO-EPS盛土の地震時安定計算手法

前面の構造物に外力が作用しないことになるが、この場合でも、上載物の慣性力が作用してEDO-EPSブロック部分が変形することによる水平力（おおむね上載荷重の1/10）が構造物に作用する。構造物の剛性が高い場合には、この水平力を考慮して部材強度の照査を行う必要がある。ただし、この水平力は構造物の変形が比較的小さい状態においてのみ作用するため、極限状態での釣合を考える構造物の滑動、転倒、支持力に対する安定の照査と、構造物変形量の照査の際には考慮する必要はない。

ⅱ) 拡幅盛土および両直型盛土

基本的な考え方はⅰ)と同様で、EDO-EPS盛土各部の地震時慣性力から計算される水平作用力と裏込め材の慣性力に対して、EDO-EPS盛土全体の自重が抵抗するものとして滑動および転倒の安定検討を行うとともに、部材強度および変形量に関する照査を行う。

① 滑動に対する安定性

EDO-EPS盛土底面での摩擦による抵抗力が、各部の慣性力から計算される水平作用力を上回るようにする。図4.7.11は、滑動に対する安定を示している。

EDO-EPS盛土の滑動に対する安定は、以下の式を満足しなければならない。

$$Fs = \frac{\frac{L_l}{L_u} \cdot \mu \cdot (W_t + W_e) + T}{W_t \cdot k_{ht} + W_e \cdot k_{he} + \Sigma p_i} \geq 1.20$$

ここに、

W_t：上載物の重量

W_e：EDO-EPSブロックの重量（コンクリート床版を含む）

k_{ht}：上載物の修正水平震度

k_{he}：EDO-EPS盛土の修正水平震度

P_i：i段目の裏込材からの水平土圧合力

μ：EDO-EPS盛土底面における摩擦係数

L_l：EDO-EPS盛土底部の接地幅

L_u：上載物の幅

T：背面の水平力抑止工の張力

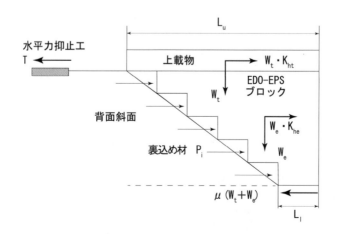

図4.7.11　滑動に対する安定

② 転倒・支持力に対する安定性

EDO-EPS ブロックおよび上載物の自重による EDO-EPS 盛土のつまさき点まわりの抵抗モーメントが、各部の慣性力から計算される作用モーメントを上回るようにする。図 4.7.12 は、転倒に対する安定を示している。

EDO-EPS 盛土の転倒に対する安定は、以下の式を満足しなければならない。

$$Fs = \frac{\Sigma W_t \cdot b_t + \Sigma W_e \cdot b_e + T \cdot h_a}{\Sigma W_t \cdot k_{ht} \cdot h_t + \Sigma W_e \cdot k_{he} \cdot h_e + \Sigma P_i \cdot h_{pi}} \geqq 1.50$$

ここに、

　W_t：上載物の重量

　W_e：EDO-EPS ブロックの重量（コンクリート床版含む）

　b_t：つまさき点から上載物の重心までの水平距離

　b_e：つまさき点から EDO-EPS 盛土の重心までの水平距離

　k_{ht}：上載物の修正水平震度

　k_{he}：EDO-EPS 盛土の修正水平震度

　P_i：i 段目の裏込材からの水平土圧合力

　h_t：つまさき点から上載物の重心までの高さ

　h_e：つまさき点から EDO-EPS 盛土の重心までの高さ

　h_{pi}：つまさき点から裏込材の重心までの高さ

　T：背面の水平力抑止工の張力

　h_a：つまさき点から背面の水平力抑止工設置位置（上部床版）までの高さ

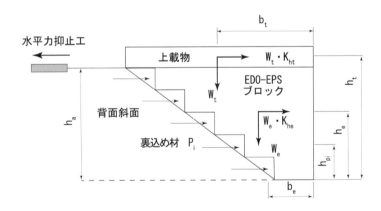

図4.7.12　転倒に対する安定

また、支持に対する安定性の照査では「道路橋示方書・同解説 Ⅳ下部構造編」の「10.3.1 基礎底面地盤の許容鉛直支持力」による極限支持力 Q_u（静力学公式で求められる荷重の偏心傾斜および支持力係数の寸法効果を考慮）[21]から求めた許容鉛直支持力度を用いる。

この場合、単位奥行き幅あたりの全鉛直荷重 V_0 を有効載荷幅 B' で除して得られる鉛直地盤反力度が、下式を満足しなければならない。

$$\frac{V_0}{B'} \leqq q_a = \frac{q_u}{Fs}$$

ここに、q_a：静力学公式による基礎地盤の許容鉛直支持力度
q_u：静力学公式による基礎地盤の極限支持力度（＝極限支持力／有効載荷幅）
F_s：安全率（地震時：$F_s = 2$）
V_0：EDO-EPS 盛土底面における全鉛直荷重
B'：荷重の偏心を考慮した EDO-EPS 盛土底面の有効載荷幅

なお、EDO-EPS 盛土の前面が斜面となっている場合は、EDO-EPS 盛土の端部を通る円弧すべり計算を行い、安全率がおおむね 1.0 のときの荷重を極限支持力と見なす方法がある[22]。

ⅲ）留意点

地震時の安定性検討を実施する際の留意点は以下のとおりである。

① 裏込め材からの土圧

裏込め材からの土圧は、各段の裏込め材の幅が高さに対して比較的小さい場合には、裏込め材の慣性力として計算する[3]。ここで、EDO-EPS 盛土の背面斜面が安定している場合は、側圧を零として取り扱ってよい。

② 緊結金具の効果

緊結金具は、EDO-EPS ブロック間のずれや不同沈下を防止するために用いられるが、強振時にもブロック間のすべりを防止する効果がある[1),13),14)]。

4.7.4 軟弱地盤上の EDO-EPS 盛土の耐震設計

軟弱地盤上の EDO-EPS 盛土でも、基本的にはこれまで説明してきた方法に基づいて耐震設計を行うことができるが、以下の点に留意する必要がある（図 4.7.13 参照）。

(1) 地震動の増幅

埋立て地盤や湾岸地帯の軟弱地盤上では、良好な地盤に比べて地震時の地盤の加速度が 3 倍以上大きかったことが報告されているため[23]、安定検討では地震動の増幅を考慮する必要がある。

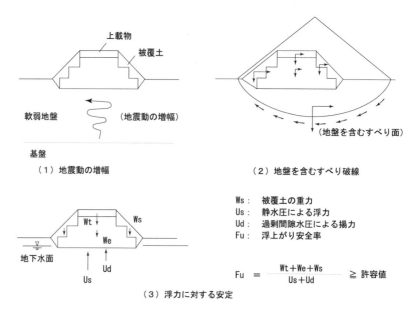

図 4.7.13 軟弱地盤上の EDO-EPS 盛土

各種地盤上での強震記録をもとに地盤種別毎に設定された加速度応答スペクトルや入力地震動[19]を用いれば、軟弱地盤における地震動の増幅を考慮したことになるが、きわめて軟弱な地盤における地震動の増幅については、今のところ十分な情報が得られていない。

また、EDO-EPS 盛土に比べて軟弱地盤の規模が小さい場合、あるいは EDO-EPS 盛土が大規模な構造物に隣接している場合は、構造物と地盤の相互作用により地震動の特性が変化し、構造物がない場合とは異なるものになる可能性がある。このような場合には、有限要素応答解析において地盤と構造物をモデル化し、基盤面に地震波の入力を行うことにより相互作用の影響を考慮することができる。

(2) 地盤を含むすべり破壊に対する安定

軟弱地盤では、掘削面における応力が EDO-EPS 盛土の施工前後で等しくなるように掘削深さを設定する場合が多い。この場合には、地盤中の応力に変化がないため、強度の小さい地盤であっても常時は安定に保たれる。しかし、地震時には慣性力が作用することにより、地盤を含む破壊が生じる可能性がある。そこで、慣性力を考慮した円弧すべり安定解析を行い、地盤を含むすべり破壊に対する安定性を照査する必要がある。

特に液状化が予想されるゆるい飽和砂質土の場合、およびやわらかい粘性土層あるいはシルト質土層で鋭敏比が高い場合には、地震時の地盤強度の低下を考慮しなければならない。

これらの具体的な検討方法については、「道路土工 軟弱地盤対策工指針（平成24年度版）」の「5-6 地震動の作用に対する安定性の評価」[24]などを参考にするとよい。

(3) 浮力に対する安定

EDO-EPS 盛土の底面が、液状化が予想されるゆるい飽和砂質土中にある場合には、過剰間隙水圧の発生による浮き上がりに対する安定性の照査を行う必要がある。

4.7.5　大規模地震動（レベル2地震動）に対する耐震設計時の留意点

EDO-EPS 工法は、軽量性、自立性および良好な施工性を有するため、軟弱地盤や斜面拡幅盛土など比較的不安定な地盤条件を含めた広い範囲で用いられている。また、最近では橋台の側方移動対策あるいは背面の土圧低減を目的として、両直型で高さ18m程度の EDO-EPS 盛土が施工されるなど、ますます大規模化する傾向にある。

一方で EDO-EPS 盛土は、舗装や路盤などの上載荷重が相対的に大きいため、トップヘビー状態にあることが知られている。このような特性を有する EDO-EPS 盛土の地震時の応答特性および安定性を確認するため、1/2モデルによる振動台実験が旧建設省土木研究所で実施[2]された。そこで得られた強震時における応答特性やブロック間の一体化に対する緊結金具の効果などを基にして、EDO-EPS 盛土の耐震設計法が検討されてきた。

その後、上述のように大規模な EDO-EPS 盛土が増加していることを勘案し、特に地震時に問題が生じやすいと考えられる両直型の高盛土を対象として実物大モデル（最大高さ8m）による振動台実証実験が実施[13),14)]された。その結果、以下に示す知見が得られている。

- レベル2地震動が作用した場合は EDO-EPS ブロック間の目地開きが生じる可能性があるので、レベル2地震動を考慮しない場合の2倍（$1.0m^2$ 当たり2個）の緊結金具を設置する必要がある。しかし、全体安定性としては、転倒や中高部からの滑動、ならびに EDO-EPS ブロックの抜け出しが生じる可能性は無い。

- レベル2地震動のうち、特に内陸直下型地震動（タイプⅡ地震動）が作用した場合は、盛土が高くスレンダーになるほどロッキングモードが支配的になるため、同モードを考慮した耐震設計を実施する必要がある。具体的な対応としては、盛土最下段に剛性の高い（単位体積重量の大きい）EDO-EPSブロックを用いることが考えられるが、その際には地盤の地耐力との相互作用について詳細に検討する必要がある。また、天端（路面部）では揺れ（水平動・上下動）が大きくなることが想定されるため、落下防止対策を設計時に考慮しておく必要がある。
- レベル2地震動が作用してもEDO-EPS盛土の構造安定性は確保されることが実証されたが、切盛境界や構造物取り付け部での段差などが発生し、道路通行機能を損なう場合が想定される。このような変状に対する応急復旧対策を事前に想定しておく必要がある。

参考文献

4.2参考文献

1) 久楽勝行、三木博史、青山憲明、古賀泰之、古関潤一：発泡スチロールを用いた軽量盛土の設計・施工マニュアル、土木研究所資料 第3089号、pp.33、1992

2) PIARC Technical Committee on Earthworks、Drainage、Subgrade (C12)：Lightweight Filling Materials、pp.169、1997

3) Geir Refsdal：EPS-Design Consideration、Conference of Plastic Form in Road Embankment OSLO Norway、1985

4) 桃井徹、國生達也：発泡スチロールの路床としての評価、舗装、Vol.28、No.9、pp.35～39、1993

5) 西川純一、松田泰明、大江祐一、佐野修、巽治、阿部正：EPS盛土の荷重分散特性についての現場載荷実験、第31回地盤工学研究発表会、pp.2521～2522、1996

6) 西川純一、松田泰明、大江祐一、巽治、佐野修、阿部正：EPS盛土の荷重分散特性を考慮した合理的設計法の提案、第31回地盤工学研究発表会、pp.2523～2524、1996

7) 高原利幸、三浦均也、喜多孝昭：EPS盛土内の伝播応力推定式の誘導、第30回土質工学研究発表会、pp.2555～2556、1995

8) 西剛整、堀田光、黒田修一、長谷川弘忠、李軍、塚本英樹：EPS盛土の実物大振動実験（その1：振動台実験）、第33回地盤工学研究発表会、pp.2461～2462、1998

9) 堀田光、西剛整、黒田修一、長谷川弘忠、李軍、塚本英樹：EPS盛土の実物大振動実験（その2：シミュレーション解析）、第33回地盤工学研究発表会、pp.2463～2464、1998.

10) 三木五三郎、塚本英樹：EPS工法実物大実験におけるEPS盛土の挙動、第23回土質工学研究発表会、pp.1983～1986、1988

11) 東日本高速道路株式会社・中日本高速道路株式会社・西日本高速道路株式会社：設計要領第二集 橋梁建設編、pp.4-23、2012

12) 渡邉栄司、西川純一、堀田光、佐藤嘉広：EPS拡幅盛土の壁体形式をモデル化した振動実験、第37回地盤工学研究発表会、pp.835～836、2002

13) 泉沢大樹、西本聡、窪田達郎：EPS盛土における簡易壁体構造の検討、第26回日本道路会議、2005

4.5 参考文献

1) 久楽勝行、三木博史、青山憲明、古賀泰之、古関潤一：発泡スチロールを用いた軽量盛土の設計・施工マニュアル、土木研究所資料 第3089号、pp.33、1992
2) PIARC Technical Committee on Earthworks、Drainage、Subgrade (C12)：Lightweight Filling Materials、pp.169、1997
3) Geir Refsdal：EPS-Design Consideration、Conference of Plastic Form in Road Embankment OSLO Norway、1985
4) 桃井徹、國生達也：発泡スチロールの路床としての評価、舗装、Vol.28、No.9、pp.35～39、1993
5) 西川純一、松田泰明、大江祐一、佐野修、巽治、阿部正：EPS盛土の荷重分散特性についての現場載荷実験、第31回地盤工学研究発表会、pp.2521～2522、1996
6) 西川純一、松田泰明、大江祐一、巽治、佐野修、阿部正：EPS盛土の荷重分散特性を考慮した合理的設計法の提案、第31回地盤工学研究発表会、pp.2523～2524、1996
7) 高原利幸、三浦均也、喜多孝昭：EPS盛土内の伝播応力推定式の誘導、第30回土質工学研究発表会、pp.2555～2556、1995
8) 西剛整、堀田光、黒田修一、長谷川弘忠、李軍、塚本英樹：EPS盛土の実物大振動実験（その1：振動台実験）、第33回地盤工学研究発表会、pp.2461～2462、1998
9) 堀田光、西剛整、黒田修一、長谷川弘忠、李軍、塚本英樹：EPS盛土の実物大振動実験（その2：シミュレーション解析）、第33回地盤工学研究発表会、pp.2463～2464、1998
10) 三木五三郎、塚本英樹：EPS工法実物大実験におけるEPS盛土の挙動、第23回土質工学研究発表会、pp.1983～1986、1988
11) 東日本高速道路株式会社・中日本高速道路株式会社・西日本高速道路株式会社：設計要領第二集 橋梁建設編、pp.4-23、2012
12) 渡邉栄司、西川純一、堀田光、佐藤嘉広：EPS拡幅盛土の壁体形式をモデル化した振動実験、第37回地盤工学研究発表会、pp.835～836、2002
13) 泉沢大樹、西本聡、窪出達郎：EPS盛土における簡易壁体構造の検討、第26回日本道路会議、2005.

4.6 参考文献

・発泡スチロール土木工法開発機構　編：EPS工法　p129-135　1993.5

4.7 参考文献

1) 古賀泰之、古関潤一、島津多賀夫：発泡スチロール（EPS）盛土の耐震性について、第44回建設省技術研究会報告、1990
2) 古賀泰之、古関潤一、島津多賀夫：EPS盛土の耐震性に関する模型振動実験および有限要素解析、土木技術資料、Vol.33、No.8、1991
3) 久楽勝行、三木博史、青山憲明、古賀泰之、古関潤一：発泡スチロールを用いた軽量盛土の設計・施工マニュアル、土木研究所資料 第3089号、1992
4) 渡邉栄司、西川純一、堀田光、長谷川弘忠、石橋円正、塚本英樹、佐藤嘉広：Shake-Table Tests on the

EPS Fill for Road Widening、第3回EPSジオフォーム国際会議（米国ソルトレイクシティ）、2001

5）渡邉栄司、西川純一、堀田光、李軍、塚本英樹、佐藤嘉広：Shake-Table Tests and Simulation Analyses on EPS Fill for Road Widening、第3回EPSジオフォーム国際会議（米国ソルトレイクシティ）、2001

6）田村重四郎：発泡スチロールブロックの集合体の動的特性について、基礎工、Vol.18、No.12、pp.26～30、1990

7）田村重四郎、小長井一男、都井裕、芝野亘浩：発泡スチロールブロック集合体の動的安定性に関する基礎的研究（その1）－実験的研究－、東大生産研究、Vol.41、No.9、1989

8）都井裕、芝野亘浩、田村重四郎、小長井一男：発泡スチロールブロック集合体の動的安定性に関する基礎的研究（その2）－数値シミュレーション－、東大生産研究、Vol.41、No.9、1989

9）堀田光、黒田修一、杉本光隆、小川正二、山田金喜：橋台背面裏込めEPS盛土の振動特性－シミュレーション解析－、第27回土質工学研究発表会講演集、pp.2533～2534、1992

10）村井修、安田祐作、舘山勝、菊地敏男：軟弱地盤上における発泡スチロール試験盛土の振動および繰返し載荷試験、第24回土質工学研究発表会、pp.53～56、1989

11）山崎文雄、堀田光、黒田修一他：EPS盛土模型振動台実験の個別要素法によるシミュレーション、第9回日本地震工学シンポジウム論文集、1994

12）中山治、大貫利文、桂田博、加島賢司、北田郁夫、高本彰、丸岡正季：橋台背面に用いた自立壁形式のEPS高盛土、EPS TOKYO'96、EPS工法国際シンポジウム論文集、pp.191～199、1996

13）西剛整、堀田光、黒田修一、長谷川弘忠、李軍、塚本英樹、：EPS盛土の実物大振動実験（その1；振動台実験）、第33回地盤工学研究発表会講演集、pp.2461～2462、1998

14）堀田光、西剛整、黒田修一、長谷川弘忠、李軍、塚本英樹：EPS盛土の実物大振動実験（その2；シミュレーション解析）、第33回地盤工学研究発表会講演集、pp.2463～2464、1998

15）山崎文雄、大保直人、黒田修一、片山恒雄：EPS盛土－擁壁系の地震時挙動の観測と解析、土木学会論文集No.519、I-32、pp.211～222、1995

16）相京泰仁、山崎文雄、大保直人、金井慎司：EPS盛土－擁壁系の地震観測およびその応答解析、第9回日本地震工学シンポジウム論文集、pp.1045～1050、1994

17）社団法人日本道路協会：道路土工－擁壁工指針、pp.29、1999

18）社団法人日本道路協会：道路土工要綱（平成21年度版）、pp.349～352、2009

19）栗林栄一、岩崎敏男、辻勝成：地震応答スペクトルに及ぼす諸因子、土木学会第11回地震工学研究発表会、1971

20）社団法人日本道路協会：道路橋示方書・同解説 V 耐震設計編、pp.110～117、2012

21）社団法人日本道路協会：道路橋示方書・同解説 IV 下部構造編、pp.297～307、2012

22）東日本高速道路株式会社・中日本高速道路株式会社・西日本高速道路株式会社：設計要領第二集 橋梁建設編、pp.4-23、2012.

23）岩崎敏男：ロマプリータ地震の調査概要、土木技術資料、Vol.32、No.2、pp.25～26、1990

24）社団法人日本道路協会：道路土工－軟弱地盤対策工指針（平成24年度版）、pp.162～176、2012.

第5章

施工・積算

5.1 概説

　EDO-EPS工法の施工はEDO-EPSブロックの積み重ねを繰り返す単純な作業であり、特殊な建設機械や高度な施工技術を必要としない。しかし、社会基盤構造物として長期的に安定を確保するためには、手順にしたがった組立方や設置、付帯構造物との取り合いなどを事前に理解し、施工計画に反映させる必要がある。また、現場作業員に施工の手順、注意点を周知徹底させ、入念な施工を行うことが重要である。EDO-EPSブロックの運搬・設置・切断加工作業は、決められた作業指揮者の指示により、所定の決められた要員編成で行うことが必要である。

　本章では、EDO-EPS工法による構築物を施工する際の基本的な考え方と標準的な施工方法を示している。EDO-EPS工法の標準的な施工手順は図5.1.1の通りである。

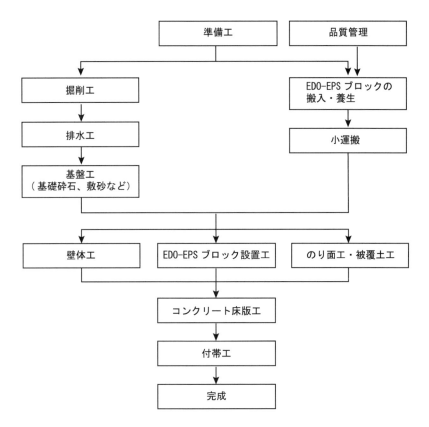

図5.1.1　EDO-EPS工法の標準的な施工手順

また、本章の適用にあたっては以下の事項を十分に理解しておく必要がある。
- EDO-EPS 工法の施工に関係する地盤調査、土工（盛土工、斜面安定工、軟弱地盤対策工、排水工、のり面工など）、構造物工、仮設工などについては、各種機関の指針などを十分に遵守したうえで利用する。
- 本章の内容や図面類は、現時点の標準的な施工方法、あるいはこれまでの実施例を基に記述している。したがって実際の施工時には、EDO-EPS 工法が適用された背景、工事内容、規模、周辺条件などの要件を十分考慮して合理的かつ経済的な方法を適用する。

5.2 施工方法 [1)、2)]

5.2.1 準備工

準備工の良否により、工事の進捗や出来形が大きく影響されるため、工事の内容を十分に検討し、最も適した方法を採用しなければならない。以下に主な項目を示す。

####（1）工事準備測量

工事準備測量では、設計図書と実際の現場とに相違がないことを確認するため、仮水準点の設置、中心杭と控え杭の設置、用地杭の点検、縦・横断面の点検、丁張りなどの点検を行う。地形の変化が激しい山岳部や沢筋部などは設計断面以外の地形測量、横断測量も必要になる。

####（2）工事用道路

EDO-EPS 工法の工事の進捗は現場が手狭な場合を除けば、材料の搬入が大きく影響するため、場内小運搬路の確保、場外工事用道路の整備、迂回路の検討などを行う。

####（3）安全施設、仮設備など

EDO-EPS ブロックの搬入路には工事用フェンスやバリケードなどを設け、車両と作業員が交錯しないように留意する。

####（4）設計図書の確認

地盤条件や地下水の状況などが調査・設計段階時の想定と異なっていないかどうか、「3.2(5) 施工条件の調査」に示された内容の調査を行う。

これらのうち特に留意すべき事項は以下のとおりである（「5.2.5 EDO-EPS ブロックの搬入および養生」を参照）。
- EDO-EPS ブロックの搬入路の計画
- EDO-EPS ブロックの仮置場（ストックヤード）の確保
- EDO-EPS ブロックの場内小運搬路の整備

####（5）諸材料の準備

EDO-EPS 工法では、EDO-EPS ブロックの他に EDO-EPS ブロック同士を結合する緊結金具やレベルを調整するための敷砂、排水を確保するための砕石や有孔管が必要であり、施工条件によっては EDO-EPS ブロックを有害物質から保護するためのジオメンブレンや、フィルター材としてのジオテキスタイルなどが必要となる場合もある。

5.2.2 掘削工

EDO-EPS工法を設置するための掘削には軟弱地盤上に適用する場合の基礎地盤掘削、あるいは斜面上の拡幅盛土における地山掘削などがある。

(1) 軟弱地盤上の掘削

軟弱地盤上の掘削を行う場合の留意点は以下のとおりである。

ⅰ) 一般的に軟弱地盤では地下水位が高く、トラフィカビリティーが得られにくいため、地盤強度と設置圧の関係を考慮し、掘削機械の選定に十分留意する。

ⅱ) 掘削勾配は、掘削深さと土のせん断強さにより異なる。そのため、安全基準を遵守し、発注者・管理者が定める各基準・要領などを遵守する。

ⅲ) EDO-EPSブロックが浮き上がらないように、掘削部には釜場を設けるなどして排水に注意し、常にドライな状態で作業することが基本である。また、降雨時には周辺から雨水が流れ込まないよう、土のうなどで流入水対策を施しておく必要がある。図5.2.1は施工中の排水対策の事例を示している。

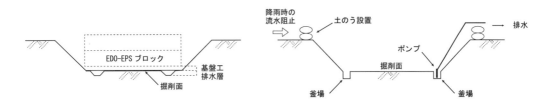

図5.2.1 施工中の排水対策の例

ⅳ) 釜場排水用のポンプが、夜間・休日や長期休暇中に停止するトラブルが多いため、それらの前日にはポンプや降雨対策の点検を行い、機器が正常に作動することなどを確認しておく必要がある。

(2) 傾斜地盤上の掘削

EDO-EPS工法は、軽量性と自立性の特長を活かして斜面上の拡幅盛土にも多く適用されている。このような場合、EDO-EPSブロック背後の切土斜面が安定勾配で掘削が行われるか、あるいは斜面安定対策工が実施されるなどにより背面斜面が安定して、基盤層の支持力が十分で、背面斜面からの地下水処理が適切に行われていれば、EDO-EPS盛土の常時における安定性は保たれる。

また、既往の施工実績、振動台実験結果[3]や解析的検討結果[4]などから、背面斜面が安定していればEDO-EPS盛土の地震時の安定性にも問題ない。しかし、地震時の安定に問題がある場合には、地山補強工法などで斜面を安定させる必要がある。

傾斜地盤上の掘削を行う場合の留意点は以下のとおりである。

ⅰ) 背面地山の掘削は、標準切土のり面勾配とする。

ⅱ) 標準切土のり面勾配より急勾配となる場合、あるいは背面地山の風化や脆弱化がみられる場合、必ず斜面安定対策工（のり枠工、アンカー工、ロックボルト工など）を実施する。

ⅲ) EDO-EPS盛土と背面斜面の間の裏込め材は、排水機能を有したジオテキスタイルや透水性樹脂、単粒砕石、軽量骨材などを用い、かつ、斜面に沿った排水路や地下排水工により盛土外部まで湧水などが排水促進される構造とする。

iv）図 5.2.2 のように EDO-EPS 盛土と背面斜面の境界部（裏込め部）に多量の裏込め材が投入されると潜在的なすべり面が生じることもあるので、EDO-EPS ブロックの設置を斜面側へ延長するなどして裏込め材の設置量が最小限となるようにする。

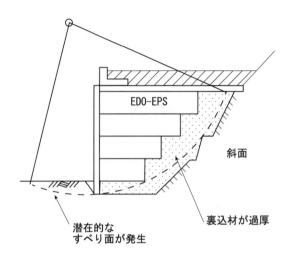

図5.2.2　境界部（裏込め部）の潜在すべりの発生例

5.2.3　排水工

EDO-EPS 工法に関するトラブルは、そのほとんどが排水対策の不備に起因するといっても過言ではない。したがって、施工中・完成後ともに排水対策がきわめて重要である。

施工中の主なトラブル要因を以下に示す。

- 地下水位が上昇して EDO-EPS ブロックが浮き上がる。
- 降雨時には設置箇所に降る雨量よりも施工場所周辺からの降雨水が大量に流入し、EDO-EPS ブロックが浮き上がる。特に近年の集中豪雨では周辺地形や隣接路面からの流入に注意が必要である。
- 水とともに流入した土砂が EDO-EPS ブロックの最下面に廻り込んで不陸が発生する。土砂が廻り込んだ場合、設置済の EDO-EPS ブロックの再不陸整正は困難で、修正するためには設置済の EDO-EPS ブロックを一度撤去し、基面を整正し、再度 EDO-EPS ブロックを設置することになる。
- 排水用ポンプが夜間や休日、長期休暇中などに停止することが多く、その間に地下水位が上昇したり、周辺から水が流入するなどして EDO-EPS ブロックが浮き上がる。
- 上部コンクリート床版打設後、路盤工施工までの期間が長くあくと、その間に地下水位が上昇するなどして EDO-EPS ブロックが浮き上がる。

このような水に起因するトラブルに対する具体的な対策を検討するうえで考慮するべき事項は以下に示すとおりである。

① 釜場排水とポンプの配置計画を十分に検討するとともに、夜間や休日の稼動状況をチェックする。
② 土のう袋や仮側溝などにより、周辺からの水と土砂の流入を防止する。

③ 掘削工、基礎工、EDO-EPSブロック設置工、路盤工および舗装工の施工時期をよく検討する。一般に、道路工事などは土工工事と舗装工事とが期間（年度）を置いて別途に発注される事が多いので、施工時期の空白期間に留意する必要がある。

④ 地下水位が高い所などは、早強セメントなどを用いてコンクリート床版の養生期間を短縮するとともに、養生終了後、押え荷重となる路盤工をただちに施工する。

⑤ 降雨時の現場監視を怠らない。

⑥ 排水工の経路と流末を確認し確保しておくこと。

⑦ 施工中あるいは施工後に浸水や地下水の上昇が予測できる場合は、浮力対策ブロックを下段に設置し、浮力軽減対策を行う。写真5.2.1～5.2.3に浮力対策ブロックの写真と施工状況を示している。

これまでに施工された排水対策の事例を図5.2.3および図5.2.4にそれぞれ示している。排水フィルターによる盛土内排水、地山側透水層による浸透排水、地下排水工による全体排水および地下水位低下が図られている。

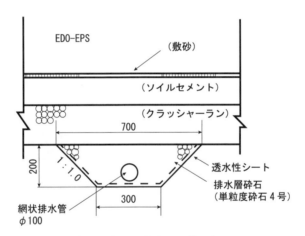

図5.2.3 軟弱地盤上の排水工の施工例

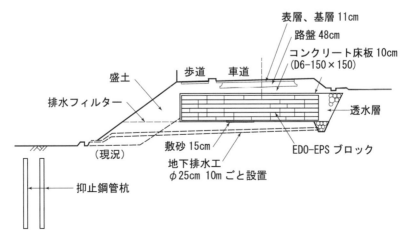

図5.2.4 地すべり地の排水工の施工例

写真5.2.1は浮力対策EDO-EPSブロックのサンプルを示したものである。スリットや溝の形状はさまざまであるが、いずれも空隙率は60%である。

写真5.2.2および写真5.2.3は浮力対策EDO-EPSブロックの施工写真である。

写真5.2.1　浮力対策EDO-EPSブロックの形状サンプル（空隙率は60%）

写真5.2.2　浮力対策EDO-EPSブロックの施工写真

写真5.2.3　浮力対策EDO-EPSブロックの施工写真

5.2.4　基盤工

基盤工とは、EDO-EPSブロックを設置する基面および基盤を施工する作業である。

基面および基盤の水平面の調整は一般に敷砂で行うが、軟弱地盤上などでは敷砂層の下部に基礎砕石層やセメント安定処理層などが設置される場合がある。基盤のうち、EDO-EPSブロックを水平に設置するための最上層の敷砂を特にレベリング層という。図5.2.5はレベリング層の施工形態を示している。

・基礎地盤の掘削面に施工する場合（軟弱地盤、覆土あるいは現道の掘削）
・現地盤あるいは盛土上に施工する場合（地下水位などの関係から、EDO-EPS盛土の施工基面を高

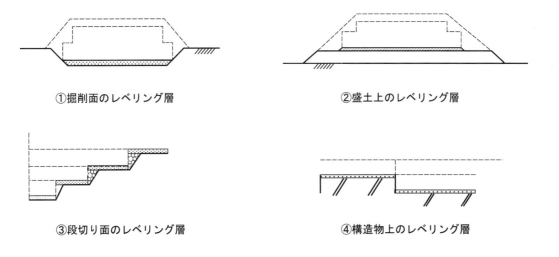

図5.2.5 レベリング層の施工形態

くする場合）
・斜面上の段切りに施工する場合
・構造物上に施工する場合

基盤工施工時の留意点は以下のとおりである。

・軟弱地盤上のEDO-EPS盛土の場合、基盤工は単に掘削面の不陸整正だけでなく、上載荷重を分散する役割を担う。このため、基盤として砕石やセメント安定処理および均しコンクリートなど、比較的剛性の高いものが基盤の一部に用いられることがある。また、掘削面が軟弱な場合にはジオテキスタイルやジオグリッドなどを敷設したり埋立地盤などきわめて軟弱な場合には表層混合処理を行う場合もある。　図5.2.6は基盤工の例を示している。

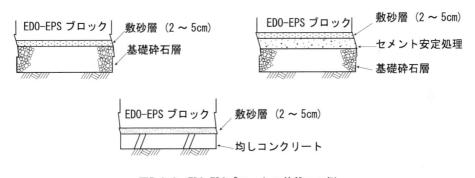

図5.2.6　EDO-EPSブロックの基盤工の例

・敷砂はあくまでも水平面の最終調整層として用いるため、必要最小限の厚さとする。これまでの実績では厚さ2～5cmの場合が多い。
・敷砂は、ビブロプレート、タンパーあるいは小型振動ローラーなどによって締固めを行うが、厚い場合は締固めが不十分となることが多いので注意を要する。
・敷砂は施工中の降雨や流入水などによって流出する場合もある。状況によっては均しコンクリートなどを施工の上、敷砂で整正する方法もある。
・基盤工に排水材（ドレーン材）を設置する場合、敷砂の吸い出しを防止するため、必要に応じて

敷砂との間にフィルターを設けることも必要である。
・構造物上のレベリング層は、EDO-EPS ブロック設置面の勾配・不陸などを調整する目的で必要最小限の厚さとする。一般的には敷砂、空練りモルタル、均しコンクリート、ソイルセメントなどが用いられる。図 5.2.7 では、構造物上のレベリング層の例を示している。

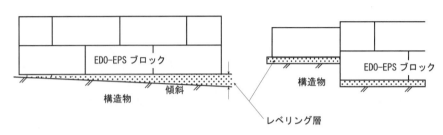

図5.2.7　構造物上のレベリング層

5.2.5　EDO-EPS ブロックの搬入および養生

（1）搬入・小運搬

EDO-EPS ブロックの搬入にあたっては事前に以下の事項を十分に打合せておく必要がある。

ⅰ）ブロック割付図

　　EDO-EPS ブロックの形状寸法は通常 2m（縦）× 1m（横）× 0.5m（厚さ）の直方体を標準としている。施工にあたっては、各設置面毎にブロックの割付図を作成し、ブロックの配置と加工の有無を確認しておく必要がある。特に、施工高さの調整部、曲線部、構造物との接続部などは、その形状にあわせて加工したブロックを設置する。加工はあらかじめブロック製造工場で行う場合と現場で熱線ワイヤー（要電源）などを用いて行う場合がある。

ⅱ）搬入・小運搬

　　EDO-EPS ブロックは、一般に 4t 積ロングボディートラック（約 40m^3 積載）で現地まで搬入される場合が多い。EDO-EPS 搬入路の計画は、ストックヤードの配置あるいは小運搬路の短縮も含めて全体工費および工期に影響する要素が大きいため、可能な限り EDO-EPS ブロックの設置箇所近くまで運搬トラックを誘導できるよう搬入路を計画することが重要である。写真 5.2.4 では、EDO-EPS ブロック運搬トラックの例を示している。

写真5.2.4　EDO-EPSブロック運搬トラックの例

つぎに、EDO-EPSブロックの場内小運搬の方法としては小型トラックや荷車への積み替え、人肩運搬などがあるが、大規模な施工現場では荷捌き用のローラーコンベアを使用した事例もある。

なお、施工延長が長い（広い）場合は、複数地点からの同時施工が可能である点を活かして、ストックヤードを複数配置することも施工性の向上につながる方法である。

(2) 養生

搬入されたEDO-EPSブロックの養生にあたっては、以下の事項に十分留意する。

① EDO-EPSブロックの仮置きは大きな体積を占めるため、工事の進捗状況や保管管理体制を十分考慮して現場ストック量を決めることが重要である。

② EDO-EPSブロックは難燃性ではあるが不燃性ではないので、火気や高温の熱源は絶対に近づけないこと。

③ ストックヤードには表5.2.1を参考にして、防火設備を設置することが望ましい。

④ 風によるEDO-EPSブロックの飛散を防止するため、ネットで養生する。また、EDO-EPSブロックは紫外線によって変色するため、明らかに一週間以上太陽光線に曝されると予測される場合はあわせてシートで養生する。

⑤ ストックヤードは平坦性を確保し、EDO-EPSブロックの設置面は表流水の影響を避けるため、足場板などによる嵩上げを行う。

⑥ 関係者以外（特に子供や不審者）の立ち入りを防止するため、工事用フェンスやバリケードなどで仕切ることが重要である。

表5.2.1 防火設備の参考例

設備・器具	規格・内容	配備数量他
消火器	強化液式 6.0リットル／本	施工延長100mにつき1本 仮置き場 EDO-EPS50m³につき1本
防火水槽	2.0m³ ノッチタンク	適宜
散水車	2t車	適宜
防炎シート	消防法規格	適宜

図5.2.8はEDO-EPSブロックの仮置き例を示している。なお、EDO-EPSブロックの火災予防上の取り扱いについては、発泡スチロール協会（JEPSA）が発行している「発泡性ポリスチレンビーズなどの取扱い事業所（貯蔵・輸送・加工）の防災指針」もあわせて参考にされたい。

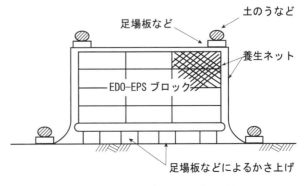

図5.2.8 EDO-EPSブロックの仮置き例

5.2.6 EDO-EPS ブロック設置工

(1) 設置

EDO-EPS ブロックは、各層毎に人力で設置する。

EDO-EPS 工法の施工精度は、最下層のブロック設置精度に大きく左右される。したがって最下層ブロックの設置にあたっては、特に段差が生じないよう注意する必要がある。また、EDO-EPS ブロック上は直接トラックやその他の重機が走行しないよう注意する。

写真 5.2.5 では、EDO-EPS ブロックの設置状況を示している。

写真5.2.5 EDO-EPSブロックの設置状況

図 5.2.9 は EDO-EPS ブロックの標準的な設置工の手順と各施工段階での確認事項を示している。

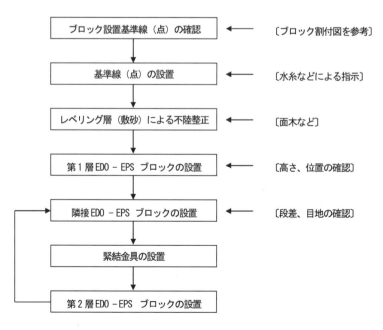

図5.2.9 EDO-EPSブロックの設置手順

EDO-EPS 盛土の各層の平坦性は、ブロックの設置精度、特に段差の影響を受けやすい。図 5.2.10 に示す施工時のブロック相互の目地開きおよび段差は表 5.2.2 に示す許容範囲内とする。

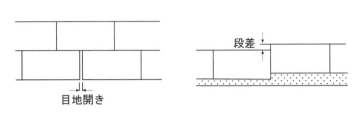

図5.2.10　目地開きおよび段差

表5.2.2　目地開きおよび段差の許容範囲（設置層ごと）[5]

項　目	精　度
目地開き	20mm 以内
段差	10mm 以内

なお、EDO-EPS ブロック設置時の留意点は以下のとおりである。

ⅰ）　最下層 EDO-EPS ブロックの設置にあたっては、特に段差が発生しないように留意するとともに、ブロックのガタつきが生じた場合は、砂などで微調整を行うか、再度レベリング層の不陸整正を行う。

ⅱ）　レベリング層は必ずドライな状態に保つ。

ⅲ）　曲線区間などで許容範囲 20mm 以上の目地開きが生じた場合は、その原因を調べて、加工した EDO-EPS ブロック、砂、空練りモルタル、軽量骨材などで間詰を行う。

ⅳ）　EDO-EPS ブロック設置の途中で許容範囲 10mm 以上の段差が生じた場合は、その原因を調べて、加工した EDO-EPS ブロック、砂、空練りモルタルなどで設置面の整正を行う。

ⅴ）　EDO-EPS ブロックの目地は、平面方向および垂直方向に 3 層以上連続して重ならないように配置する。

ⅵ）　地下水位が高い箇所や降雨などによって浸水が予測される箇所では、浮き上がり防止のため、施工基盤面にセメント安定処理層を設け、第一層目の EDO-EPS ブロック設置時に L 型ピンを打ち込み、セメント安定処理層に固定した事例もある。図 5.2.11 では L 型ピンによる設置例を示している。

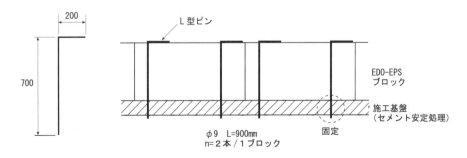

図5.2.11　L型ピンによる設置例

ⅶ）　積み上げ高さが 2m 以上になる場合は、設置面周囲に転落防止の処置をする。

ⅷ）　未完成箇所は、EDO-EPS ブロックが風で散乱しないよう、作業終了時はネットと土のうなどで押さえておく。

ⅸ）　日照が強い時期に長時間作業する場合、照り返しが強いためサングラスを着用した方が望

ましい。

x) 各 EDO-EPS ブロックの変形係数（表 2.2.2 参照）を用いて、作用する上載荷重に対応した弾性変形量をあらかじめ算出しておく必要がある。その試算例を図5.2.12に示している。

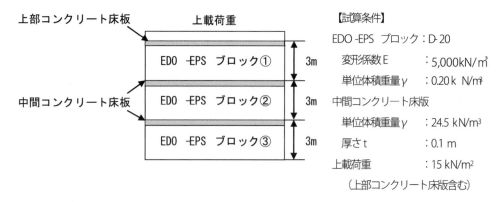

図5.2.12 弾性変形量の計算例

EDO-EPS ブロック配置の参考例を図 5.2.13 および図 5.2.14 に示している。パターン1 とパターン2 を交互に積み重ねることにより、ブロック相互の目地を重ならないようにすることができる。

なお、現場では地形や平面線形に応じて、前述の EDO-EPS ブロック設置時の留意点を参照して配置する。

曲線部においては道路中心曲線とは別に、EDO-EPS ブロック基準線を大区画で設定して EDO-EPS ブロックを配置する。大区画間のくさび部は加工ブロックを配置する。

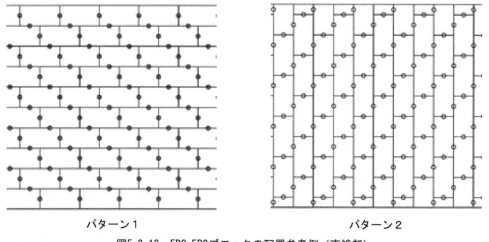

図5.2.13 EDO-EPSブロックの配置参考例（直線部）

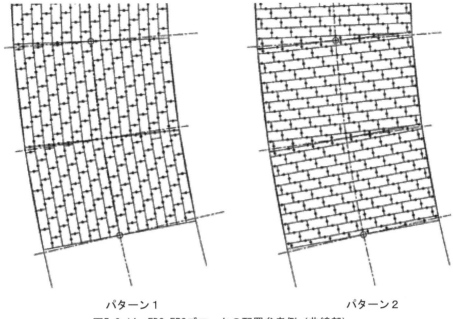

パターン1　　　　　　　　　　　　　パターン2

図5.2.14　EDO-EPSブロックの配置参考例（曲線部）

(2) EDO-EPS工法専用緊結金具

EDO-EPSブロック相互は、図5.2.15に示すEDO-EPS工法専用緊結金具（以下緊結金具と略す）で一体化する。

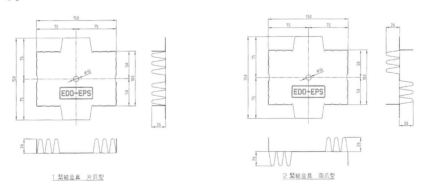

図5.2.15　EDO-EPS工法専用緊結金具

緊結金具には両爪型と片爪型とがあり、両爪型はEDO-EPSブロックの各層間に、片爪型はEDO-EPSブロック最上面（各コンクリート床版直下の面）にそれぞれ設置する。なお、EDO-EPS工法に用いる緊結金具は特許製品であり、EDO-EPSの刻印が入っている。したがって、模倣品および類似品は、荷重分散角度などの設計、施工上の効果が得られないためにEDO-EPS工法には使用できない。また、模造品や類似品は、知的財産権侵害の問題も発生するので注意が必要である。

緊結金具の設置数量を表5.2.3に、設置事例を図5.2.16にそれぞれ示している。なお、耐震検討においてレベル2地震動を考慮する場合には、考慮しない場合の2倍の個数を設置する。

また、緊結金具は非常に鋭利な部材である。そのため設置にあたっては以下の事項に充分留意し、作業の安全に努めることが必要である。

- 緊結金具の取り扱い時に手や指を切らないよう、必ず保護手袋を着用すること。
- 緊結金具の爪を踏み抜かないよう、必ず安全靴を履くこと。
- 緊結金具の設置は足や手で直接押し込まず、必ず木槌や金槌を使用すること。

表5.2.3 緊結金具の設置数

条　件	EDO-EPSブロック サイズ	個数	
		レベル2地震動を 考慮しない	レベル2地震動を 考慮する
1m²あたり	2.0×1.0×0.5m	1	2
1m³あたり	2.0×1.0×0.5m	2	4

※ 切断加工したブロックには、1ブロックあたり1個以上の使用とする。

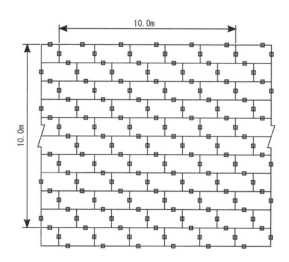

10m×10m ＝100m²（1層）に100個
　→1個／m²
10m×10m×1m ＝100m³（2層）に200個
　→2個／m³
（レベル2地震動を考慮する場合は、
　　この2倍の個数が必要）

図5.2.16 緊結金具の設置事例

(3) 加工および切断

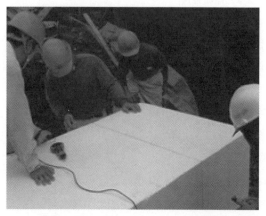

写真5.2.6 熱線ワイヤーによる切断

　EDO-EPSブロックの加工および切断は、事前に正確な芯出しを行い、写真5.2.6のように熱線ワイヤー（ニクロム線15V）と定規を用いて行う。なお、加工および切断は、ブロックの直線切断以外にも治具を使うことによりブロック内に円形孔などを加工することも可能である。

　熱線ワイヤー以外の方法としては、切りかすが発生する問題はあるが、ノコギリやチェーンソーで切断している例もある。

5.2.7 コンクリート床版工

積層した EDO-EPS ブロック最上部の天端や中間部（概ね高さ 3 m ごと）には、つぎに示す目的でコンクリート床版を設置する。

  i）交通荷重や上載荷重を均等に分散させる。
 ii）EDO-EPS ブロックの設置時に発生した不陸を修正し、全体を押さえてなじませる。
iii）積層した EDO-EPS ブロックを一定の高さごとに一体化する。
iv）EDO-EPS ブロック設置後の浮き上がり防止荷重の一部となる。
 v）EDO-EPS ブロックにとって有害な物質の浸透を防止する。
vi）壁体支柱を接続する振れ止めアンカーおよび水平力抑止工（グラウンドアンカーなど）などの固定箇所とする。
vii）路盤材などのまき出し基盤とする。

コンクリート床版の施工時の留意点はつぎのとおりである。

① EDO-EPS 工法は、施工中の浮力対策に留意する必要がある。すなわち、早強セメントを用いてコンクリート床版を打設し、養生を早めてすみやかに路盤工や覆土工を施工することが望ましい。

② EDO-EPS ブロックの設置時には、各層毎に数 mm 程度の不陸が生じる場合がある。コンクリート床版の打設によってこれらの不陸はある程度収まるが、打設完了後に弾性変形量も考慮して高さをチェックしておく必要がある。

③ 打設は原則としてコンクリートポンプ打ちとし、表面はコテ仕上げとする。

④ コンクリート床版の配筋は、表 4.2.4 に示したコンクリート床版構造の目安を参考にし、鉄筋の最小かぶりを確保する。

⑤ 切土・盛土部との接続部はすり付け区間を設け、路床・路体としての支持力の不連続を避けるようにする。また、上部コンクリート床版は 0.5 ～ 2.0m 程度地山側あるいは一般盛土側へ延長しておくものとする。図 5.2.17 は、コンクリート床版の地山への延長を示している。

写真 5.2.7 ではコンクリート床版の施工状況を示している。

写真5.2.7 コンクリート床版の施工状況

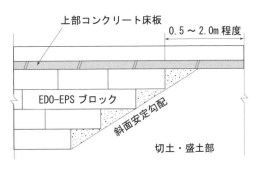

図5.2.17 コンクリート床板の土工部へのすり付け

5.2.8 壁体工

EDO-EPS 盛土の壁体の設置目的は以下のとおりである。

・太陽光線（紫外線）による EDO-EPS ブロックの変色防止。

・周辺火炎の EDO-EPS ブロックへの延焼防護。

・衝突などによる EDO-EPS ブロックの破損防止。

これまで、壁体工として多用されてきた H 形鋼支柱と押出成形セメント板による壁体工の施工例を写真 5.2.8、写真 5.2.9 と図 5.2.18、図 5.2.19 にそれぞれ示している。なお、EDO-EPS 盛土の自立面には上載荷重の作用により側圧が発生するが、その作用に対しては別途構造計算を行うものとする。

写真5.2.8 H形鋼支柱と押出成形セメント板による壁体工の施工状況（斜面上の拡幅盛土）

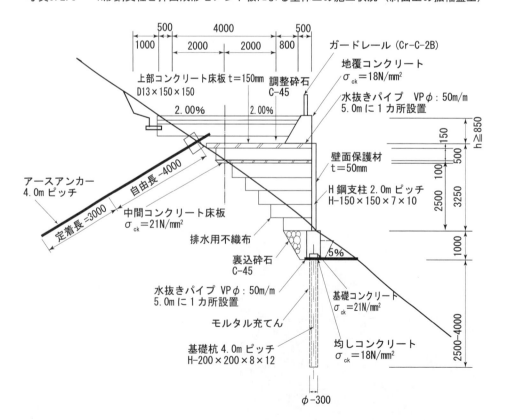

図5.2.18 H形鋼支柱と押出成形セメント板による壁体工の例（斜面上の拡幅盛土）

5.2 施工方法

写真5.2.9　H形鋼支柱と押出成形セメント板による壁体工の施工状況（橋台背面盛土）

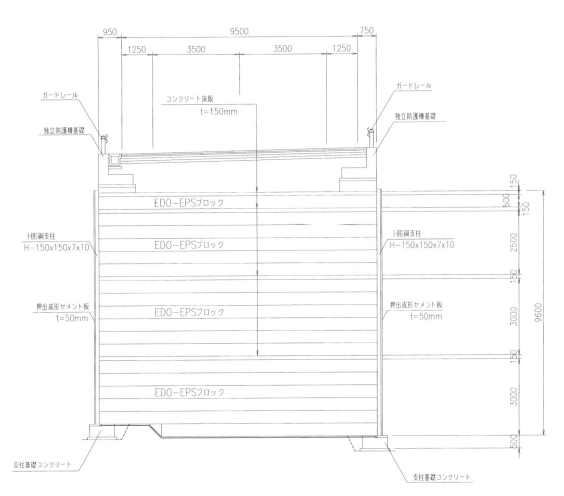

図5.2.19　H形鋼支柱と押出成形セメント板による壁体工の例（橋台背面盛土）

壁体工には、上述したH形鋼支柱と押出成形セメント板の組み合わせの他に、EDO-EPSブロックと壁面材が一体化した壁面材付きブロックや、積み上げたEDO-EPSにブロックに簡易な壁面パネルを取り付ける方法などが近年提案されている。

写真5.2.10は、壁面材付きブロックを施工している状態で、写真5.2.11は施工中の様子、写真5.2.12および写真5.2.13は完成した状況である。

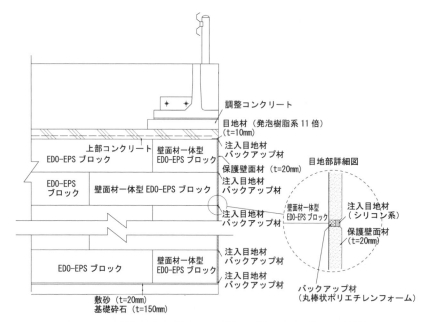

写真5.2.10　壁面材付きブロックの施工写真と模式図および設計図

写真5.2.11　壁面材付きブロックの施工状況

写真5.2.12 壁面完成写真

写真5.2.13 壁面完成写真

　次に、EDO-EPS ブロックにあらかじめ埋め込まれたアンカーや金具に簡易な壁面材を取り付けるいくつかの事例を紹介する。いずれも機械施工が困難な場所や静穏が求められる場所などでの施工状況である。

　写真 5.2.14 ～写真 5.2.25 は、簡易で軽量な壁面材と EDO-EPS ブロックへの取付け状況の様子ならびに施工状況、完成壁面の写真をそれぞれ示したものである。

写真5.2.14 アンカー金具が一体成形された壁面設置用EDO-EPSブロックの施工状況

写真5.2.15 軽量壁面材のアンカー金具への固定状況

写真5.2.16 軽量壁面材の設置状況

写真5.2.17 軽量壁面材の壁面工完成状況

＜EDO-EPS 一体型壁面工の施工事例＞

特別養護学校のバリアフリースロープ設置工事について紹介する。現場は、校舎から運動場に降りる高低差約 6.0 m の階段に換わって、階段横の斜面に勾配約 6.0％・施工延長約 27.0 m・幅 2.0 m のスロープ 4 段を構築する工事である。

現場が学校内校舎の近くで、工事期間を短縮し建設機械や工事用車両の出入りをできるだけ少なくするように要望があったため、施工の殆どが人力施工可能な、EDO-EPS 一体型壁面工が選定されている。使用された EDO-EPS 一体型壁面工は、あらかじめブロックに再生ポリスチレンが組み込まれた状態で一体成形されたもので壁面材をビスで直接取り付ける方式である。

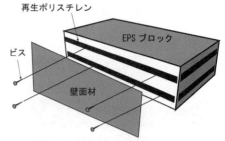

図5.2.20　EDO-EPSブロック一体型壁面工

写真5.2.18　施工前の学校グランド斜面

写真5.2.19　一体型壁面工の完成状況

同様に壁面材をブロックに取り付ける方式の軽量壁面材による施工を紹介する（写真 5.2.20 〜 23 を参照）。

写真5.2.20　着脱式軽量壁面材の取付け状況

写真5.2.21　軽量壁面材の施工状況

写真5.2.22　河川近接の歩道橋台部の壁面工完成写真

写真5.2.23　観覧席壁面工の施工状況

もうひとつの事例として、押出発泡法によるブロックを5cmの板状に加工し、ガルバリウム鋼板とフッ素樹脂塗装によって壁面材を作り、軽量な溝付き支柱を立て、そこにはめ込む方式の事例を紹介する。

図5.2.21～22は壁面材の模式図を示し、写真5.2.24～25に施工状況を示している。

図5.2.21　壁面材の様子

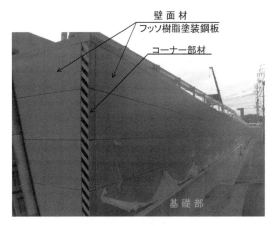

図5.2.22　軽量壁面材の模式図

写真5.2.24　軽量壁面材の施工状況

写真5.2.25　軽量壁面材の壁面工完成写真

なお、壁面材を設置したEDO-EPS盛土の周辺火災を想定した燃焼試験が行われている。写真5.2.26に示すように壁面材に接して枕木を燃焼させ、EDO-EPSの損傷程度を確認している。詳細は参考文献[7]、[8]を参照されたい。

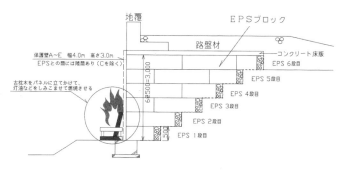

写真5.2.26　壁面材被覆EDO-EPS盛土の火災想定実験と模式図

5.2.9 のり面工・緑化被覆工・吹き付け工

EDO-EPS 盛土のり面に被覆土を施工する場合は、つぎに示す目的を果たすように図 5.2.23 を参考に実施する。

- EDO-EPS の保護（有害物質や周辺火災からの防護、紫外線の遮断など）。
- 浮力に対する押さえ荷重効果。
- のり面部の植生基盤。

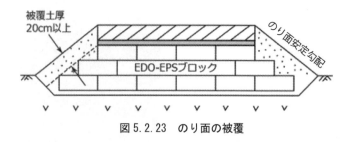

図 5.2.23 のり面の被覆

被覆土の施工状況を写真 5.2.27 に示している。施工上の留意点はつぎのとおりである。

① 被覆土は、バックホウなどによる盛りこぼし後、土羽バケットなどで十分に転圧を行う。被覆土の厚さはのり面火災時の熱遮断対策から 20cm 以上とするが、これまでの施工例では植生基盤としての利用から 50cm 程度の被覆が行われている。

② 被覆土は、EDO-EPS 盛土全体に均等な荷重として作用するよう厚さなどに留意する必要がある。軟弱地盤上の盛土で被覆土が厚い場合は、被覆土の荷重による沈下に EDO-EPS が引き込まれるおそれがあるので注意を要する。[7] 図 5.2.24 は被覆土の沈下の模式を示している。

写真 5.2.27 被覆土の施工状況

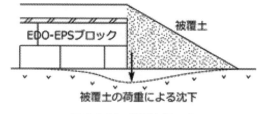

図 5.2.24 被覆土部の沈下

EDO-EPS 盛土を被覆する工法としては、上記ののり面工以外に、植生基盤を小段に施工して緑化被覆する方法がある。

写真 5.2.28 はジオグリッドと鋼製枠による植生ユニットを施工し、緑化した事例である。また、写真 5.2.29 はジオテキスタイルユニットを盛土斜面（1:0.3）に設けて緑化した事例である。

写真5.2.28　ジオグリッドと鋼製枠による植生ユニットの緑化事例

写真5.2.29　ジオテキスタイルユニットによる緑化事例の施工中と完成後

EDO-EPS盛土ののり面または急勾配の壁面をコンクリート吹付け工で被覆している事例がある。写真5.2.30は吹付け工の施工例でのり面勾配を1:0.3で施工している事例である。

写真5.2.30　コンクリート吹付け工の施工事例

5.2.10 付帯工

EDO-EPS 盛土上に設置される地覆部の施工事例を図 5.2.25 〜図 5.2.27 にそれぞれ示している。

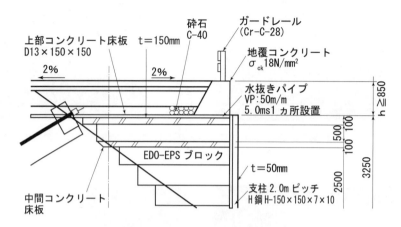

図 5.2.25 重力式地覆の施工例

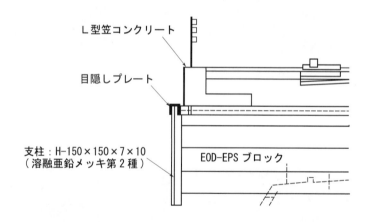

図 5.2.26 L型地覆の施工例

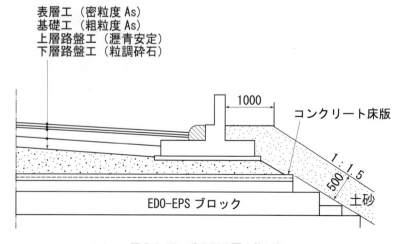

図 5.2.27 逆T型地覆の施工例

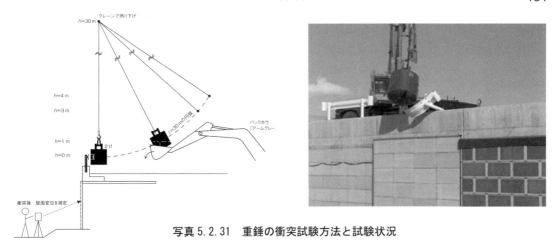

写真 5.2.31 重錘の衝突試験方法と試験状況

なお、写真 5.2.31 に示すように EDO-EPS 盛土の防護柵に対する重錘衝突試験が行われている。試験結果として衝撃は防護柵の変形によって吸収され、地覆や壁体構造にはほとんど影響しないことが確認されている。詳細は参考文献[7]、[8]を参照されたい。

5.2.11 出来形管理

EDO-EPS 工法による構造物の出来型管理は、各機関の基準を遵守する。

なお、参考として、表 5.2.4 に EDO-EPS 工法による構造物の出来型管理基準値を示す。

表 5.2.4 EDO-EPS 工法による構造物の出来型管理基準値[6] (参考)

	測定項目		規格値（単位：mm）	測定基準
路体 ※1	基準高		±50	施工延長 40m につき1箇所、延長 40m 以下のものは1施工箇所につき2箇所
	法長 ℓ	$\ell<5m$	－100	
		$\ell\geqq5m$	法長－2%	
	幅		－100	
壁体 ※2	基準高		±50	施工延長 40m（測点間隔 25m の場合は 50m）につき1箇所、延長 40m（または 50m）以下のものは1施工箇所につき2箇所
	高さ h	h＜5m	－50	
		h≧5m	－100	
	鉛直度		±0.03h かつ±300 以内	
	延長		－200	1施工箇所毎

※1)「路体盛土工」を準用
※2)「補強土壁工」を準用

5.3 積 算

5.3.1 概 要

EDO-EPS 工法の積算は、EDO-EPS ブロックを盛土（両直型含む）、斜面拡幅、橋台背面などに適用する場合の EDO-EPS ブロック設置工とその関連工種の歩掛を示している。なお、本節での歩掛は図 5.3.1 に示す施工手順(壁面材設置工あり)のうち実線で囲んだ部分について示している。また、図 5.3.2

には対象となる歩掛範囲を色付けで示している。

本節での積算(歩掛)はあくまでも標準的な作業条件、施工方法を想定しているため、施工条件が大幅に異なる工事についてはこれまでの実績など考慮し補正する必要がある。

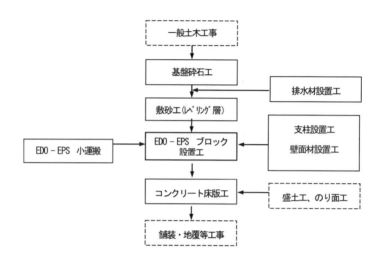

図5.3.1　EDO-EPS盛土の積算対応工種(実線)

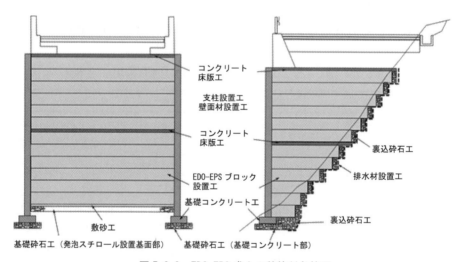

図5.3.2　EDO-EPS盛土の積算対象範囲

5.3.2　施工歩掛

(1)　EDO-EPSブロック設置工

EDO-EPSブロックの設置・積上げ作業は、据え付け時の精度向上と緊結金具の設置作業とを合わせて、日当たり5名(世話役1名と普通作業員4名)を1編成とする。

また、EDO-EPSブロックの設置は、最下層の設置が全体の施工精度を左右するため、最下層の設置に入念さが必要となる。一方、最下層が精度よく施工された場合は、第2層目以後は最下層程の手間は必要なくなり、歩掛も若干向上することになる。国土交通省土木工事積算基準における標準構成人員による日当り施工量は、緊結金具設置作業と現場でのEDO-EPSブロックの加工作業を含め54m³/日を標準としている。

5.3 積算

表 5.3.1 EDO-EPS ブロック設置工の標準歩掛

工種	日当たり編成人員	日当たり施工量	諸雑費※
EDO-EPS ブロック設置工	世話役　1名 普通作業員　4名	54 m^3／日	12% （労務費に乗じて計上）

※諸雑費は、EDO-EPS ブロックの加工に用いる熱線ワイヤー切断機、電力に関する経費および EDO-EPS ブロック人力現場内小運搬（運搬距離約 60m程度）の費用であり、労務費の合計額に 12% を乗じた金額を計上する。

表 5.3.1 では、EDO-EPS ブロック設置工の標準歩掛を示している。

なお、現場内小運搬は EDO-EPS ブロックの仮置き場と設置場所が 60 m を超える場合には、表 5.3.1 に示す国交省土木工事積算基準の標準歩掛に加え、表 5.3.2 に示す小運搬距離に応じた機械と人員を計上する。

表 5.3.2 小運搬距離が 60 m を超える場合の小運搬に要する機械と人員

小運搬距離	60m超〜250m	250m超〜500m
日運搬量(m^3／日)	180	144
機械	2t ダンプトラック(オペレータ付)：1台	
人員	普通作業員：2名	
諸雑費	5%	

※諸雑費は荷積、ネット掛け等の材料費であり、機械賃料及び労務費の合計額に上表の諸雑費率を乗じた金額を上限として計上する。

さらに EDO-EPS ブロックの設置個所の近くに仮置が可能な場合においても、EDO-EPS ブロック設置現場内で高低差が 3 m 以上となる場合には、表 5.3.3 に示す機械と人員を計上する。

表 5.3.3 高低差が 3 m 以上となる場合の機械と人員

設置個所高低差	3m以上
日荷揚げ量(m^3／日)	144
機械	クレーン(オペレータ付)：1台
人員	玉掛け作業員：1名 普通作業員：1名
諸雑費	5%

※諸雑費は荷積、ネット掛け等の材料費であり、機械賃料及び労務費の合計額に上表の諸雑費率を乗じた金額を上限として計上する。

表5.3.4は、EDO-EPSブロックの現地での割付配置に伴う切断、廃棄などの施工時のロス率を示し、あわせてEDO-EPSブロック相互を結合し一体化する緊結金具（両爪型、片爪型共）のロス率を含む使用個数の標準を示している。

表5.3.4　EDO-EPSブロック施工時のロス率と緊結金具の標準使用個数

材料	EDO-EPSブロックのロス率	緊結金具
EDO-EPSブロック関連資材数量	+0.03	23個／10 m³（ロス率含む）

(2) 排水材設置工、基礎砕石工、敷砂工

排水材設置工、基礎砕石工および敷砂工の積算は、それぞれ表5.3.5に示す率をEDO-EPSブロック設置工の労務費に乗じて計上する。

表5.3.5　排水材設置工、基礎砕石工、敷砂工の積算

工種	率	労務費	機械運転経費	材料費
排水材設置工	26%	設置労務	—	不織布
基礎砕石工	18%	敷設、転圧労務	材料投入機械 締固め機械	砕石
敷砂工	28%	敷設、転圧労務	材料投入機械 締固め機械	砂

・排水材は厚さ10 mm以下を標準としており、これより厚い場合は別途考慮する。
・基礎砕石の敷均し厚は、20 cm以下を標準としており、これより厚い場合は別途考慮する。
・なお、表5.3.5の基礎砕石工の対象箇所はEDO-EPSブロック設置基面部であり、壁体工などの基礎コンクリート打設基面における基礎砕石工は、別途関連工種において計上する。
・敷砂の敷均し厚は、10 cm以下を標準としており、これより厚い場合は別途考慮する。

(3) コンクリート床版工

EDO-EPS工法に適用するコンクリート床版工の打設歩掛と関連資材について表5.3.6にまとめ、表5.3.7は圧送管組立および撤去費について示している。

表5.3.6に含まれる事項は以下のようである。

表5.3.6　コンクリート床版工の歩掛（10 m³当り）

名称		単位	数量
世話役		人	0.78
特殊作業員		人	0.49
普通作業員		人	2.8（2.5）
型枠工		人	0.76
鉄筋工		人	0.64
コンクリートポンプ車運転 ブーム式90～110 m³／h		h	1.7
諸雑費率		%	5
コンクリートのロス率		m³	+0.04
溶接金網 （ロス含む）	床版厚10 cm	m²	101
	床版厚15 cm		69

・コンクリート打設におけるホースの筒先作業などを行う機械付き補助労務含む。
・コンクリートポンプ車配管打設にて施工する場合で圧送管設置および撤去が必要な場合は別途表5.3.7の歩掛を計上する。なお、コンクリート1日当り打設量は29 m³を標準とする。
・型枠製作設置、撤去、型枠剥離剤塗布およびケレン作業、鉄網設置およびコンクリート一般養生を含む。ただし、練炭養生、ジェットヒータ養生などのコンクリート特殊養生を必要とする場合は（　）内の数値を使用するものとし、養生費は別途計上する。
・壁体工に用いるH形鋼支柱とコンクリート床版を結合する振止めアンカーの設置労務は含むが、材料費については別途計上する。
・コンクリート床版に水平力抑止工およびグランドアンカーなどを結合する場合は、別途考慮する。
・諸雑費は、スペーサー、目地材、型枠材、型枠剥離剤、養生シート、養生マット、角材、パイプ、コンクリートバイブレータ損料、散水などに使用する機械の損料、電力に関する経費などの費用であり、労務費、機械損料および運転経費の合計額に表5.3.6の率を乗じた金額を計上する。

5.3 積算

表 5.3.7 圧送管組立および撤去費の歩掛

名　称	単位	数量
普通作業員	人	0.46×L／B
諸雑費	式	

L：コンクリートポンプ車から作業範囲30mを超えた部分の圧送管延長。
B：標準日打設量　29 m³／日

(4) 支柱設置工および壁面材設置工

EDO-EPS工法は、EDO-EPSブロックの自立性を利用して両側直立型盛土や斜面拡幅盛土を直立壁で施工することができる。ここでは直立壁（保護壁）として、H形鋼支柱と壁面材として押出成形セメント板を組み合わせた場合の支柱設置工、および壁面材設置工の歩掛を示すことにする。具体的には、基礎コンクリートにベースプレート式H形鋼支柱をアンカーボルトで固定する工法の歩掛である。

表5.3.8は、支柱設置の歩掛を示している。また、表5.3.9は壁面材設置の歩掛を示している。

参考として、表5.3.10～表5.3.13に各工種の単価表を示している。

表 5.3.8 支柱設置の歩掛（10本当り）

名称	単位	数量
世話役	人	0.46
特殊作業員	人	0.60
普通作業員	人	1.2
ラフテレーンクレーン運転 排出ガス対策型(第一次基準値) 油圧伸縮ジブ型25トン吊	日	0.56
諸雑費率	％	12

・H形鋼規格はH300mm×300mm以下、長さ9m以下に適用し、これ以外の工法・規格を用いるときは別途考慮する。
・ラフテレーンクレーンは賃料とする。
・諸雑費は、アンカーボルト設置に係る労務費および材料費であり、表5.3.8の労務費および機械賃料の合計額に上表の率を乗じた金額を計上する。

表 5.3.9 壁面材設置歩掛

名称	単位	数量
世話役	人／日当り	1
特殊作業員	人／日当り	1
普通作業員	人／日当り	3
壁面材設置工	m²／日	65
ラフテレーンクレーン運転 排出ガス対策型(第2次基準値) 油圧伸縮ジブ型25トン吊	日	1×10／D ※D:日当り施工量(m²/日)
諸雑費	％	38

- 壁面材の 1 枚当りの規格は、長さ 2.5m 以下、幅 0.6m 以下、質量 170kg 以下の場合に適用し、これ以外の規格を用いる場合は別途考慮する。
- 壁面材設置工は、壁面材の金具による固定作業および壁面材頂部に取り付ける天端目隠しプレートの取付作業を含む。
- ラフテレーンクレーンは賃料とする。
- 諸雑費は、支柱と壁面材との緩衝材、壁面材の目地材、天端目隠しプレート、天端目隠しプレート用ボルトおよびナットの材料費で、表 5.3.8 の労務費および機械賃料の合計額に上表の率を乗じた金額を計上する。

表 5.3.10 EDO-EPS ブロック設置工 単価表　　10 ㎥当り

名　称	単位	数量	摘　要
世　話　役	人	1×10／D	表 5.3.1　D：日当り施工量
普通作業員	人	4×10／D	表 5.3.1　D：日当り施工量
EDO-EPS ブロック	㎥	10×(1＋ロス率)	表 5.3.1、表 5.3.4
緊結金具	個	23	表 5.3.4　ロス率含む
排水材設置工	式	1	表 5.3.5　必要に応じて計上
基礎砕石工	式	1	表 5.3.5　必要に応じて計上
敷　砂　工	式	1	表 5.3.5　必要に応じて計上
諸　雑　費	式	1	表 5.3.1、表 5.3.2、表 5.3.3
計			

表 5.3.11 コンクリート床版工 単価表　　10 ㎥当り

名　称	単位	数量	摘要
世　話　役	人	0.78	表 5.3.6
特殊作業員	人	0.49	表 5.3.6
普通作業員	人	2.8 (2.5)	表 5.3.6
型　枠　工	人	0.76	表 5.3.6
鉄　筋　工	人	0.64	表 5.3.6
コンクリート	㎥	10×(1＋ロス率)	表 5.3.6
溶　接　金　網	㎡	101　または 69	表 5.3.6
支柱結合アンカー（振止めアンカー）	本	設計数量	
コンクリートポンプ車運転（ブーム式 90～110 ㎥/h）	h	1.7	表 5.3.6
圧送管組立・撤去費	㎥	10	表 5.3.7　必要に応じて計上
特別な養生工	㎥	10	必要に応じて計上
諸　雑　費	式	1	表 5.3.6
計			

表 5.3.12 支柱設置工 単価表　　10 本当り

名　称	単位	数量	摘要
世　話　役	人	0.46	表 5.3.7
特殊作業員	人	0.60	表 5.3.7
普通作業員	人	1.20	表 5.3.7
支　　柱	本	10	設計数量
ラフテレーンクレーン賃料 油圧伸縮ジブ型 25t 吊	日	0.56	表 5.3.7
諸　雑　費	式	1	表 5.3.7
計			

表 5.3.13 壁面材設置工 単価表　　10 ㎡当り

名　称	単位	数量	摘要
世　話　役	人	$1\times10/D$	表 5.3.8　D：日当り施工量
特殊作業員	人	$1\times10/D$	表 5.3.8　D：日当り施工量
普通作業員	人	$3\times10/D$	表 5.3.8　D：日当り施工量
壁　面　材	枚	設計数量	
壁面固定金具	個	設計数量	
ラフテレーンクレーン賃料（油圧伸縮ジブ型 25t 吊）	日	$1\times10/D$	表 5.3.8　D：日当り施工量
諸　雑　費	式	1	表 5.3.8
計			

5.4 品質管理

EDO-EPS 工法に適用される EDO-EPS ブロックの品質管理については、EDO-EPS 工法認定ブロック品質認定要領（2007 年 10 月　発行：EPS 開発機構）に詳しく規定されている。品質管理は、ブロックの製造時と施工時に分けられるが、ここでは、施工時における EDO-EPS ブロックの管理項目、管理値、管理方法について示すことにする。

(1) 管理項目

施工時の品質管理項目は、

　1) 形状寸法
　2) 単位体積重量（密度）
　3) 圧縮応力
　4) 燃焼性の 4 項目である。

(2) 管理値

ⅰ) 形状寸法管理値

EDO-EPS ブロックの形状寸法管理値は、表 5.4.1 に示すとおりである。

押出発泡法によるブロック体は、表 5.4.1 に示す厚さのボードを通常は 5 枚重ねたものとなる。

表 5.4.1　EDO-EPS ブロックの形状寸法管理値

項目	単位	製造法		試験方法
		型内発泡法	押出発泡法	
長さ	mm	2000±11	2000±11	巻尺法
幅	mm	1000±7	1000±7	
厚さ	mm	500±4	100±2	

ⅱ) 単位体積重量（密度）および圧縮応力の管理値

EDO-EPS ブロックの単位体積重量（密度）および圧縮応力の管理値は、表 5.4.2 に示すとおりである。

EDO-EPS ブロックの圧縮応力は、設計時に用いる値として表 2.2.1 に許容圧縮応力度が定められており、この応力度は圧縮ひずみ 1 ％に相当する値で弾性限界内である。一方、圧縮応力の試験方法である一軸圧縮試験では圧縮ひずみ 1 ％はきわめて微小なひずみであり、試験方法や供試体の成形方法によっては結果にバラツキが発生することがある。したがって、品質管理時の圧縮強さは、塑性限界に入ってはいるものの試験結果が安定して得られる圧縮ひずみ 10％の値を品質管理時の圧縮応力としている。

なお、型内発泡法では 10％ひずみ時の圧縮応力を品質管理時の圧縮応力とするが、押出発泡法では 10％ひずみまでに降伏点が現れる場合があり、その際は降伏点の圧縮応力を品質管理時の圧縮応力とする。

表 5.4.2　EDO-EPS ブロックの単位体積重量（密度）および圧縮応力の管理値

項 目 種 別	単位	EDO-EPSブロックの製造法									
		型 内 発 泡 法					押 出 発 泡 法				
		D-30	D-25	D-20	D-16	D-12	DX-45	DX-35	DX-29	-24H	DX-24
単位体積重量	kN/m^3	0.30 ±0.02	0.25 ±0.015	0.20 +0.015 -0.01	0.16 ±0.01	0.12 +0.015 -0.01	0.45 ±0.05	0.35 ±0.03	0.29 ±0.02	0.24 ±0.02	0.24 ±0.02
品質管理 圧縮応力	kN/m^2	180 以上	140 以上	100 以上	70 以上	40 以上	700 以上	400 以上	280 以上	200 以上	120 以上

〈単位についてはJISの規定に従う〉

品質管理時の圧縮応力は10%ひずみ時の圧縮応力とする。

ⅲ)　燃焼性

EDO-EPS ブロックの燃焼性の管理値は、「JIS A 9511：2006R 発泡プラスチック保温材」に準拠して行い、燃焼性の有無を判別する。

(3) 管理方法

ⅰ)　頻度

EDO-EPS ブロックの施工時における管理試験頻度は表 5.4.3 に示す値を標準とするが、施工される各ブロックの種別と数量、施工時期などが施工現場ごとに様々であるため、具体的には協議して決定するものとする。

表 5.4.3　EDO-EPS ブロックの施工時の管理試験頻度

EDO-EPSブロックの全体施工量(V)m^3	管理試験ブロック(本)
V＜2000	2
2000≦V＜5000	3
5000≦V＜10000	4
10000≦V	2000 m^{3}ごとに1本

ⅱ) 測定方法

① 形状寸法

形状寸法は、EDO-EPS 管理試験ブロック 1 本につき図 5.4.1 に示すように最小目盛 1mm の巻尺で長さ（4 箇所）、幅（6 箇所）、厚さ（6 箇所）をそれぞれ測定し平均値を求める。測定単位は mm とする。

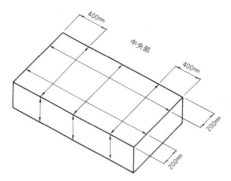

図5.4.1 形状寸法測定位置

写真5.4.1 形状寸法測定の例

② 単位体積重量

単位体積重量（密度）の測定方法は、「JIS K 7222：2005 発泡プラスチック及びゴム－見掛け密度の測定」に準拠する。EDO-EPSブロックの重量を0.1kg単位で測定し、①で測定した形状寸法の平均値より体積を計算し、単位体積重量を求める。測定結果は0.1kg/m³に丸める。

③ 圧縮応力

写真5.4.2 単位体積重量測定の例

圧縮応力の測定方法は「JIS K 7220：2006 硬質発泡プラスチック－圧縮特性の求め方」に規定する試験法による。供試体の寸法は50×50×50mmとし、圧縮速度は試験片厚の10%／minとする。

型内発泡法の場合は、EDO-EPSブロック1本につき図5.4.2に示す3箇所よりサンプリングを行い、各サンプルより2供試体、合計6供試体を作成する。押出発泡法の場合は、5層のブロック体から任意にボード状ブロックを2本を抽出し、図5.4.3に示す3箇所よりサンプリングを行い、各サンプルより1供試体、合計6供試体を作成する。いずれの場合もサンプリングされた後の試験ブロックはサンプリング箇所を同形状のEDO-EPSブロックまたは空練りモルタルなどで充填することにより現場で利用可能である。圧縮試験は試験室で行い、試験結果を添付するものとする。

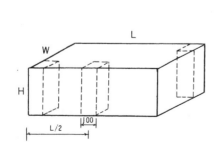
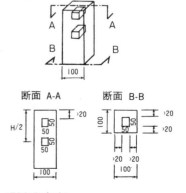

図5.4.2 サンプリング位置（型内発泡法）

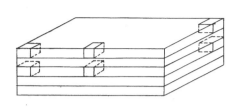
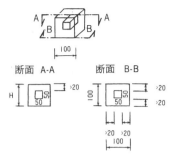

図5.4.3 サンプリング位置（押出発泡法）

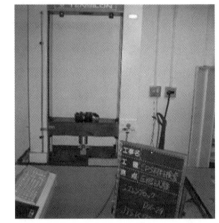

写真5.4.3 圧縮試験の例

(4) 燃焼性

燃焼性の測定方法は「JIS A 9511：2006R 発泡プラスチック保温材」の「5.13 燃焼性」に規定される測定方法Aによる。

供試体寸法は厚さ10mm×長さ200mm×幅25mmとし、サンプリング位置は③と同様とする。試験方法は、揺れていない炎を試験片のa端に当て、約5秒かけてろうそくを等速度で着火限界指示線まで押し進める。着火限界指示線に達したならば、炎を手早く後退させ、その瞬間から3秒以内に炎が消え残じんがなく、かつ、燃焼限界指示線を越えて燃焼しないものを合格とする。図5.4.4に燃焼性試験の方法を示している。また、写真5.4.4に燃焼試験の例を示している。

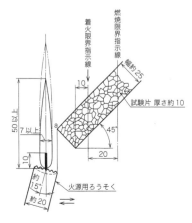
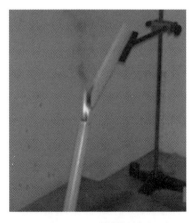

図5.4.4 燃焼性試験（JIS A 9511:2006R の測定方法A）　　写真5.4.4 燃焼性試験の例

5.5 安全管理

EDO-EPS 工法を施工するにあたり、予想される災害について安全基準を作成し、作業中これを遵守して災害の発生を未然に防止することが重要である。ここでは、EDO-EPS ブロックの火災対策と施工時の土砂崩壊対策などについて示すことにする。

5.5.1 火災対策

東京消防庁によると、一般的な工事現場における出火原因の上位は、「溶接・溶断作業」、「放火または放火の疑い」、「たばこの火」となっている。

EDO-EPS ブロックには難燃剤が添加されている一方、原料となる発泡性ポリスチレンビーズまたはペレットに発泡剤すなわち可燃性ガスが含まれている。このような発泡ポリスチレンを原料とするEDO-EPS ブロックは、炎が離れると燃え広がらない自己消火性を有する難燃性の製品ではあるが不燃性ではないため、何らかの火源で火災に至る場合がある。また、耐熱温度は 80℃であるため、それ以上の温度になると材料が軟化収縮する。このため、施工現場では、火源を近づけない工夫や火災を未然に防止するための対策に十分に留意して施工しなければならない。

(1) 工事前の処置

ⅰ) 安全管理者は現場内における火気の使用場所と時間を事前に掌握し、EDO-EPS ブロック施工場所との関連を確認しておく。

ⅱ) 休日、夜間など作業員や警備員の手薄な時間の火気使用を禁止する。

ⅲ) 安全会議などで作業員への周知徹底を図る。

2) 工事中の処置

ⅰ) 溶接・溶断時および高温を発する機器を使用する場合の注意点は以下のとおりである。

① 溶接・溶断時:溶接火花が EDO-EPS ブロックに飛び散ると、その場ですぐには燃えなくとも火種がブロック内でくすぶり続き、数時間後に何かの原因で酸素に触れると突然燃焼することがある。このため溶接・溶断時には、ブロックの周囲を難燃性シート、金属板、不燃ボードなどで遮へいし、近接ブロックに散水しながら作業を行う。

② 高温機器を使用する場合:養生あるいは夜間作業などで高温・高熱を発する照明などの機器を使用する場合は、当該機器周辺に可燃物や引火性物質が無いことを確認する。また、EDO-EPS ブロックは 80℃以上になると軟化するので、通気を良くして同ブロック周辺の温度を上げないように注意する。

これらの作業にあたっては作業場周辺の点検（可燃物がないかどうか）や作業中の監視を強化し、あわせて、消火器や水バケツを適宜用意して不意の燃焼の初期消火に備えることが重要である。

ⅱ) 喫煙時の注意

① 指定場所以外での喫煙を禁止する。

② 灰皿は必ず水を入れ、深く、風に飛ばされないよう重いものとする。

③ 一日の工事終了後には、近接施設や道路からのタバコのポイ捨て・投げ込みに備えて EDO-EPS ブロックを難燃性シートなどで養生する。

ⅲ) 放火などに対する注意点
① 工事資材・機材などの整理整頓と現場の定期的な巡回を行う。特に供用中の施設や道路に近接して施工を行う場合は、不審者が侵入できないように工事用フェンスなどで囲うことが重要である。
② 一日の工事終了後には、不審火に備えて EDO-EPS ブロックを難燃性シートなどで養生する。

ⅳ) 消火機器の準備・訓練
① 消火機器の準備
EDO-EPS 工法の施工現場の消火器の設置は以下を参考にして設置する。
消火器（強化液式 6リットル/本）：施工延長 100m に 1 本、仮置きヤード 50m^3 に 1 本。強化液式消火器とは、水系消火器、強化液（霧状）で木材から合成樹脂、油火災、電気火災まで対応できる消火器。また、水タンクや水バケツなどは適宜設置しておく。
② 消火機器の訓練
作業員全員への火災予防意識の周知徹底を図るとともに、消火機器は全員が使用できるよう定期的な訓練を行っておく。

ⅴ) 冬季におけるコンクリート構造物の養生についての注意点
冬季の施工現場で給熱養生が行われる場合には、熱源とコンクリート打設部を覆うシートの防火対策とあわせて、周辺の EDO-EPS ブロックの防火対策にも十分に注意することが重要である。
・養生囲い内の温度は過剰に上昇しないよう管理する。
・コンクリート打設部を覆うシートは難燃性とし、熱源と接触しないよう注意する。
・熱源と被覆シートが EDO-EPS ブロックと近接する場合は、あらかじめ EDO-EPS ブロックを難燃性シートで覆うようにする。

5.5.2 土砂の崩壊対策

EDO-EPS 工法は軟弱地盤や地すべり対策工法および斜面上の拡幅盛土として採用されることが多い。したがって工事の対象となる箇所は、もともと不安定な地盤であり、ここに一時的にでも掘削や盛土を行うことは、さらに地山の崩壊の危険性が増加する可能性が高くなることを十分認識する必要がある。
・のり尻部の急激かつ多量の切取り、のり肩や斜面上への大量の掘削土砂の仮置きをしない。
・軟弱地盤などでの掘削では、掘削壁が自立するのは一時的な場合が多く、深い掘削の場合は土留工などを検討する。
・擁壁や構造物背後の裏込め部の掘削のり面は、安定勾配とし、不安定な要素が見受けられる場合は、のり枠やアンカーを設置し、施工中の崩壊を防ぐようにする。
・地山の掘削作業主任者を定め、その指揮のもとで作業する。

5.5.3 建設機械・車両の安全管理

建設機械の使用に際して、現場での災害防止上の主な留意点を以下に挙げる。
・作業前の点検を行う。

- 機械本来の用途と異なる使用方法をしない。
- 機械の性能を超えた使用をしない。
- 運行経路や合図の統一の徹底を行う。
- 誘導者、合図者の適正な配置を行う。
- 作業範囲内の立入禁止を徹底する。
- 場内の制限速度を遵守する。

5.6 維持管理

5.6.1 概説

　EDO-EPS工法による道路盛土などの維持管理は、路体や路面などを常に良好な状態に保ち、災害を未然に防ぐことを目的としている。

　EPS開発機構がこれまでに発行した「EPS工法 設計マニュアル」や「EDO-EPS工法 設計・施工基準書（案）」に基づいて設計・施工されたEDO-EPS盛土は、設置基盤の支持力が十分にあり、背面斜面の小崩壊や湧水の浸透のおそれがなく、入念な積層施工および十分な排水対策を施していれば、変状や被害は限定的であり、ある程度の降雨や地震に耐え得ることが判っている。

　しかし、EDO-EPS盛土でも、経年による設置基盤の脆弱化や路体の圧縮変形などにより路面に亀裂や段差が生じたり、排水施設の変状および損傷などにより豪雨時や地震時に大きな被害を受けることも想定される。このため、維持管理においてはEDO-EPS盛土の微細な変状や浸透水の兆候をできるだけ早期に見出し、必要な補修・補強対策を行うことにより、設計時に想定した性能を常に確保することが重要である。

　維持管理の内容は以下の5項目に整理できる。

（1）防災点検

　路線やエリアの要注意箇所を抽出し、平常時の点検において着目すべき点を記した防災カルテなどを作成し、日常点検や定期点検の基礎資料とする。

（2）日常点検および定期点検

　日常点検は車上からの目視観察を主体とし、定期点検は継続的な監視を必要とする箇所の踏査を主に実施する。

（3）保守および補修・補強対策

　構造物各部の機能を健全に保つために保守作業を実施する。また防災点検、日常点検や定期点検などで認められた変状に対応するために補修・補強対策を実施する。

（4）異常時の臨時点検・調査

　災害や変状が生じた場合、あるいは変状の兆候が現れた場合には、適切な対策を立てるにあたっての検討資料を得るために臨時点検・調査を実施する。

（5）応急対策・本復旧

　被災を受けた箇所については、当面のすみやかな機能回復を図るため応急対策を実施する。また、必要に応じ引き続きすみやかに本復旧を実施する。

　維持管理業務の一般的な流れを図5.6.1に示している。なお、道路土工構造物の維持管理全般につ

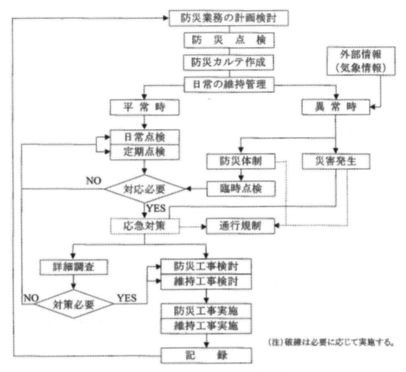

図 5.6.1　維持管理全体の流れ[1]

いては「道路土工要綱」などをあわせて参照することが重要である。

5.6.2　平常時の点検・調査
(1) 防災点検

防災点検とは、土工構造物などの状況、既設対策工の効果、災害履歴などを専門技術者などにより詳細に点検するものである。

防災点検では、その後の平常時の点検や対策の進め方を検討するための基礎資料を得るために、要注意箇所を抽出する。それらの抽出箇所ごとに平常時の点検において着目すべき点を記した防災カルテを作成し、点検の頻度や範囲などの必要事項をあらかじめ設定しておくことが望ましい。

防災点検の詳細については、以下の資料が参考になる。
・道路防災点検の手引き（豪雨・豪雪など）平成19年6月（財）道路保全技術センター
・道路震災対策便覧（震前対策編）平成14年4月（社）日本道路協会

EDO-EPS工法による構造物に関する要注意箇所を抽出する時の留意点を以下に示す。

　i）施工場所の確認

　　EDO-EPSブロックは、構造物の完成後は被覆土や壁体により被覆されるため、当該構造物がEDO-EPS工法によるものかどうか、一見して判別しにくいことがある。

　　判別を容易にするために、EDO-EPS工法による構造物であることが確認できるプレートを施工区間の起点部と終点部に設置しておく方法がある。

　　また別の方法として、施工区間の緯度・経度を記録しておくと、ナビゲーションシステムを活用してジャストポイントの位置をすばやく判別することができる。

ii) 地盤条件

　　地下水位が高く、緩い飽和砂質土層が堆積している箇所は地震時の液状化が想定される。また軟弱地盤が厚く堆積している箇所は大きな圧密沈下や周辺地盤の変形が想定される。

iii) 地形条件

　　集水地形に施工されたEDO-EPS盛土では、降雨や湧水による水圧や浮力の作用が想定される。また、切盛境界に施工されたEDO-EPS盛土は、基礎地盤の支持力の違いやEDO-EPSブロックの圧縮変形により段差が生じやすい。

iv) 施工規模

　　目安としてEDO-EPS盛土高が6mを超える拡幅盛土、橋台背面盛土、両直型盛土などが対象となる。

v) 隣接構造物との関連

　　橋台やボックスカルバートなどの構造物背面に施工されたEDO-EPS盛土は、構造物との隣接部附近で段差が生じやすい。

vi) 周辺施設との関連

　　鉄道や民家などが近接し、災害発生時に第三者被害の恐れがある箇所に注意が必要である。

vii) 施工中から問題となっている箇所

　　地形・地盤条件や施工条件が設計時に想定していたものと異なっていた箇所、地元住民との関係で問題があった箇所など、施工中から何らかの問題や課題があった箇所も注意が必要である。これらの箇所は施工段階から管理段階への確実な引き継ぎならびに申し送りが維持管理において極めて重要になる。

図5.6.2に、防災点検の対象となるEDO-EPS盛土の例を示している。

(2) 日常点検

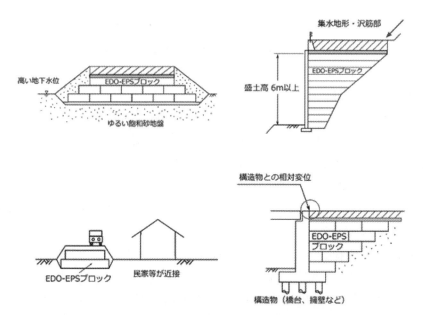

図 5.6.2　防災点検の対象となる EDO-EPS 盛土の例

日常点検は、構造物全般の変状や損傷を早期に発見し、適切な処置および補修・補強対策の要否を判断することを目的として実施する。

点検は車上からの目視観察を主体として行うが、あらかじめ設定された重点箇所においては徒歩による目視で確認することが望ましい。EDO-EPS盛土に対する日常点検時の着眼点として、以下の項目が挙げられる。図5.6.3は、拡幅盛土の場合の平常時の点検における着眼点の例を示している。

　　i ）路面に不陸やクラックなどが発生していないか。特に切盛境界や構造物との隣接部などでは注意深い観察が必要である。また、防護柵基礎などのずれが発生していないか。
　　ii ）表流水の処理や流末に問題はないか。
　　iii）排水溝に土砂、ごみ、落ち葉などが詰まっていないか。
　　iv）周囲に湧水や排水跡などがないか。
　　v ）壁体構造（支柱、壁面材、支柱基礎など）にはらみだしや破損などはないか。

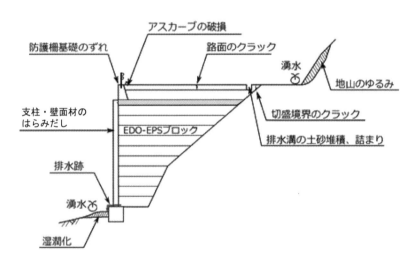

図5.6.3　平常時の点検における着眼点の例（拡幅盛土の場合）

(3) 定期点検

定期点検は、防災点検で継続的な監視が必要と判断された箇所を主な対象として、変状や損傷の早期発見と経過観察を行うことを目的として実施する。

点検は、原則として徒歩による踏査で行う。定期点検の主な対象箇所は変状や沈下の進行が道路交通機能に大きく影響すると予測される箇所である。中でも特に重点的に点検すべき箇所としては軟弱地盤、地すべり地帯、斜面崩壊が頻繁に発生している地点、集水地形などが挙げられる。

EDO-EPS盛土に対する定期点検時の着眼点として、「5.6.2（2）日常点検」での着眼点 i ）～ v ）以外に以下の項目が挙げられる。

・隣接するのり面や盛土からの湧水・浸透水の有無、あればその程度の確認。
・盛土の上部、下部近傍に河川や池、民地からの排水施設などが存在し、盛土内に水が浸透する恐れがないかどうか。
・周辺環境条件の変化（たとえば、周辺の土地利用や土地開発に伴い水の流れが変化していないか）。

5.6.3　保守および補修・補強対策

EDO-EPS 盛土の保守作業は、当該盛土の機能を健全に保つために行う。具体的には土羽のり面の雑草の除去や植生の伐採、排水工の清掃などがある。

一方、EDO-EPS 盛土の変状は複数の要因によって生じ、単一の対策による収束が困難な場合が多いので、多角的な観点で点検や調査を行い、変状が確認された場合はできる限り早い段階で補修・補強対策を実施することが必要である。

EDO-EPS 盛土における主な変状の種類と補修・補強対策は、おおむね以下のとおりである。

(1) 路面の亀裂や沈下

EDO-EPS 盛土の路面に亀裂が発生すると、そこから雨水が浸入して路盤を脆弱化させるほか、ガソリンなどの有害物質が浸入して EDO-EPS ブロックを侵す恐れもある。また、路面の沈下や段差は車両走行の支障となり、交通事故の原因ともなり得る。

したがって、路面の亀裂や沈下などはすみやかにパッチングなどにより補修する。これらの変状の要因としては単に路盤の支持力不足による場合と、EDO-EPS 盛土全体に何らかの変状が生じている場合が考えられるため、必要に応じて継続的な監視を行う。

(2) のり肩部の変状

EDO-EPS 盛土ののり肩に防護柵が設置されている場合、盛土全体の沈下などは防護柵基礎のずれや段差として表れやすい。防護柵基礎はすぐに取り替えることはできないが、盛土の変状の兆候として継続的に監視することが必要である。

(3) 壁体の変状

EDO-EPS 盛土の自立面には、H 形鋼支柱と押出成形セメント板などの壁面材による壁体が設置される場合が多い。

既往の事例より、壁体の変状形態およびその対策は次の3つに大別できる。

① 水圧による壁面材の損傷

EDO-EPS 盛土の自立面と壁面材の間には支柱分の空隙がある。その空隙に雨水などが溜水すると、その水圧で壁面材が曲げ破壊を起こす場合がある。

したがって、補修・補強対策としては破損した壁面材を交換するほか、その空隙に雨水などが流入しないような、仮に流入しても溜水しないような対策が取られる。具体的には、壁体天端目隠しプレートに損傷があればそれを補修する、支柱コンクリート基礎に排水用の切り欠きを設ける、路肩にアスカーブを整備するなどの対策が取られる。

② 背面斜面からの土圧や水圧の作用による壁体のはらみ出し

斜面上の拡幅形状 EDO-EPS 盛土において、背面斜面の安定性に問題がある場合、EDO-EPS 盛土による荷重が作用すると斜面がすべりを起こし、安定性が損なわれた EDO-EPS 盛土が支柱を押すことが考えられる。また、背面斜面からの湧水による水圧が作用し、EDO-EPS 盛土が支柱を押すことも考えられる。

前者の対策としては、斜面への負荷を抑制するため、路盤の一部を高強度な EDO-EPS ブロックに置き換えて載荷重を軽量化することが有効である。また後者の対策としては、盛土内あるいは基盤部に水抜きボーリングを行うことが有効である。

一方、抑止的な対策として抑止杭や斜面安定工が考えられるが、EDO-EPS 盛土が設置済の

状態ではそれらの施工は困難なため、背面斜面への水平力抑止工（グラウンドアンカー）の増設で対応した事例もある。図5.6.4は、水平力抑止工の増設例を示している。

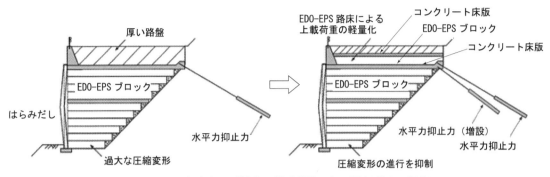

図5.6.4　保守および補修・補強対策の例（拡幅盛土の場合）

③　鉛直変位追従機能の不備による振れ止めアンカーの破断

支柱とコンクリート床版を接続する振れ止めアンカーは、EDO-EPSブロックの圧縮変形による鉛直変位に追従できる機能を有しているが、施工ミスなどによりその機能が損なわれていることがある。

その場合、上載荷重に耐え切れずに振れ止めアンカーが突然破断すると、路面の鉛直変位が一度に大きく現れることになり、道路交通の安全確保に支障が生じることも考えられる。

その場合、振れ止めアンカーと支柱との接続を切り、鉛直変位追従機能を有する振れ止めアンカーを新たに設置する対策が取られる。

(4)　EDO-EPSブロックの変状

上記(3)の②と関連するが、背面斜面の安定性に問題がある場合、最下段付近のEDO-EPSブロックに応力が集中して大きな圧縮変形を起こす可能性がある。

EDO-EPSブロックの圧縮変形量を把握するためには、壁面材を撤去してEDO-EPSブロックを露出させ、厚さを巻尺で測定するほか、振れ止めアンカーの移動量（支柱への擦過痕などで確認するとよい）などを確認する。

積み重ねたEDO-EPSブロックを後から交換することは困難なため、対策としては(3)の②と同様、背面斜面への負荷を抑制するため、路盤の一部を高強度なEDO-EPSブロックに置き換えて上載荷重を軽量化することが有効である。図5.6.4は、拡幅盛土の保守および補修・補強対策の例を示している。

5.6.4　異常時の臨時点検・調査

EDO-EPS盛土の異常・変状・災害などの原因としては以下のことがあげられる。
・異常降雨などによるもの
・背面斜面からの浸透水や崩壊土砂によるもの
・地震、噴火、津波などによるもの

臨時点検・調査は、これらの異常発生時に行うもので、応急対策・本復旧を検討するための基礎資料を得ることを目的としている。点検・調査の内容や項目は、異常の原因、形態、規模などによって

異なるため一概に規定できないが、EDO-EPS 盛土における着眼点はおおむね以下のとおりである。

ⅰ）災害が起きた場合
① 異常降雨や地震などが発生した後は、路面の亀裂や沈下、壁面の破損などが起きていないか点検する。
② 災害発生箇所では、亀裂や崩壊の位置、方向、幅、段差やずれの程度などを記入したスケッチや現地写真集などを作成する。
③ 通行規制を行う場合は、迂回路の安全性などについて現況調査を行う。
④ 二次災害を引き起こすおそれのあるような調査方法は避ける。

ⅱ）変状の兆候が現れている場合
① 亀裂、沈下、変形などが部分的であるか全体的であるか、また進行性であるか否かを把握する。
② 変状の進行状況を把握する方法としては、地表面伸縮計、地盤傾斜計、変位杭などを設置して動態観測を行う方法がある。また、抜き板、目印、見通し杭、下げ振りなどによって簡易的に調査する方法もある。図 5.6.5 は、EDO-EPS 盛土変状時の簡易調査方法の例を示している。
③ 変状が進行中であると把握された場合は、観測を継続して安定度判定の資料とする。あわせて変状の原因を把握するための調査計画を立案する。

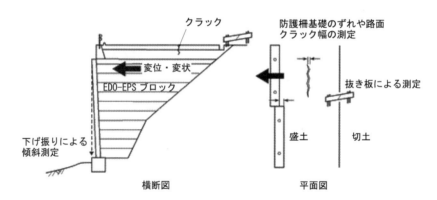

図 5.6.5　EDO-EPS 盛土変状時の簡易調査方法の例

ⅲ）対策のための詳細調査
① EDO-EPS 盛土の変状などを把握するためには、例えば拡幅盛土では背面斜面と盛土基礎部でボーリング調査を実施し、対策工設計のための土層断面図を作成する。また、EDO-EPS 盛土設計時の土層断面図との比較を行い、地盤状況の差異や変化を把握する。
② 復旧工事が必要であると判断された場合は、仮設道路や施工ヤードなどの確保が必要となるため、これらの用地状況を把握する。また、災害の規模が大きいために復旧工事が長期間になることが考えられる場合、あるいは現位置での復旧が困難と考えられる場合には、迂回路や代替路などの選定調査を実施する。

5.6.5　応急対策・本復旧

(1) 応急対策

ⅰ）応急対策の検討にあたっての留意点

災害時の応急対策は、第三者被害の回避や道路機能の回復、および被害の拡大防止に対応することを目的としている。応急対策の検討にあたっての留意点は以下のとおりである。
① 二次災害の防止を第一に考慮する。
② 被災箇所とその周辺の現地状況、交通の状況、天候などを十分に考慮する。
③ 道路機能を極力維持したまま、応急対策工を施工できることが望ましい。
④ 迂回路の有無を確認し、必要に応じ通行規制を検討する。
⑤ 応急対策工が本復旧工として利用できるか、本復旧工の施工時に手戻りとならないかを検討する。
⑥ 応急対策工の施工に必要な資材の早急な搬入が可能か確認する。

ⅱ）応急対策工の種類
① 主として水に対する対策工
・土のう工、仮排水工、地下排水工、水抜きボーリング、シート被覆工など
② 主としてEDO-EPS盛土自体の安定に関する対策工
・EDO-EPS路床、排土工、杭工、矢板工、地山アンカー工など
③ 一般交通の危険防止および交通確保に対する対策工
・保安柵工、防護柵工、仮桟橋など

図5.6.6は、EDO-EPS盛土の応急対策工の例を示している。

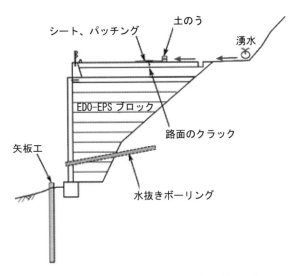

図5.6.6　EDO-EPS盛土の応急対策工の例

(2) 本復旧

応急対策により機能回復された盛土について、引き続き本復旧を行う。本復旧は、道路改築計画、道路の重要性、周辺の土地利用状況および将来計画を十分に考慮し、被災原因に応じた復旧計画を検討する必要がある。被災原因が十分に解明されていない場合は、ボーリング調査や各種の探査、変状計測などを実施し、被災原因を確定させてからそれに対応した本復旧計画を実施する。

なお、被災箇所の本復旧は原形復旧が原則であるが、それが著しく困難な場合には、同様な災害を防止する観点から合理的かつ経済的となる復旧形状・構造を検討することが重要である。

参考文献

1) 建設省土木研究所：発泡スチロールを用いた軽量盛土の設計・施工マニュアル、土木研究所資料大3089号、1992
2) 発泡スチロール土木工法開発機構：施工・積算マニュアル第1版、1990
3) 渡邉栄司、西川純一、堀田光、長谷川弘忠、石橋円正、塚本英樹、佐藤嘉広：Shake-Table Tests on the EPS Fill for Road Widening、第3回EPSジオフォーム国際会議（米国ソルトレイクシティ）、2001
4) 渡邉栄司、西川純一、堀田光、李軍、塚本英樹、佐藤嘉広：Shake-Table Tests and Simulation Analyses on EPS Fill for Road Widening、第3回EPSジオフォーム国際会議（米国ソルトレイクシティ）、2001
5) 発泡スチロール土木工法開発機構：施工・積算マニュアル第1版、pp.15、1990
6) 柳沢栄司、及川洋、稲田利治、平野功：軟弱地盤上での裏込め材としてのEPSブロックの挙動、土と基礎、Vol.37、No.2、pp.31-36、1989
7) 窪田達郎、泉澤大樹：EPS盛土における簡易壁体構造の検討、ジオシンセティック技術情報、2006.7
8) 窪田達郎、泉澤大樹：EPS盛土における簡易壁体構造の検討、土木技術　61巻　10号　2006.10
9) 国土交通省　土木工事標準積算基準書（共通編）　平成27年度（4月改正）、　建設物価調査会
10) 国土交通省関東地方整備局：出来形管理基準及び規格値、2013
11) 社団法人日本道路協会：道路土工－盛土工指針（平成22年度版）、2010

第6章

施工事例

6.1 道路盛土

6.1.1 概説

道路は軟弱地盤上に建設されることは珍しくないが、このような場合には盛土荷重により地盤に圧密沈下や側方流動が生じやすく、対策として荷重軽減を目的に超軽量性、耐圧縮性、自立性などの特性をもつEDO-EPS工法が適用されてきた。

軟弱地盤は、図6.1.1に概念的に示すように、築造された盛土荷重による圧密沈下では周辺地盤の引込み現象が、側方流動では過大なせん断変形やすべり破壊が敷地外まで影響を及ぼすため、常に有効な対策が求められている。

EDO-EPS工法は超軽量の大型発泡スチロールブロックを用いることから、軟弱地盤上では圧密沈下や側方流動の原因となる盛土荷重の増加を大幅に軽減できる。圧密

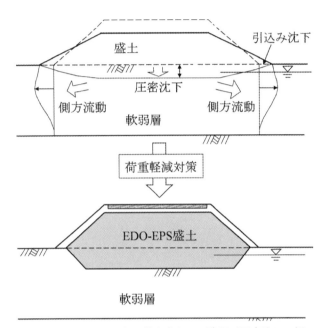

図6.1.1　EDO-EPS工法の道路盛土への適用（圧密沈下・側方流動対策）

沈下対策としては、地盤に新たに加わる増加応力を削減した分だけ沈下を減少させることができる。側方流動対策としては、せん断変形やすべり破壊の原因となる盛土荷重を大幅に軽減することで達成できる。側方流動に対する安定性は円弧すべり面などを仮定した安定計算により評価されるが、すべり面がEDO-EPS盛土内部を通らないものとして扱い、すべり面が盛土部を通る一般の改良土地盤の場合と異なる扱いをしていることに注意しなければならない。また、荷重軽減のためのEDO-EPSブロックの置換え深さは盛土による増加応力が置換え底面でゼロとなるように決めることを基本とする。置換え深さが大きくなると地下水位以下の浮力による浮き上がりが生じることになるので、押え荷重を考慮した検討が必要になってくる。なお、道路に適用されるEDO-EPS盛土は橋台やカルバートなどの構造物裏込め部の盛土や、それに続く背面取付け盛土となることが多いが、地震時にはEDO-EPS盛土部と背面盛土部の境目で盛土の材料構成が大きく変化し、互いの振動特性の相違から段差などの局部的な変状が生じやすい場所となるので注意が必要となる。

ここでは道路盛土において圧密沈下対策や側方流動対策として適用された事例の概要とその特徴について紹介する。

6.1.2 実施例

(1) 橋台背面取付け道路盛土

本事例は、交通量の増加に対応させて、既存橋梁に並行して新設した橋梁の橋台に取り付けた道路盛土に適用された EDO-EPS 盛土である。施工箇所は溺れ谷地形部に堆積した軟弱地盤を流れる河川を横断する橋梁に取り付けられた道路盛土であり、軟弱地盤は厚さ約 1.5m の表土層の下に、N 値 1〜2 の腐食土層を含む厚さ 23〜26m の軟弱なシルト層からなる沖積層である。

EDO-EPS 工法は当初計画からの適用ではなかった。新設した橋梁の左右両岸の橋台に取り付ける道路を途中まで盛土してから発生した、想定を超える圧密沈下と側方流動への対策として採用された。当初の計画では、サンドドレーン工を併用したサーチャージ工法により道路盛土を施工し圧密沈下を終了させた後に、余盛り分を計画高まで撤去して仕上げる予定であった。すなわち、道路盛土は、図 6.1.2 に点線で示すように、地表面 GL からの標準的な計画盛土高 2.33m に対し、GL 面より 7.8m までサーチャージ盛土をして 3.6m の沈下を見込み、余盛り分を撤去して完成するものであった。なお、図中の盛土高 H は盛土による地盤沈下を無視して描かれている。しかしながら、盛土が高さ 3.0m まで施工された時点で、基礎地盤の圧密沈下と側方流動により周辺地盤や既存橋台に変状が生じたため、以下に示す経緯を経たのちに EDO-EPS 工法に変更されたものである。

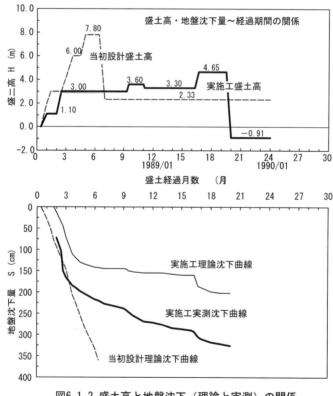

図6.1.2 盛土高と地盤沈下（理論と実測）の関係

盛土施工は圧密進行による基礎地盤の強度増加を期待し、約 7ヶ月放置してから高さ 3.6m まで再開したものの、依然として強度増加の効果が認められないため、再び約 7ヶ月放置した。その後、盛土施工を高さ 4.65m まで進めたものの、依然として沈下速度が低下しないため、もとの地盤面 GL 面の標高まで盛土を撤去して EDO-EPS 盛土に変更することになった。変更理由としては EDO-EPS 工

法が圧密沈下と側方流動の対策として有効なことに含めて、急速施工が可能なため、二度の盛土築造中断による工期不足を挽回するのに効果的であったことも大きく関係している。EDO-EPS 工法への変更までに測定された沈下曲線は、図 6.1.2 に太い実線で示されているように、理論沈下曲線よりもかなり大きい。両者の相違のほとんどは側方流動によるものと推定され、軟弱地盤の強度が想定よりも低かったことが原因として考えられた。

EDO-EPS 盛土は両岸それぞれにおいて延長 40m×幅 12m×最大高さ 2.5m で、合計数量 1,407m^3 となり、施工範囲は図 6.1.3 に示す平面図と縦断図のように、また標準断面は図 6.1.4 に示すように決定されている。工事箇所における地下水位は左右両岸ともに地盤面 GL の下約 1.0m の位置にあり、洪水時には地盤面 GL＋0.7m まで上昇すると想定された。そこで、EDO-EPS ブロックの置換え深さは地下水位面よりやや高い位置の地盤面 GL からの深さ 0.91m に設定され、EDO-EPS ブロックの層厚は可能な限り荷重軽減を図れることと、洪水時の浮上りに対する安全率 $F_s＝1.6＞1.3$ を満足するように最大 5 段の 2.5m に決定されている。EDO-EPS 盛土は、基礎地盤掘削ののち地下水の浸透防止のための土木シートを敷設してから、底版コンクリート（15cm）を打設し、敷モルタル 2cm を施工してから EDO-EPS ブロックを設置、最上部に床版コンクリートを打設している。また、EDO-EPS ブロック積層体外周面には、外部からの浸透物を懸念して防護コンクリートを打設し、その上に被覆土、舗装の順で施工が行われている。EDO-EPS ブロックは上・下段の間の目地が重ならないように千鳥状に配置されている。EDO-EPS ブロックの種別は、EDO-EPS ブロックに加わる荷重が交通荷重相当の上載荷重 10kN/m^2 と舗装および路盤荷重 12kN/m^2 を併せた鉛直応力 $\sigma_v＝22$kN/m^2 であるから、これを上回る許容圧縮応力度 $\sigma_a＝50$kN/m^2 をもつ D-20 が選定されている。

EDO-EPS 盛土の舗装完了後に観測された沈下量 S は、S ≒ 2.5cm と小さいものの EDO-EPS ブロック積層体の弾性沈下相当量の 1.1cm（鉛直応力×EDO-EPS 高／弾性係数：$\sigma_v \cdot H/E＝22×2.5/5000＝0.011$m）より大きい値を示した。EDO-EPS 盛土下の基礎地盤（GL－0.91m）は、EDO-EPS 盛土による載荷応力 26kN/m^2 が EDO-EPS 工法への変更前に沈下促進のために施工された最大高

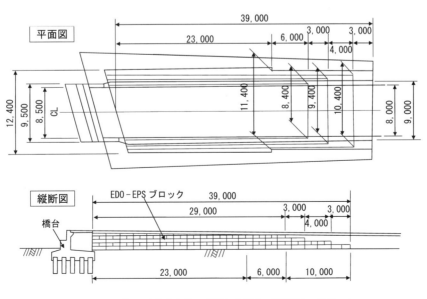

図6.1.3　EDO-EPS盛土施工範囲（平面・縦断図　単位mm）

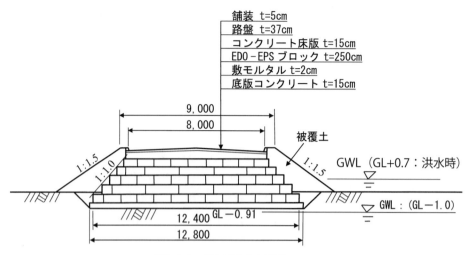

図6.1.4　EDO-EPS盛土標準断面図

4.65mのサーチャージ盛土による載荷応力約80kN/m^{2}より低く過圧密状態になっているため、圧密沈下も側方流動も収束したものと判断できる。したがって、両者の相違はその後の沈下進行が認められなかったことから、基盤面の不陸やEPS-EPSブロック個々の寸法差異やガタ変位などによるものと推定された。EDO-EPS盛土の施工区間は40mであり、そのうちこれに接続する一般盛土区間との間は10mのすり付け区間としたが、舗装および路盤下のコンクリート床版はすり付け区間全長にも施工している。すり付け区間端部には一般盛土区間の沈下により引込まれたと思われる約5cmの沈下が生じたものの、完成後の沈下進行は認められていない。

(2) 都市部の傾斜地道路盛土

本事例は、環状6号線（山手通り）に沿った民地間の狭隘な傾斜地における街路整備工事で施工されたEDO-EPS盛土である。工事箇所は山手通りに沿った延長35mの南側と延長10mの北側からなる二区間の平均幅6mの道路敷地であり、道路と民地に挟まれた細長い部分を嵩上げして街路を築造するものである。南側区間は緊急指定病院と集合住宅に面しており、北側区間は調剤薬局と飲食店に面し、それぞれアクセス道路として利用されていた。各区間の道路敷地と民地の間の現況地盤は、図6.1.5に示すように、地盤内に埋められたコンクリートブロック基礎上のH鋼で支持された平均厚

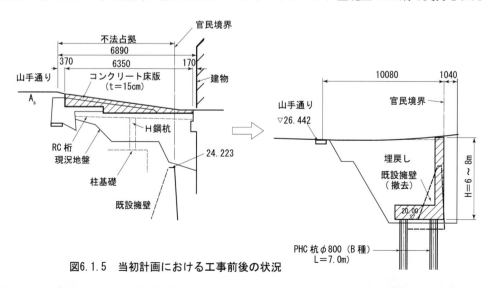

図6.1.5　当初計画における工事前後の状況

さ約 15cm のコンクリート床版により覆われ、また地盤内には構築年代不明の重力擁壁が埋没した状態にあった。

当初計画は既設のコンクリート床版とコンクリートブロック基礎、重力擁壁を撤去し、PHC 杭を基礎にした高さ H=6～8m の L 型擁壁を構築した後、地盤面を現況から約 3m の嵩上げをし、駐車場や遊歩道からなる街路を整備するものであった。しかしながら、既設のコンクリートブロック基礎や重力擁壁の撤去には山留め工の構築や周辺地盤の掘削および掘削土と廃棄物の搬出を必要とし、新たな L 型擁壁の構築と埋戻し地盤の築造には大量の土砂や資材の搬入が伴うことになった。これらの作業には大型施工機械の使用が不可欠であり、病院の緊急車両のアクセス道路と駐車場を確保しながら行う必要があるだけでなく、隣接する病院や集合住宅に対する騒音や振動問題を引き起こすなど、現実的に実施不可能なことが明らかになった。

そこで、大型施工機械を使用することなく、既設のコンクリートブロック基礎や重力擁壁を放置したままで平均 3m の地盤面嵩上げができる EDO-EPS 工法が適用されることになった。EDO-EPS 盛土の適用理由は、盛土材の超軽量性により放置するコンクリートブロック基礎や既設重力擁壁に加わる荷重増加をほとんど与えることなく地盤の埋め戻しができ、現況の傾斜地盤の変形やすべり破壊も防止できることに加えて、急速施工により近隣の病院や集合住宅への工事の影響を最小にできることである。

EDO-EPS 盛土はコンクリート床版や H 鋼支柱を撤去してから、図 6.1.6 に標準断面を示すように、現況地盤を既設の重力擁壁の天端面までの安定勾配以下となる 1：1.0 で掘削整形し、さらに掘削表面を吹付けモルタルにより保護してから排水マットを張り付けて施工された。既設の重力擁壁の側壁天端面は、縦断方向に傾斜していたのでコンクリートにより嵩上げして一定高さに調整するとともに、側壁の天端付近には浸透水が滞留して浮力が作用しないようにコア削孔した水抜き孔が設けられた。EDO-EPS ブロック（2m×1m×0.5m）は、上・下段で目地が重ならないように千鳥状配置にして積み上げられた。なお、EDO-EPS 盛土は地盤を 1：1.0 の勾配で掘削してから施工されたが、掘削法

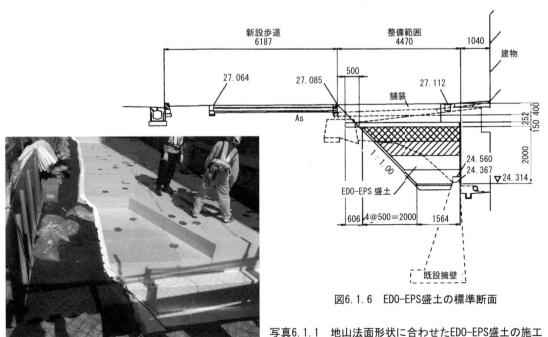

図6.1.6　EDO-EPS盛土の標準断面

写真6.1.1　地山法面形状に合わせたEDO-EPS盛土の施工

面が長手方向に不定形であり、かつ施工スペースが狭く裏込め土の運搬と投入が難しいため、EDO-EPSブロックを写真6.1.1に示すように法面形状に合わせて現場切断加工をして積み上げている。

EDO-EPSブロックの種別は図6.1.7に示すように、上段からDX-24Hを1段、D-25を1段、D-20を2段の3種類を選択し、路面荷重を下段部に広く面的に分散できるように、上段部ほど高い圧縮応力度のものとしている。EDO-EPSブロック積層体は、重心が最下段面の設置幅内に位置する逆台形状をしているので、応力集中の影響には最上段面の載荷応力（19kN/m^2）が逆台形の平均の上面幅3.6mと下面幅1.6mにより34kN/m^2（19 × (3.6/1.6)）と増幅されるものの、最下段のEDO-EPSブロックD-20の許容圧縮応力50kN/m^{2}以下となるため応力度としては余裕をもって対処している。

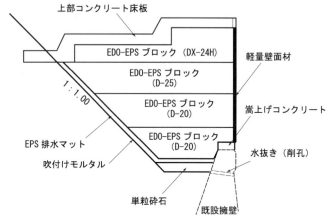

図6.1.7　EDO-EPS盛土の標準断面詳細

EDO-EPS盛土は、基礎地盤が既設のコンクリートブロック基礎や重力擁壁が埋没した埋戻し地盤からなる不均質な状態にあったものの、地盤への作用応力をEDO-EPSブロックの超軽量性により最大で34KN/m^{2}にとどめることで不同沈下を抑制し、自立性により官民境界に沿って自立した道路盛土の施工を達成し、現在までに有意な変位が生じることなく推移している。

6.2　傾斜地の拡幅盛土
6.2.1　概説
わが国の山間部の道路盛土は、急傾斜地および崖錐や崩積土が堆積した地域を通過することが多い。

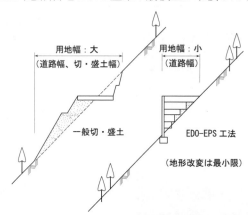

図6.2.1　急傾斜地での一般盛土とEDO-EPS工法の比較

EDO-EPS 工法は、大型の発泡スチロールブロックを盛土材料として積み重ね、材料の軽量性、耐圧縮性、耐水性、自立性を有効に利用し、狭い山間部での急傾斜地や崩積土上での拡幅盛土などに適用されている。

一般に傾斜地での設計および施工上の留意点としては、崖錐や崩積土など地盤が不安定であるために切土や盛土に制限があることや、大規模な施工機械を使用することが困難なことがあげられる。また、近年では自然環境の保護や景観などの要素が工法の選定に影響してくるケースもある。

EDO-EPS 工法がもつ軽量性、自立性、省力化施工などの特長は、このような傾斜地特有の諸条件を満たすことに加え、多様化する建設分野のニーズ、社会的環境の変化などに対しても十分に応えることができる工法といえる。図 6.2.1 は、急傾斜地での一般盛土と EDO-EPS 工法の比較を示したものである。

6.2.2 実施例

(1) 急傾斜地での道路拡幅盛土

EDO-EPS 工法による拡幅盛土は、従来の一般的な切土および盛土による方法に比べ、斜面すべりの発生を抑止でき、占用地も少なく、自然環境を保護する面でもすぐれた工法といえる。

ここに示す事例は、山間部の急傾斜地であり崩積土が厚く堆積した斜面傾斜角 30°～ 40°の急傾斜地で、土砂による盛土を行った場合には、斜面すべりの発生が予想された箇所である。

当該地の計画上の留意点は以下の通りである。
・地形が急峻で作業スペースが狭く、大型建設機械を要する工法は不可。
・崩積土が厚く堆積しており、壁面構造物の直接基礎形式は適さない。
・施工期間中も現道路の交通障害とならない工法とする。

表 6.2.1 は、工法選定にあたって、EDO-EPS 工法、擁壁工法、補強土工法の比較を行い、経済性を含めた総合的な判断の結果 EDO-EPS 工法が採用された比較事例である。

EDO-EPS 工法の保護壁の設計上の特徴として、保護壁の基礎地盤は崩積土であるため支持力不足と将来の侵食が懸念されることから、H形鋼杭を支持地盤まで打設しこれを保護壁の支持構造としている。また、EDO-EPS ブロックと保護壁の隙間に水が溜まり壁面材が破損しない様に基礎コンクリート上面に排水用の切り欠き溝を設けている。なお、基礎コンクリート下部の粘性土、礫混り土は、のり枠とグランドアンカーで補強している。

保護壁は EDO-EPS 盛土の最上部コンクリート床版に振れ止めアンカーで固定しているが、EDO-EPS ブロックの弾性変形を考慮して、振れ止めアンカーは保護壁 H 鋼支柱にスライド構造で取り付けている。EDO-EPS 盛土の地震時の慣性力は、上部コンクリート床版と一体化したグラウンドアンカーで地盤に定着させている。

表6.2.1 EDO-EPS工法、擁壁工法、補強土工法の工法比較

工法	EDO-EPS工法	擁壁工+地盤改良	補強盛土+地盤改良
断面図			
工法原理	・盛土材としてEDO-EPSブロックを利用することにより、支持力の不足する地盤対策及び土圧を作用させない拡幅構造が可能。また、斜面のすべり安定にも有効な工法。	・斜面安定ならびに擁壁の基礎を兼ねた深層地盤改良により安定地盤(岩盤)まで打設する工法。 ・構造物の計画高さに応じて、逆T式擁壁、バットレスタイプ擁壁、L型擁壁などの現場打ち構造物とする。	・補強材と盛土との間に作用する摩擦力と補強材強度により盛土体の安定を図り垂直壁を構築する工法。 ・フレキシブルな一体構造であるため、通常のコンクリート擁壁に比べ局部的な沈下や地震等による地盤の変形に柔軟に追随できる。 ・摩擦力を発揮する盛土材の選定が必要。
特徴	・工場製品であるため、材料の品質が安定している。 ・掘削土工が少なく、施工期間中も現道路の交通規制を最小限にできる。 ・作業工数が簡素化され、作業自体も簡単であり、施工期間を短くできる。	・深層地盤改良および仮設を必要とし、大規模な掘削土工を必要とする。 ・擁壁および深層地盤改良施工時に掘削土工が必要なため、施工期間中、現道路の交通規制が必要。	・盛土構築のための大型建設機械が必要。 ・大規模な掘削土工が必要なため、施工期間中、現道路の交通規制が必要。
評価	○	×	△

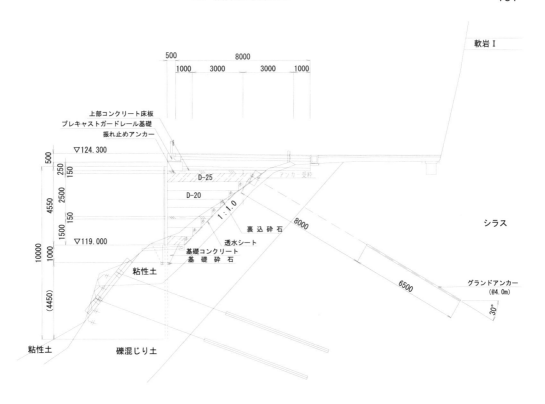

図6.2.2　EDO-EPS拡幅盛土標準横断図

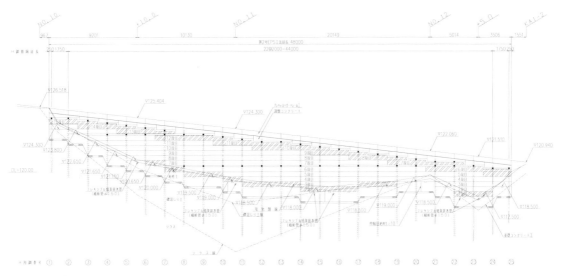

図6.2.3　EDO-EPS拡幅盛土　縦断図

　図 6.2.2 は、EDO-EPS 拡幅盛土の標準横断図を示しており、図 6.2.3 は、EDO-EPS 拡幅盛土の縦断図を示している。

　写真 6.2.1 は EDO-EPS 拡幅盛土のブロックと保護壁支柱の施工状況を示しており、写真 6.2.2 は保護壁の完成状況と基礎コンクリート部に水抜き用の切り欠き溝を施工した様子を示している。また、写真 6.2.3 は EDO-EPS 拡幅盛土上部に設置したプレキャスト製のガードレール基礎および路盤工の施工状況を示している。

写真6.2.1　拡幅盛土のブロックおよび支柱施工

写真6.2.2　保護壁の完成と基礎コンクリート部水抜き溝の状況

写真6.2.3　拡幅盛土上のプレキャスト製ガードレール基礎と路盤工の施工状況

(2) 傾斜地のゴルフコース改良盛土 [1]

一般にゴルフ場建設は、高低差が少なく100～150haの広範な用地を必要とする反面、自然環境保護や開発に関する法的規制などから開発地の確保が困難になりつつあるため、建設技術においても土地の効率的利用ができる工法が求められている。EDO-EPS工法はこれまで利用することが困難であった急傾斜地や沢地、沼地などの軟弱地を有効活用できる工法として注目されている。これまで、EDO-EPS工法は、既に利用されているゴルフコースをグレードアップする工法として多く実績を有している。

ここに示す事例は、すでに完成したゴルフ場のコースの改造に関するものである。地形の制約上フェアウェーやティーグラウンドが狭く、距離も十分でなかった。また、狭いフェアウェーはプレーの進行を妨げ、ゲームの興味を減じていた。コースの改造の条件と要望は以下の通りであった。

・プロトーナメントの開催できるハイグレードなコースに改造。
・コース営業を中止することなく短期間に工事を終える工法。
・自然環境や法規制上隣接する自然林を損なうことがない工法。また、大量の土砂移動は不可能。
・工事場所は沢地で地盤は軟弱地盤。

これらの条件に対し、擁壁工法や補強土工法、構造物による人工地盤などの従来工法を含め比較検討した結果、EDO-EPS工法がこれらの要望を満足する唯一の工法として採用されている。

当事例は、安定斜面に沿ってEDO-EPSブロックを積み上げ、拡幅盛土全体を自立構造体としている。これにより前面保護壁の大幅な簡略化を可能にしている。このような安定構造では地震慣性力が作用した場合の水平変位は0.35cm程度（水平震度k_h=0.1とした場合）と非常に小さく、前面保護壁への

影響やコース機能上問題ないものと判断され完成している。

図 6.2.4 は、EDO-EPS 工法によるゴルフコース拡幅断面を示している。

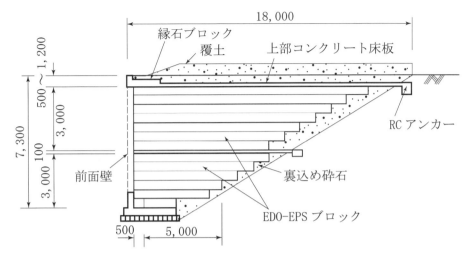

図6.2.4　EDO-EPS工法によるゴルフコース拡幅断面

写真6.2.4　拡幅工事の施工状況

（拡幅部にはバンカーを作り変化をもたせている）

写真6.2.5　ゴルフコース改造前後

6.3 橋台背面盛土

6.3.1 概説
(1) 適用目的

橋台背面盛土に EDO-EPS 工法を用いる場合は、基礎地盤が軟弱で、側方流動または不同沈下が発生し、橋台に悪影響を与えないための荷重軽減としての対策や橋台の壁面に出来るだけ土圧を作用させない土圧低減の対策に適用できる。図 6.3.1 に示す EDO-EPS 工法を用いた橋台の事例調査では、全体の約 3/4 の事例が軟弱な地盤 (Ⅲ種) で、土圧低減対策および土圧低減対策と沈下・側方流動対策の両方を目的とした事例が多い。また、橋台の高さは、10m 以上の事例が多いが、5m 以下での採用も少なくない。

さらに、EDO-EPS 工法を対策工法として採用する時期は、設計当初から採用する場合、施工中に何らかの変状が起こったための設計変更として採用する場合、工事完了後に変状が起こったための改修工事や補修工事として適用する場合の 3 つの段階がある。

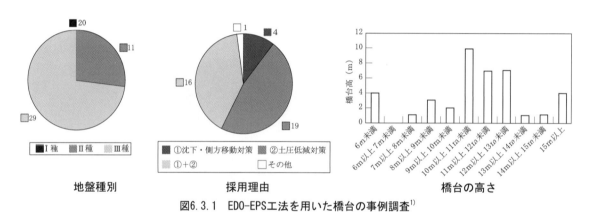

図6.3.1　EDO-EPS工法を用いた橋台の事例調査[1]

(2) 適用範囲

橋台背面盛土に EDO-EPS 工法を用いる範囲は、目的によって適宜設定されている。土圧低減に用いられる場合は、橋台後趾の後方に安定勾配で土砂を盛土してから橋台背面と盛土との間に EDO-EPS ブロックを設置し、EDO-EPS 盛土に土圧が働かないように配置するのが一般的である。

側方流動の可能性の評価では、側方移動判定値 (I 値) が一般的に用いられているが、図 6.3.2 に示した通り、橋台後趾位置における軟弱層の下端から 45°線の範囲内について軽量化を図ることを基本と

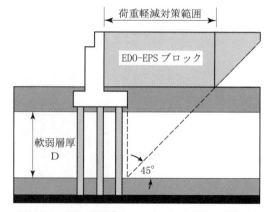

図6.3.2　EDO-EPSブロックを用いた荷重軽減工法の対策範囲[2]

し、それ以上の範囲に適用することで平均的な単位体積重量を用いて側方流動の判定をして良いとの提案がなされている。

(3) 留意点

平成 13 年以後に工事完了した橋梁のうち、橋台背面に EDO-EPS ブロックや FCB、ハイグレード

ソイルや発泡ビーズ混合軽量土などの軽量材料を用いた荷重軽減工法により側方流動対策を行った橋梁を対象に、橋台や背面盛土などの変状について調査した報告では、軽量盛土工法で対策した場合であっても舗装面の沈下、防護柵などの線形の変化、支承の変状などの何らかの変状が発生しているものがあり、軽量盛土工法により沈下対策をした場合であっても、全く沈下が生じないことはないと結論づけている。[3] したがって、設計段階でEDO-EPS工法を用いる場合では、事前にプレロードなどによる軟弱地盤の沈下を促進させておく対策を併用することも考慮する必要がある。

有限要素法 (FEM) を用いた動的解析では、橋台背面にEDO-EPS工法を用いた場合の地震時の挙動は、橋台背面が土の場合よりも橋台背面に何も無い場合の挙動に近いとの結果となっている。[1] 一方で、動的解析や遠心模型実験から、EDO-EPS盛土の背面の土圧が中間床版を介して橋台に作用しているとの報告もある。[4] したがって、EDO-EPS工法は極めて軽量な材料であるが、地震時の土圧や挙動について慎重に評価して橋台の構造設計を行う必要がある。

6.3.2 実施例

(1) 橋台背面大規模盛土の施工例[5]、[6]

本例は、東京湾の臨海部の橋台背面にEDO-EPS工法を使用した例である。EDO-EPS盛土は、図6.3.3に示す橋台背面の区域に約18,000m³が施工された。

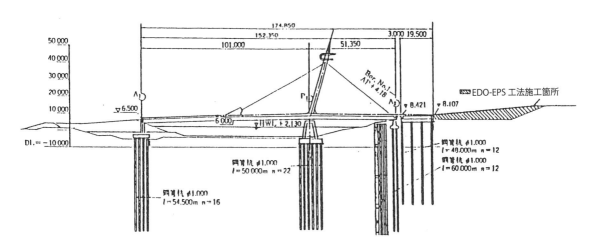

橋台背面の施工箇所（右側橋台背面の斜線部）

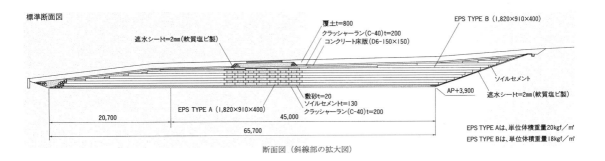

断面図（斜線部の拡大図）

図6.3.3　橋台背面の施工箇所とEDO-EPS盛土施工断面図

当該地の地質は、地表面から50mの深さまで軟弱なシルト層が堆積している。橋台背面の盛土の高さが10数mになることと、工程上から急速施工を余儀なくされたことから、橋台背面が従来の土砂による盛土では、地盤の沈下と側方流動による杭への影響が懸念された。このため、深さ50mに達する基礎杭に影響を与えない範囲として、杭先端から地表面方向に45°で広がる橋台背面部分が設置範囲と設計された。基盤面はEDO-EPS盛土や舗装などの増加荷重を考慮し、原地盤面から1.6mの深さまでの土砂を掘削除去して整形している。また、道路直下のEDO-EPSブロックの上面にはガソリンなどの浸透防止対策などのためにポリエチレンシートを敷設している。

写真6.3.1 橋台背面の施工状況

(2) 日本初施工の橋台取付盛土の施工例[7], [8]

本例は、札幌市郊外において、橋台背面の取付盛土の沈下による橋台との段差や既設下水道管の変形防止対策としてEDO-EPS工法を使用した例である。当該地の地盤は、厚さ2.5mの泥炭層と4.5mの粘土層からなる

写真6.3.2 大規模施工の状況

軟弱地盤である。本工事を行う5年前に区画整理事業により高さ約1mの道路盛土が行われており、3cm/年程度の沈下が継続していた。また、歩道部には土被り厚さ4mに下水道管φ2,000が埋設されている。

取付盛土の高さは約2.5mで、これによって生じる地盤の沈下量は約1mに及ぶと計算された。このため、橋台背面での段差の発生と下水道管の破損が懸念された。さらに、供用開始が近づき工期的制約があったことから、種々の対策工が検討されたが、最終的に盛土荷重による沈下を極力回避する

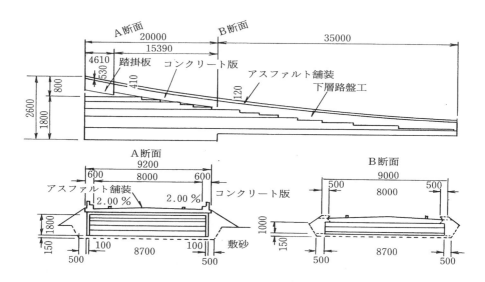

図6.3.4 橋台取付盛土の縦横断図

ことを目的として EDO-EPS 工法が採用された。

　図 6.3.4 は、橋台取付盛土の縦横断図を示している。舗装荷重や交通荷重を含めた盛土荷重のバランスを図るため、深さ約 0.9m までの地盤を掘削している。ここでは、押出発泡法による EDO-EPS ブロック (以下 XPS と略す) が用いられ、その設置高さは 0.3 〜 1.8m で約 480m^3 が施工された。圧縮強度の大きい XPS を用いているので、盛土高さが低い区間では、XPS 上面のコンクリート床版の代わりに全面をアスファルトシートで覆い、保護砂を 5cm 敷設してから路盤工が施工された。なお、橋台背面の 15m 区間では、ガードレールの固定のために XPS 上面にコンクリート床版 (厚さ 33cm) が施工されている。

　なお、本施工例は、日本で最初に本格的に橋台背面に EDO-EPS 工法が適用された事例である。

写真6.3.3　XPSブロックの施工状況

写真6.3.4　橋台取付盛土の施工状況

(3) 橋台取付擁壁変状対策としての施工例 [9]

　本例は、橋台ウィング部と取付擁壁部の境界の伸縮継目部に約 19cm の水平変位が生じたため、背面の土砂を撤去して EDO-EPS 工法を適用した例である。図 6.3.5 は、取付擁壁の平面と断面および変状の状態を示している。

　取付擁壁は杭が施工されているが、山側擁壁の変位量は最大 175mm、谷側で 187mm であり、相対的に下部の方が大きく変位しているが、沈下は見受けられない。一方、橋台は変状していないと判断された。当該地の土質は、基礎地盤面から深さ 9.5m 付近まではＮ値が 0 〜 4 の軟弱な沖積粘性土層で、その一部には腐植土が挟在している。その下位はＮ値が平均 10 前後の砂質土層となっている。このような地盤と擁壁の変状状況から、橋台背面盛土の偏荷重による軟弱層の側方流動が原因と考えられ、擁壁だけが問題ではなく、橋台にも側方流動が作用していると想定された。

　対策工の範囲は、基礎杭の受ける側圧分布を「杭基礎設計便覧：(社) 日本道路協会」を参考に、軟弱層下面からのすべり線を想定し、図 6.3.6 のハッチングで示した範囲で土砂を EDO-EPS ブロックで置換えている。置換え厚さは、発注機関の側方流動に対する判定基準を満足するように決定されている。具体的には、EDO-EPS ブロックの種別は D-20 (単位体積重量 0.2kN/m^3) で、1,280m^3 施工されている。また、施工中は、EDO-EPS 底面および橋台や擁壁の壁面の土圧ならびに層別沈下や地中変位などの観測が実施された。

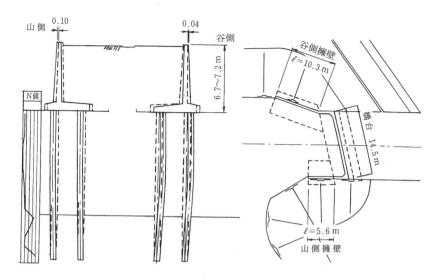

図6.3.5　取付擁壁の断面と変状状況

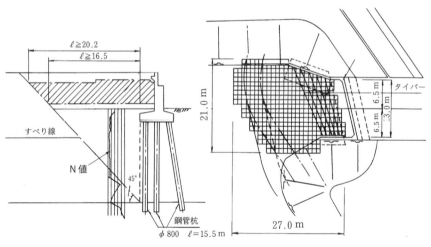

図6.3.6　EDO-EPS盛土の施工範囲

(4) 新設橋台背面盛土の施工例 [10]

本例は、宮崎県内の公園整備事業に関連した新設道路で、総延長160mのうち、水路を挟んだ橋梁 (L=30m、W=16.8m、ポストテンション方式ＰＣ単純Ｔ桁橋) の逆Ｔ式橋台の背面にEDO-EPS工法を施工した例である。土質は、地表面から7～8mが砂質シルト層でN値が1～5程度の軟弱層であり、その下は頁岩の基盤である。盛土高さが最大で12mあるため、地盤改良案も比較検討されたが、最終的には載荷盛土が事前に施工され、橋台背面盛土を土砂とEDO-EPS工法で比較し、荷重増加や土圧低減および経済性を総合的に検討されてEDO-EPS工法が採用された。

図6.3.7は、新設橋台部のEDO-EPS工法側面図を示している。また、写真6.3.5は橋台の完成写真である。

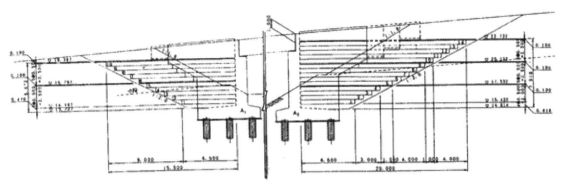

図6.3.7 新設橋台背面盛土の断面図

写真6.3.5 橋台の完成状況

(5) 大規模直立壁の橋台背面盛土の施工例[11]

当該地盤は、旧蛇田鉱山の鉱山ズリ堆積土を含み、軟弱であるうえ強酸性を示す特殊地盤である。基礎の設計に酸性対策を考慮すると杭径や躯体が大きくなるため、橋台背面の土圧を低減させて基礎杭の本数を減らすことで経済性に有利なEDO-EPS工法が採用された。

図6.3.8は箱式橋台背面部の断面図を示している。EDO-EPS盛土高さが15mで直立壁形式としては比較的大きな規模であることから、特に地震に対する十分な配慮が必要と考えられ、二次元FEM解析法(FLUSH)を用いた動的解析が実施された。動的解析では、橋軸方向と橋軸直角方向に対し、地震時応答を考慮した安定性、橋台に作用する地震時作用側圧の検討が行われた。また、底面幅に比べて盛土高が高く、上部に重量が集中した重心の高い構造では、ロッキングモードの発生が懸念されていたが、動的解析の結果、橋軸方向においては、橋台に発生する応力度は許容値以内で、地震時作用側圧は設計値以下であった。橋軸直角方向においては、EDO-EPS盛土天端での応答倍率は2.3倍で、ロッキングモードは生じていない。また、EDO-EPS天端での変位は最大4.4cmと小さく、安定性に影響が無いと判断された。

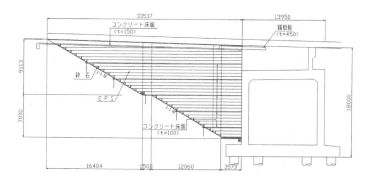
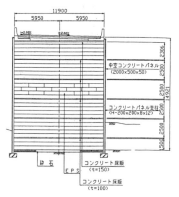

図6.3.8 箱式橋台背面部の断面図

写真6.3.6 箱式橋台背面部の施工状況

6.4 地すべり地の道路盛土

6.4.1 概 説

　斜面に地すべりが発生した場合、その対策として最も確実な工法として排土工が考えられる。しかし、地すべり地内に道路や宅地などすでに何らかの建造物がある場合は、排土工による対策が不可能なことがある。このような場合には、地すべり地内に抑止杭や地下排水を促進する集水井を単独または併用するなどの対策を講じた上で盛土をするのが一般的な方法である。しかし、これらの対策には、多くの時間と費用を要する上に、地すべり面の位置、地すべり面の強度の予測および地すべり現象のメカニズムと安定解析法の仮定条件との相違などから、対策に万全を期しても、なお安定性に問題を残すことも少なくない。

　地すべり地内において、すべり力を増加させることなく、計画どおりの盛土が施工できれば、上記の問題を解消できると考えるのは当然のことであるが、従来の土による盛土ではまず不可能である。しかし、単位体積重量が土の100分の1（$\gamma=0.20$ kN/m^3）であるEDO-EPS工法を盛土に用いることによりこれらの対策が可能になる。例えば、高さ10 mの盛土をEDO-EPSブロックで施工した場合、土に換算して10cmの盛土を行ったに過ぎない。これは、10cmの排土を行った上に10 mのEDO-EPS盛土を行った場合、単純に考えると増加荷重はゼロになることを意味している。

　本項で述べる地すべり地の道路盛土としてEDO-EPS工法を用いた施工事例は、いずれも基本的に

は以上に述べた従来の土による盛土では解消できなかった諸問題をEDO-EPS工法を用いることによって解消することができた例である。

6.4.2 実施例
(1)「千枚田」地区道路改良における事例[1]

地すべり地形の名勝地として知られる能登半島千枚田地区の中央を屈曲して横断する国道249号の道路改良にEDO-EPS工法が用いられた事例で、その工事概要は以下に示すとおりである。
- 工事場所：輪島市白米町千枚田地区
- 延長・幅員：L=453m、W=6.0（11.75）m
- 構造・規格：道路種別3種3級、設計速度50 km/h
- 主要工種：切土 29,200m³、EDO-EPS盛土工 4,740m³
- 排水工 970m、路面工 3,760m²
- 地すべり抑止杭（φ406.4）55本

千枚田地区の地すべりは図6.4.1に示すように、比較的浅い（地すべり層厚約8m）層状のすべり面形態を有した後退性の進行性地すべりである。当時の状況では、小規模な盛土によっても地すべりが開始する可能性が高く、現状の地すべりブロックのすべり安全率F_sを平衡状態の$F_s=1.00$として盛土の設計を行っている。地すべり対策としては、まず地下水位を低下させるため先行して集水井を4基施工した後、次の3案について施工性および経済性などの面から比較検討を行っている。
- 抑止杭単独案
- EDO-EPS工法と抑止杭の併用案
- EDO-EPS工法単独案

図6.4.1 千枚田地区地すべり模式縦断図

検討の流れは、図6.4.2に示すとおりで、この結果、A断面ではEDO-EPS工法＋抑止杭、B断面ではEDO-EPS工法単独が最適と判断されている。

A断面を例としてEDO-EPS工法の施工の手順と要点を述べると以下のとおりである。なお、A断面の施工断面は図6.4.3に示すとおりである。

① EDO-EPS盛土により置き換えられる部分の地盤の掘削を行い、地下水排除のための工法として縦断方向にはEDO-EPS盛土底部山側に透水層を設け、横断方向には10mピッチで地下排水工を設置する。

② 敷砂を施工し、これを施工基盤として人力によりEDO-EPSを設置し、緊結金具により固定しながら所定の高さまで施工を行う。供用後に、ガソリンなどの溶剤の浸透防止対策としてポリエチレンシートでEDO-EPSを覆い、EDO-EPS設置工を完了する。

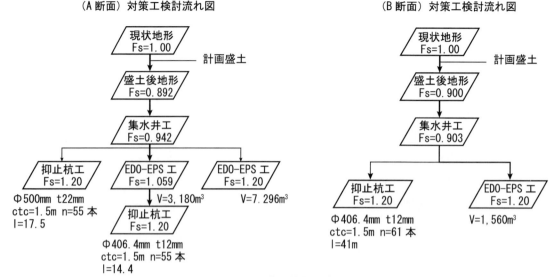

図6.4.2　対策工検討の流れ

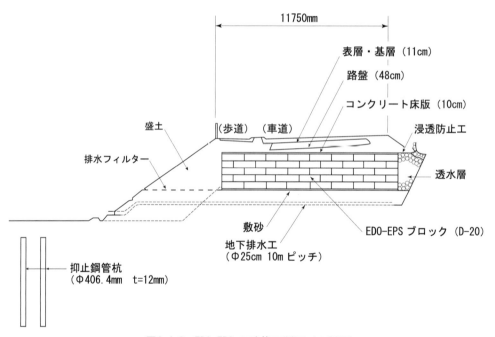

図6.4.3　EDO-EPS工法施工断面（A断面）

③　EDO-EPSブロックの保護も含めた景観上の配慮からのり面に客土を行い、筋芝などで緑化する。

④　活荷重の応力分散、ブロックの一体化、溶剤などからのEDO-EPS保護を目的とし、EDO-EPS最上面に厚さ10cmのコンクリート床版を打設し、床版上に路盤工を施工し、アスファルト舗装を行って工事を完了する。

EDO-EPS工法による盛土が完成した後に、孔内傾斜計、変位杭・沈下板、地表面傾斜計などによる地すべり挙動の動態観測を行ったところ、沈下板による鉛直方向の変位のみが一時的に鉛直上方（隆起）に最大11mm変位している。しかし、この変位もその後、減少するかあるいは、一定のままでそれ以上増加していない。その他の計測データはいずれも大きな変動もなく、施工後のEDO-EPS盛

写真 6.4.1 地すべり地での施工状況

写真 6.4.2 千枚田の完成状況

土およびその基礎地盤となる地すべり地盤は安定していることが確認されている。

当該地点では、1993年2月7日に能登半島沖地震（M 6.6）が発生し、輪島で震度5が計測されている。EDO-EPS盛土の施工位置は、輪島測候所（同測候所で130galの水平最大加速度を観測）よりも震央に近く、地すべり地形であることより、地震動による被害が懸念された。地震被害調査の結果、半島内各地において液状化現象が確認され、周辺地山に斜面崩壊が確認されたにも関わらず、千枚田地区のEDO-EPS盛土には、地震動による被害は確認されていない[2]。

(2) 山形自動車道石倉工事における事例[3]

山形自動車道は、東北自動車道の村田ジャンクションを経由し酒田市に至る延長約160kmの高速道路である。この区間のうち、西川～月山間の水沢・石倉地区は、月山の南山麓を最上川支流の寒河江川に沿って東西に延びる延長約16kmの区間であり、路線選定の段階から多くの地すべり地の存在が確認されている。この石倉地区において、高さ約16mの盛土を施工中に地すべり挙動が生じている。

同地区の斜面勾配は、15度から18度で、所々に8度程度の緩斜面が発達し、この緩斜面には地すべり崩積土・崖すい性堆積物が分布している。過去に大規模な地すべりが発生した水沢地区に隣接しており、周辺地形が乱れ大規模な地すべりを起こした可能性がある微地形を呈している。地質は、新第三紀層泥岩を主体とし凝灰岩および砂岩などが挟在し、上位に崩積土が厚く堆積している。

このような地すべりを抑止および抑制し、かつ急速施工を可能とするため、以下に示すような地すべり対策が施されている。

図6.4.6に示すように地すべり対策工として、深い地すべりについては、地すべり規模が非常に大

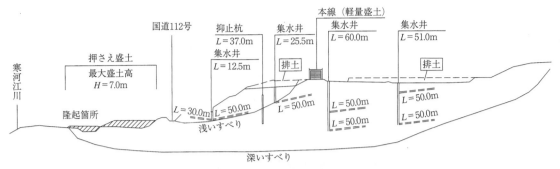

図 6.4.6　地すべり対策工の概要

きく深礎杭などによる抑止工を採用することが困難であったため、深層までの地下水排除工と頭部排土および押さえ盛土を組み合わせた対策工を採用している。地下水排除工は深さが 12.5~60 m の集水井を 4 本施工し、約 9 万 m^3 の排土工および約 6 万 5 千 m^3 の押え盛土工を施工している。

一方、比較的浅い地すべりの範囲は、本線盛土に隣接し盛土工事の影響を大きく受けること、ブロック下端が国道に接していることなどを考慮し、集水井により十分に地下水を低下させた後、鋼管杭による抑止工を施工している。なお、すべり面の位置が地表約 30 m と深いため、これらの抑止工にかかる費用を低減させる目的で、頭部排土を実施し抑止力を軽減している。また、本線盛土が地すべりブロックに隣接しているため、盛土による地すべり滑動力を極力少なくすることと、工期短縮を図る必要があるため、いくつかの軽量盛土工法が比較検討されている。そして、軽量盛土工法のうち、以下の内容により EDO-EPS 工法が採用されている。

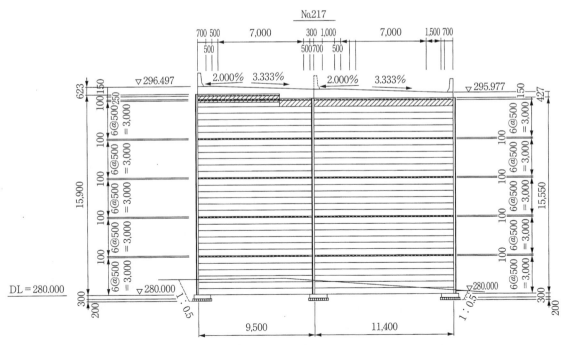

図 6.4.7　両直型 EDO-EPS 盛土の代表断面図

① 供用開始時期が迫っており、短期間で急速に施工する必要があり、EDO-EPS工法は作業性が良く短期間での施工が可能である。
② EDO-EPS工法と他の軽量盛土工法を比較すると、材料の軽量性が起因する必要抑止力の差異が大きく、EDO-EPS工法の方が地すべり滑動を抑制し、より安定性を保つことができる。
③ 盛土は、図6.4.7に示すように高さ16mになることから、他の軽量盛土工法では、構造安定性に問題がある。また、冬期間施工における材料の安定性についても課題が残された。
④ 全体の経済性比較において妥当である。

工事は、片側車線ごとに段階施工が行われ、一期線においては図6.4.8に示す冬期施工のための仮設テントが施工され、その下でブロックの設置作業が行われている。当該地では、盛土開始後に地すべり兆候が現われたことから、非常に多岐に亘る調査と検討が短期間に集中して行われている。地すべり動態観測が長期に継続されているが、各種観測データは供用を開始してからも安定した推移を示している。

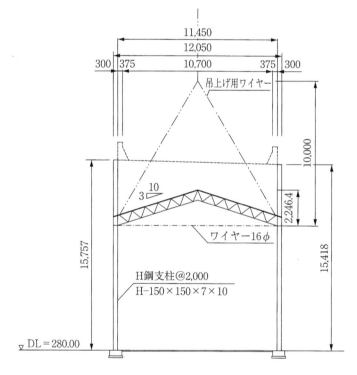

図6.4.8　仮設テント上屋設置断面図

6.5　仮設道路

6.5.1.　概説

EDO-EPS工法を仮設道路として適用する場合、次のような用い方が行われている。
・既設構造物上を一時的に横断する場合
　既設構造物に設計条件以上の応力や変状を及ぼさないための荷重軽減工法としての適用。
・迂回道路あるいは作業ヤードの確保
　道路改良に伴う迂回路の確保、軟弱地盤や傾斜地での作業敷地の確保など施工性を活用した適用。

・災害時などの応急復旧

EDO-EPS 工法の軽量性、施工性を利用し、被災箇所や遮断箇所の復旧あるいは緊急車輛の通行確保としての適用。

EDO-EPS 工法は、その軽量性とブロック体のため人力での取り扱いが容易で施工速度が早いため仮設工事に適している。また、撤去に際しても同様にその施工性がすぐれ、大型建設機械を必要としないことから、騒音や振動などの工事公害がなく、市街地などでの仮設構造物としても適している。さらに、ブロック体は原形を保ったまま撤去、回収も可能であり、反復利用、再利用することも可能である。

6.5.2　実　施　例

ここでは、軟弱地盤上に仮設道路として適用した実施例について示している。

(1) 軟弱地盤上の資材搬入路としての適用

高速道路の施工にあたって、建設機械や資材の搬入および搬出に使用するための仮設工事用道路が計画されている。当該地盤は、軟弱な粘土混じり砂礫が数mの厚さで堆積し、その下に砂岩泥岩が互層となっている。計画地は、地権者より土地を借り工事用道路を作り、工事完了後は返却する条件での施工であったため、地盤改良などの基礎地盤の改変ができないことから、地盤への影響の少ない EDO-EPS 工法が採用されている。

図 6.5.1. は、仮設道路の平面図を示している。図 6.5.2. および図 6.5.3 は、EDO-EPS 工法の縦断面図を示しており、図 6.5.4 は横断面図を示している。なお、EDO-EPS 盛土による工事用道路は幅員 4m、延長は 110 m である。

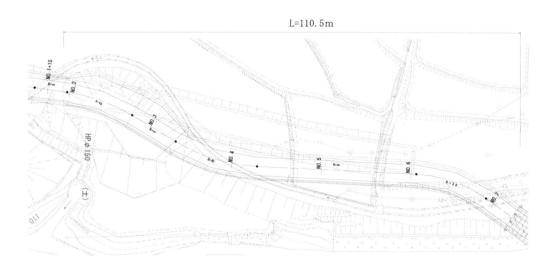

図 6.5.1　仮設道路の計画平面図

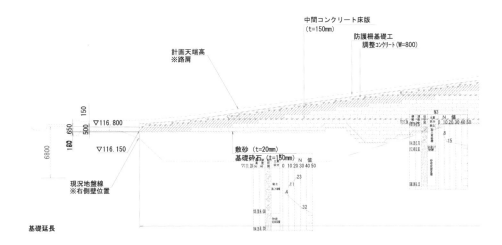

図 6.5.2　EDO-EPS 工法の縦断面図 (1)

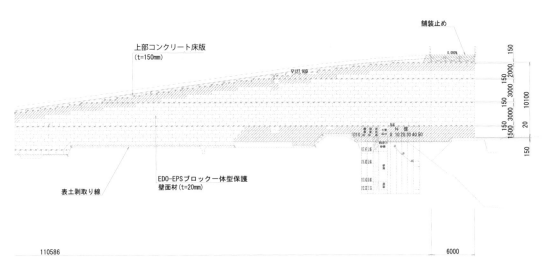

図 6.5.3　EDO-EPS 工法の縦断面図 (2)

　EDO-EPS 工法の施工は表土剥ぎ取り、砕石基礎 (t=15cm) の施工、敷砂 (t=2cm) 施工、EDO-EPS ブロック設置、コンクリート床板 (t=15cm) 施工、地覆工 (コンクリート二次製品、調整コンクリート) 施工、路盤工 (t=70cm) の施工、アスファルト舗装 (5cm) の手順で行っている。
　下記に、高強度の EDO-EPS ブロックを盛土上部と下部に採用した理由を述べる。
　① 盛土上部は、死荷重を極力小さくする目的で舗装厚を薄くすることから、輪荷重の影響を受けるため採用。
　② 盛土下部は、風荷重による躯体の偏心を受けるため採用。

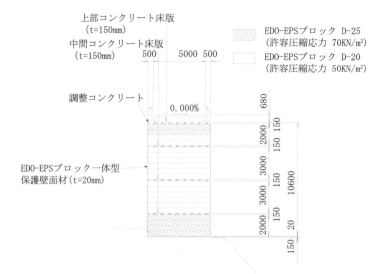

図 6.5.4　EDO-EPS 盛土の横断面図

写真 6.5.1　EDO-EPS 工法の施工状況

写真 6.5.2　側面から見た完成後の工事用道路

写真 6.5.3　進入方向から見た完成後の工事用道路

6.6 鉄道盛土

6.6.1 概　要

　鉄道分野における EDO-EPS 工法を用いた事例は、軽量性や自立性を活用した施工の容易さや、施工速度が速くできるなどの特長を利用して、終電から始発までの間のプラットホームの拡幅や、嵩上げ施工に活用されている。また、鉄道盛土への適用を想定した EDO-EPS ブロックの室内材料試験や実際の軟弱地盤上での動態観測や起振実験などの試験盛土が行われており、列車の繰返し荷重に対する材料特性や列車走行を想定した盛土体の振動特性が研究されている。これらの研究では、軟弱な地盤でも圧密させることなく施工でき、急速に盛土構築ができる工法と認識されている反面、軟弱な地盤での動変位が大きく、荷重を十分に分散させるなどの構造的な工夫が必要であるとも述べられている。

　これらの研究を背景に、これまでの施工例として EDO-EPS ブロックに一定の間隔で円筒孔をあけ、そこにコンクリートを充填させた軽量複合体による鉄道盛土が施工されている。

　近年、高強度のポリスチレン発泡樹脂の開発が進み、この部材を鉄道路盤の凍上対策の断熱材として適用することについて、東北新幹線の 10 年分相当となる 700 万回の列車荷重での繰り返し動的載荷試験が行われ、鉄道路盤における断熱材として高強度のポリスチレンボードは適応可能とされている。この高強度断熱材を EDO-EPS ブロックとしたものが種別 DX-35 および DX-45 である。これらの種別を活用した EDO-EPS 盛土は、鉄道で要求される軌道面の許容変位量に収めることができ、鉄道における軽量盛土施工が可能となる。

　表 6.6.1 は、EDO-EPS ブロックの高強度種別の特性を示している。

表 6.6.1　EDO-EPS ブロックの高強度種別の特性

製　造　法	押出発泡法（XPS）	
種　　別	DX-35	DX-45
設計単位体積重量（kN/m³）	0.35	0.45
許容圧縮応力度（kN/m²）	200	350

6.6.2 実　施　例

　新幹線盛土斜面上に保守車両基地の盛土を行い、保守車両用軌道と一般道からの資材搬入用の道路斜路を設置した事例である。設計、施工概要は以下に示すとおりである。

(1) 設計条件および設計震度、設計荷重

・新幹線（保守基地線）

・バラスト軌道（単線）

・保守用車実荷重（30km/h）

・最小曲線半径 160m、 最小縦断曲線半径 2000m、線路勾配　3‰

・Ⅲ種地盤（G 4 地盤）

　写真 6.6.1 は、当該地の施工前の状況写真である。

　図 6.6.1 は、当該地の土層構成と EDO-EPS 盛土の設計断面を示している。

180　第6章　施工事例

写真 6.6.1　施工前斜面の状況

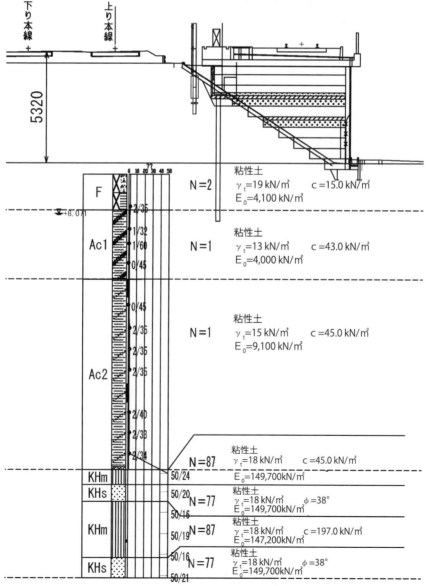

図 6.6.1　土層構成と設計断面

設計震度は、以下のとおりである。
- 設計水平震度　kh=0.20
- 修正設計震度　kH=0.26

当該地のEDO-EPS拡幅盛土の耐震設計は、EDO-EPS工法設計・施工基準書（案）にしたがって行っており、大規模地震動対応の設計としている。

設計荷重は、以下のとおりである。
- 上載荷重
    列車荷重　　32.0kN/m　鉄道構造物など設計標準（耐震設計）
    軌きょう荷重　7.5kN/m　鉄道構造物など設計標準（コンクリート構造物）
    列車軸重　　160.0kN　鉄道構造物など設計標準（鋼・合成構造物）

遠心荷重は列車荷重、車輪横圧荷重も、列車速度が低速であるため考慮しない。

(2) EDO-EPS拡幅盛土の構造と施工状況

EDO-EPS拡幅盛土の背面は、1:1.5の既設盛土斜面であるため、背面からの土圧は作用せず安定した構造である。しかし、鉄道の設計基準では地震時慣性力は列車荷重も考慮することが必要であり、EDO-EPS拡幅盛土の安定性を確保するために水平力抑止工が必要となる。グランドアンカーなどの水平力抑止工では既設軌道面への影響も想定されるため、抑止工は中間床版と一体化した控杭を拡幅盛土内に設置する構造形式としている。図6.6.2は、控杭の計算モデルを示している。

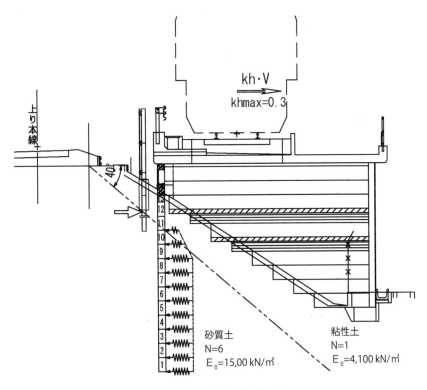

図6.6.2　控杭の計算モデル

控杭の施工機械は、き電線の影響や斜面上の設置場所を考慮すると大型施工機械の搬入が困難なため小型杭打ち機で行っている。また、控杭の全体剛性を高めるため打設間隔を 1.25 m とし、それぞれの控え杭を腹起材で横連結し、さらに控杭は前面保護壁の支柱であるH鋼とスライド式タイロッドで連結している。小型杭打ち機の施工時足場は、中間コンクリート床版上に覆工板を敷き、さらに緩衝用 EPS を敷設して施工を行っている。図 6.6.3 は、控杭と腹起材とスライド式タイロッドの状況を

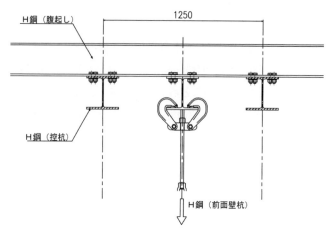

図 6.6.3　控杭と腹起材とスライド式タイロッドの状況

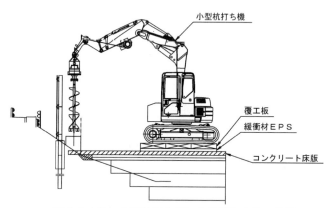

図 6.6.4 は、小型杭打ち機による控杭の施工状況

示し、図 6.6.4 は、小型杭打ち機による控杭の施工状況を示している。

列車が EDO-EPS 拡幅盛土部へ進入するときの荷重は、保護壁面側に分散することなく EDO-EPS ブロックに作用するため、軌道の変位量は端部に中央部と異なる弾性変位が発生することとなる。このような段差を生じるような弾性変位は、高強度の EDO-EPS ブロックを使用することにより許容値以内となっている。

写真 6.6.2 から写真 6.6.7 に施工状況の写真を示している。

写真 6.6.2 は、車両からのオイルなどの浸透から EDO-EPS ブロックを保護するためにポリエチレンフィルムを施工している状況を示している。

6.6 鉄道盛土

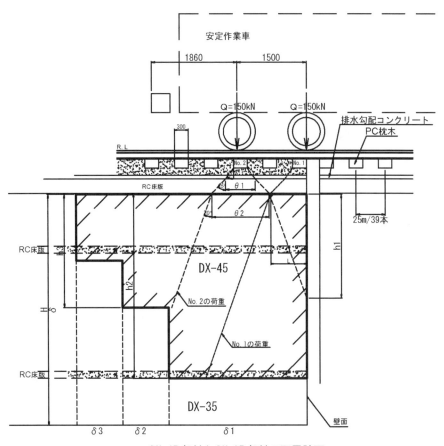

DX-45部材とDX-35部材の配置計画

図 6.6.5　列車荷重による弾性変位計算モデル

写真 6.6.2　EDO-EPS ブロックの保護ポリエチレンフィルム施工状況

写真 6.6.3　施工前の既設斜面の養生

写真 6.6.4　高強度ブロックの敷設状況

写真 6.6.5　盛土の右側は道路のコンクリート床版施工中

写真 6.6.6　左側の軌道施工中

写真 6.6.7(a)　施工前の斜面部

写真 6.6.7(b)　資材搬入斜路部の完成状況

6.7　空港誘導路

軟弱地盤地帯に位置する空港の誘導路を EDO-EPS 工法で施工した事例である。

具体的には、誘導路の施工において現況地盤に対して約 5m の盛土が必要になったが、誘導路下部にはシールドトンネルが位置しており、地盤の沈下とともにトンネル部分の沈下や変形が予想された。そのため、地下水位以下においては SGM 工法（スーパージオマテリアル／発泡ビーズと固化材の混合盛土）で施工し、地下水位より上部については EDO-EPS 工法が採用された。

誘導路盛土の置換層厚は、盛土完成時にシールドトンネルに作用する荷重が、現況土被り圧の±5% 以内となるように設定されている。また、EDO-EPS 工法の施工範囲は、誘導路盛土および他の造成盛土がアクセス道路のU型擁壁に対して影響を与える範囲で決定している。ただし、シールドトンネルの変位は鉛直および水平変位とも± 20mm 以内となることが必須条件である。

また、設計に際しては、航空機荷重による EDO-EPS ブロックの長期的な静的荷重に対する変形性、また、動的な繰返し応力を受ける状態下での応力～ひずみ関係について明らかにする必要がある。そのため、EDO では財団法人　建材試験センター中央試験所において、動的繰返し載荷試験を行なっている。

航空機荷重と舗装構成による載荷重より最大応力（静的荷重＋動的荷重）を 119.8 kN/m² とし、載荷周波数は、既往の試験結果において周波数依存性がないという結論を考慮して 10Hz を採用している。なお、繰返し載荷回数は 200 万回としている。

その結果、繰返し載荷試験結果と同じ載荷時間におけるクリープ試験結果を比較すると、繰返し

載荷回数10万回までは同じ挙動であるが、10万回を超えると繰返し載荷試験結果の方が徐々に圧縮ひずみが増加しているのが確認されている。しかし、200万回経過後の圧縮ひずみを比較すると、その差は0.13％程度であり、動的繰返しによる影響は、非常に小さいことが確認されている。したがって、航空機荷重の載荷に伴う200万回の動的繰返しの影響は、ほとんどないことが確認されている。

EDO-EPSブロックの敷設状況を写真6.7.1に示す。

EDO-EPSブロックは非常に軽量であるため、地下水や雨水などの影響に対して 施工期間中における浮き上がり防止の安定対策が必要である。最大降雨強度30mm/hrに対する地表面水の流入対策として、図6.7.1に示すように素掘り溝と釜場の設置を行ない、地下水の流入などによる基盤面の排水は、図6.7.2に示すようにレベリング層50mmの中に帯状排水材を設置して対策を行っている。

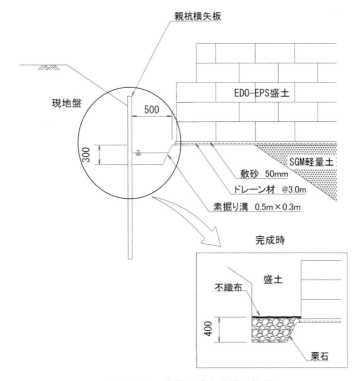

図6.7.1 素掘り溝と釜場の設置

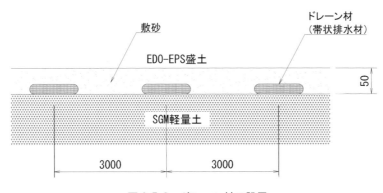

図6.7.2 ドレーン材の設置

写真 6.7.1　空港誘導路の EDO-EPS 敷設状況

6.8　港湾構造物への適用事例

6.8.1　概　要

港湾構造物に対する EDO-EPS 工法の適用例としては、既設岸壁に対するものが多く、既設護岸の補強や上載荷重の増加に伴う沈下抑制などを目的としている。

EDO-EPS ブロックの軽量性を利用し、既設護岸の背後を置き換えることにより、軽微な護岸構造の変更により既設護岸の補強を行うことができる。また、人力での施工が可能であること、ブロックは工場製品であるため、設置後直ちに性能を発揮することができるなど、他の軽量盛土工法にはない特長を利用し、緊急性を要する護岸の補強に適用可能である。

一方、新設の岸壁および護岸に対しても裏込め部に EDO-EPS 工法を適用することにより、護岸構造のスリム化ならびに耐震補強などの用途に利用されている。

港湾構造物に EDO-EPS 工法を適用する際の注意点としては、他の構造物に比べて潮汐など地下水位の変動の影響を受けやすいため、設計時のみならず施工時における浮き上がりに対する検討を慎重に行う必要がある。

6.8.2　実施例

(1) 既設護岸の土圧低減　実施例 1

老朽化した既設護岸の土圧を低減し、既設構造物を保護する目的で EDO-EPS 工法が採用されている。ここでは EDO-EPS ブロックの上部には 10cm のコンクリート床版のみの構造であるため EDO-EPS ブロックに大きな荷重が作用することから、高強度の押出発泡法による EDO-EPS ブロック（種別 DX-29）を使用している。

6.8 港湾構造物への適用事例

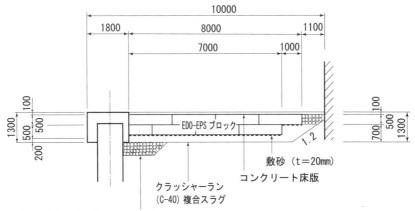

図 6.8.1　既設護岸の土圧低減工法　施工断面図

写真 6.8.1　既設護岸の土圧低減　施工状況

(2)　既設護岸の変形対策　実施例2

既設護岸が背面盛土の沈下により海側へ傾斜したため、傾斜および沈下の防止を目的としてEDO-EPS工法が採用されている。

護岸背後の裏込め土砂を掘削した後、海水面より下部は海水より多少比重が重い水砕スラグを投入し、それより上部はEDO-EPS工法を用いて置き換えることにより、既設護岸へ作用する荷重を低減している。あわせて傾斜した護岸をタイロッドにて補強を行っている。

写真 6.8.2　EDO-EPSブロックとタイロッドの施工状況

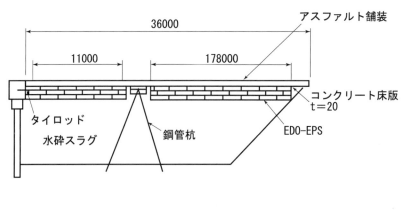

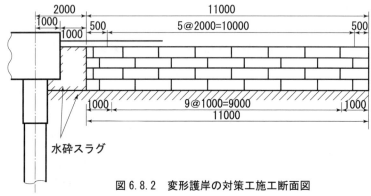

図6.8.2 変形護岸の対策工施工断面図

(3) 荷重軽減工法　実施例3

海底トンネルの建設に際し、沈埋函に作用する上載荷重の軽減を目的としてEDO-EPS工法が採用されている。

沈埋函上をまたぐ区間の護岸において、護岸構造を近接部分の護岸と変えることなく、ケーソンの中詰めおよび裏込め土の一部をEDO-EPS工法に変更することにより上載荷重の軽減を図っている。

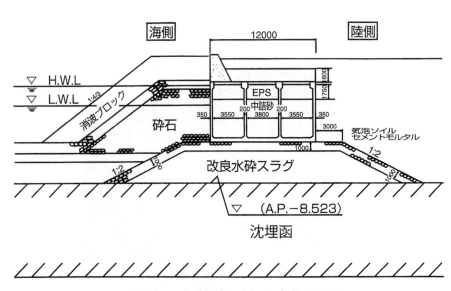

図6.8.3 荷重軽減工法としての施工断面図

6.9 公園盛土

6.9.1 概説

近年、都市の再開発などに合わせて、市街化区域内に公園を新設したり、景観を重視して軟弱地盤上でもあえて築山を設ける公園の造成が行われるようになっている。また、温室効果ガスの吸収、ヒートアイランド現象の解消などの目的で建物の屋上をかさ上げして緑化を行うケースも増加している。

その場合、盛土荷重による周辺への影響を極力緩和する工法として、盛土材料として軽量なEDO-EPSブロックが採用されるようになっている。本節ではそのような事例を2例紹介する。なお、公園盛土では、道路盛土のように交通荷重が作用することは少ないため、EDO-EPSブロックの種別はD-16（単位体積重量 0.16 kN/m^3）以下のものが使用されることが多い。

6.9.2 実施例

(1) 築山緑地帯

都市部において、公園機能の充実、防災機能の向上と災害時の避難地としての整備を図るため、市街地中心部にあった旧野球場のスタンド部分を解体し、新たに盛土（築山）を行って緑地帯として整備した事例である。

当初は、経済的な利点から客土による盛土として計画されていたが、その後の詳細な地質調査で軟弱地盤が分布することが判明したこと、さらに都市部の施工計画を詳細に検討した結果、軽量なEDO-EPSブロックが採用されている。

採用にあたっては、下記の項目が重点的に検討されている。

① 施工箇所付近は慢性的に渋滞しているため、工事用車両の通行量を極力抑制できること。
② 周辺の住宅、学校、図書館、商業施設などへの影響（騒音・振動）を極力抑制できること。
③ 旧野球場の照明塔を引き続き使用するため、盛土荷重による引込み沈下を極力抑制できること。

通常、EDO-EPSブロックはトラック1台で40m^{3}ほど運搬できるが、同体積の客土を運搬するためには約12台のトラックが必要となる。そのため、EDO-EPSブロックを盛土材料とすることで運搬車両の走行による渋滞、騒音、振動などを極力抑制することが可能となっている。

また、EDO-EPSブロックの設置は人力で短時間に行えることから、重機の稼働に伴う騒音・振動を極力抑制することが可能となった。さらに、種別D-12（単位体積重量 0.12kN/m^3）の軽量なEDO-EPSブロックを用いることで、既設照明塔への影響も軽減することが可能となっている。標準断面図を図6.9.1に示している。

EDO-EPSブロックは築山緑地帯の盛土に使用されるため、被覆土などによる死荷重の他に群衆荷重が作用するものとしている。使用量は約2,000m^{3}である。なお、緑地に使用される芝生の根腐れが懸念されたため、ブロック表面に溝を設けて排水機能を持たせている。溝の規模は幅40mm、深さ10mmである。

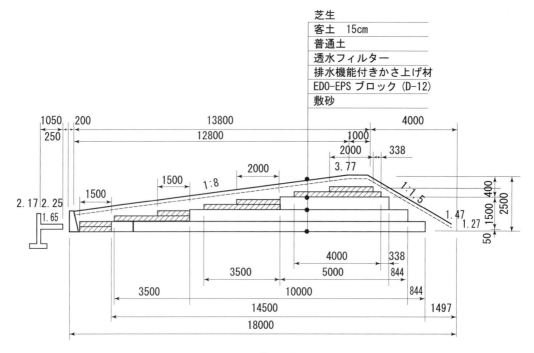

図 6.9.1　築山の標準断面図

また、EDO-EPS ブロックは階段状に設置されるが、その段差を緩和し、客土の使用量を極力低減するため、EDO-EPS ブロックの回収品を粉砕したものを不織布の袋に詰めて枕状にした排水機能付きかさ上げ材を設置している（図 6.9.1 の斜線部分）。

施工状況を写真 6.9.1 および 6.9.2 に、完成から 2 年後の植生の状況を写真 6.9.3 にそれぞれ示し

写真 6.9.1　施工状況①（設置基盤面の整備）

写真 6.9.2　施工状況②（EDO-EPS ブロックの設置）

ている。

(2) 屋上公園の整備

都市内高速道路のループ状ジャンクション(JCT)の屋上を緑化し、公園として整備した事例である。この JCT は、自動車の排気ガスや騒音を低減するために 120,000 m³ を越えるコンクリートで壁と屋根を覆う「覆蓋構造」を採用しており、屋上公園はこの屋根の上を活用するものである。

写真 6.9.3　完成から 2 年後の植生の状況

公園の整備にあたっては、覆土の使用量を最低限に抑えることで JCT 躯体への作用荷重を軽減すること、その軽量性により耐震性を向上させること、限られた工期内に完成を目指すことという条件があった。そのため、軽量で急速施工が可能な EDO-EPS ブロックが採用されている。

標準横断図を図 6.9.2 に示している。施工手順は以下の通りである。

・屋上を防水層で保護し、植物の根が躯体を痛めないように、防根シートと厚さ 8cm の保護コンクリートを設ける。

・L 字形擁壁を JCT のパラペットから 1m 内側に設置し、その内側を公園として構造物や設備を施工しながら EDO-EPS ブロックや覆土（黒土）を設置する。EDO-EPS ブロックと覆土の使用量はそれぞれ約 1,500m^3、約 5,000m^3 であり、両者を合わせて最大 2m ほどの高さの盛土を行っている。

なお、屋上では配管などを痛めないように小型の施工機械しか使えないという制約があり、軽量で人力による設置が可能な EDO-EPS ブロックのメリットが発揮されることとなった。

EDO-EPS ブロックの設置状況を写真 6.9.4 に、完成後の上空写真を写真 6.9.5 にそれぞれ示している。

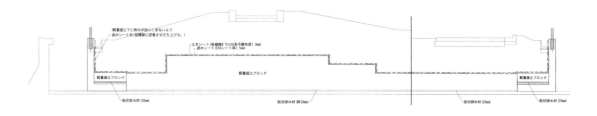

図 6.9.2　標準横断図

写真 6.9.4　EDO-EPS ブロックの設置状況

写真 6.9.5　完成後の上空写真（出典：目黒区ホームページ）

6.10 緑化盛土

6.10.1 概　説

EDO-EPS 工法を斜面上の拡幅盛土に適用する場合などの壁面は、H 鋼とコンクリートパネルを組み合わせた保護壁や EDO-EPS ブロックの直立面に壁面材を直接設置する方法が用いられる。盛土形状で土砂によるのり面を形成する際には、種子の吹き付けなどにより緑化することが可能であるが、急傾斜地や用地制約がある場合などは直立壁が用いられ、緑化することが困難な場合がある。

これらの解決策として、EDO-EPS 盛土の直立面に若干の勾配を設け、表面に土砂を包み込んだ鋼製の枠材などを設置し、種子を吹き付けて緑化する方法がある。それによって周辺自然環境との調和を図った盛土構造とすることが可能となる。

6.10.2 実施例

新潟県の佐渡で施工された道路拡幅盛土の壁面緑化の事例である。これは、施工箇所が観光地であることと、海岸沿いであり観光船からよく見える場所であることから、EDO-EPS 工法による拡幅盛土の壁面緑化を行なったものである。図 6.10.1 に標準断面図を示し、写真 6.10.1 に施工状況を示している。

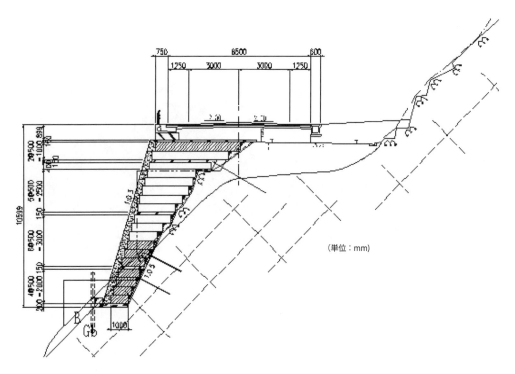

図 6.10.1　　緑化盛土完成断面図

写真 6.10.1　緑化盛土施工状況

6.11　内型枠・橋梁埋め込み型枠

6.11.1　概　説

EDO-EPS 工法は、軽量性と耐圧縮性および自立性などの特長から土構造物の荷重軽減対策や土圧低減対策に用いられてきた。一方、EDO-EPS ブロックの軽量性という特性を積極的に利用し、施工の迅速化や効率化を図ることも重要な用途のひとつである。これまでに EDO-EPS 工法を用いて施工の急速化を行った事例としては、鉄道のホーム拡幅などがあげられるが、ここでは橋脚施工への適用について紹介する。

(1)　橋脚内型枠

橋脚の構造形式として、橋脚の中間部を中空にすることにより、地震時慣性力を小さくし、コンクリート量も減少することから経済的な RC 中空柱式橋脚が多く採用されている。また、この形式はマスコンクリートの問題を回避できるので、ひび割れの発生を抑制できることも利点である。

この場合、まず中空内部に足場を施工し、内型枠を組立、橋脚コンクリート打設して養生の後、内型枠を解体し、橋脚の躯体完成後に内部足場を解体撤去する方法が一般的である。
このような従来の方法に対し、EDO-EPS ブロック構築体の橋脚内型枠への適用は以下のような利点がある。

・中空部分にブロック体を敷き詰めるため、足場としての安定性があり作業効率が向上する。
・EDO-EPS 内型枠は、コンクリート打設後は内部に残置したままのため、型枠および足場解体作業がなくなり施工の省力化につながる。
・上記一連の作業により、全体工期の大幅な短縮が可能となる。
　なお、EDO-EPS ブロックによる内型枠施工時の留意点は以下の通りである。
・EDO-EPS 内型枠は、あらかじめ仮置場で組立て、クレーンにて内部へ吊り込む。
・コンクリート打設時は、内型枠を偏芯させないようコンクリート打設高さ、打設順序に注意する。
・固定用アンカー（ねじふし鉄筋など）をコンクリートに固定して、コンクリート打設時および打設直後の内型枠の浮き上がり防止策とする。
・EDO-EPS ブロックの種別は、コンクリート打設時の側圧や上部コンクリートの荷重などを考慮

して選定する。
・コンクリート打設後の温度応力に対する養生に注意する。

(2) 床版橋埋込み型枠

都市部における橋梁の施工は、桁高の制限や工期短縮、施工ヤードに余裕がない場合などが多く、安全性が高く作業性の良い合成床版橋が活用されている。

合成床版橋の床版は、全断面にわたりコンクリートで充填される充実タイプ、引張側を中空とする中空タイプがあり、この中空部型枠と床版コンクリートの下面型枠を兼ねる埋込み型枠としてEDO-EPSブロックが用いられている。

EDO-EPSブロックによる埋込み型枠は、架設時にその機能を有効に発揮し、完成後においても鋼桁やコンクリート床版に悪影響を及ぼさないものである。

「合成床版橋 設計・施工指針（案）」（合成床版橋研究会）では、EDO-EPSブロックを埋込み型枠に用いる場合には種別D-12（許容圧縮強度 $\sigma_a = 0.12 \text{kN/m}^3$）を標準としている。

6.11.2 実施例

岩手県において高さ32 mのRC中空柱式橋脚の内型枠にEDO-EPSブロックを用いた事例である。図6.11.1は、RC中空柱式橋脚におけるEDO-EPSブロックの内型枠の配置を示したものである。また、

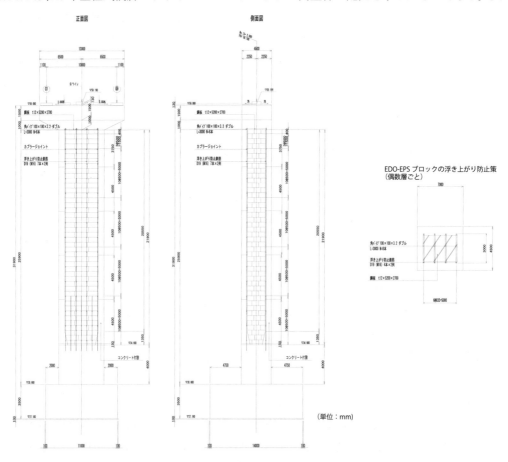

図6.11.1　RC中空柱式橋脚の内型枠配置図、橋脚断面図

橋脚の内型枠内面には浮き上がり防止鉄筋の固定箇所、図6.11.1の右側には鋼板を角パイプで固定している様子が表現されている。

写真6.11.1は、内型枠を仮置場で組立て、橋脚中空部へ吊り込もうとしている状況である。また、写真6.11.2は、内型枠を上部から覗き込んだ状況で、浮き上がり防止鉄筋が見えている。

写真6.11.1　内型枠の吊りこみ状況

写真6.11.2　内型枠の上面の様子

写真6.11.3は、北海道札幌市内の橋梁架替工事においてEDO-EPSブロックを用いた合成床版橋埋込み型枠の事例である。図6.11.2は埋め込み型枠の配置を示している。

写真6.11.3　埋込み型枠施工状況

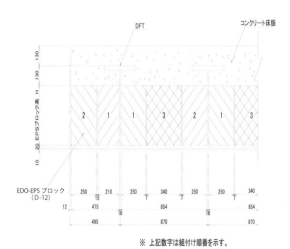

※　上記数字は組付け順番を示す。

図6.11.2　埋込み型枠断面図

6.12 嵩上げ盛土

6.12.1 概　説

近年の建築分野において、公園などの嵩上げ盛土に EDO-EPS ブロックが使用されている。ここでは、使用部位と部材選定に着目した嵩上げ用盛土として、EDO-EPS 工法が採用になった事例を紹介する。

6.12.2 用途と種別選定

(1) 用　途

建築分野の外構工事では景観を重視し人工地盤上や構造スラブ上、および軟弱地盤上に築山を併用した公園盛土が多く計画されている。特に首都圏の建築現場においては、構造物に対する鉛直荷重軽減や工期短期を目的とした嵩上げ用の盛土工法として、EDO-EPS ブロックが数多く採用されている。

(2) 種別選定

嵩上げ用盛土工法として EDO-EPS ブロックを適用する場合、荷重条件によってその種別を選定する。荷重条件は主に 2 ケースに分けられ、一つは道路として使用される場合、もう一つは公園などで歩行者のみが通行する場合である。

道路として使用される場合は、通行する車両の最大荷重（T-25 〜 T-3）の確認や舗装構成を確認した上で、舗装の直下に設置される EDO-EPS ブロックに作用する部材の応力度照査を行うことになる。

歩行者用の通路でも、火災や地震などの災害時に消防車や救急車などの緊急車両の乗り入れが想定される箇所がある。そのような箇所は、什上げ材がインターロッキング舗装とコンクリート床版の組み合わせで舗装厚が通常のアスファルト舗装よりも薄層な構成で設計されることが多い。緊急車両の中には、はしご車のように車両重量が T-25 相当の大型車両があるため、EDO-EPS ブロックの種別選定は慎重に行う必要がある。インターロッキング舗装直下に EDO-EPS ブロックを用いる場合は、載荷重に対して応力分散が小さいため高強度の EDO-EPS ブロック、例えば種別 DX-45（許容圧縮応力 350kN/m^2）や DX-35（許容圧縮応力 200kN/m^2）が用いられている。通常のアスファルト舗装でも舗装厚が薄いと種別 DX-29（許容圧縮応力 290kN/m^2）や種別 DX-24H（許容圧縮応力 100kN/m^2）が用いられることになる。

植栽の覆土で被われる箇所や歩行者のみが通行する箇所においては、一般の道路に用いられる種別よりも下位の種別 D-16（許容圧縮応力 35kN/m^2）や種別 D-12（許容圧縮応力 20kN/m^2）が主に用いられている。いずれの箇所においても自己消火性の機能を備えた難燃性の EDO-EPS ブロックで構築されている。

6.12.3 実施例

(1) 外構盛土

建築工事のエントランス部周辺の外構工事に用いられた EDO-EPS 工法による嵩上げ盛土を紹介する。地下駐車場を伴う人工地盤上に、荷重軽減を目的として EDO-EPS ブロックが採用されている。建物のエントランス道路として使用される箇所に用いられる EDO-EPS ブロックは、舗装構成が薄いことと観光バスや消防車両などの大型車両を想定した車両重量に耐える種別として DX-29（許容圧

縮応力 140kN/m²）が採用されている。

　道路以外の植生部および歩行者通路として使用される箇所に用いられる EDO-EPS ブロックは、植生部の覆土の重量に耐える種別として D-12（許容圧縮応力 20kN/m²）が採用されている。植生の根が EDO-EPS ブロックの盛土内に侵入しないように、EDO-EPS ブロックの上面には耐根シートが敷設されている。

　施工状況を写真 6.12.1 から写真 6.12.4 に示し、完成後の状況を写真 6.12.5 に示している。

写真 6.12.1　エントランス部の施工状況

写真 6.12.2　植生部の EDO-EPS ブロック（D-12）

写真 6.12.3　車道部の EDO-EPS ブロック
（DX-29）とコンクリート床版の型枠施工

写真 6.12.4　車道部のコンクリート床版施工

写真 6.12.5　完成後の状況（車道部と植生部）

(2)　公園盛土

　建築工事に付随する公園盛土に用いられた EDO-EPS 工法である。構造スラブ上の嵩上げ部分に鉛直荷重軽減を目的として EDO-EPS ブロックが採用されている。

　建物玄関のエントランス舗装部や建物周辺のインターロッキング舗装部には、舗装構成が薄いため種別 DX-45（許容圧縮応力 350kN/m²）が採用されている。火災や地震時における消防車両の乗り

入れを考慮した応力度照査の設計が行われ、高強度の EDO-EPS ブロックが多く採用されている。

植栽部の管理用通路部においては中型車両（T-14）の乗り入れを考慮し、種別 DX-29（許容圧縮応力 290kN/m²）や種別 DX-24H（許容圧縮応力 100kN/m²）が採用されている。図 6.12.1 に施工箇所の断面図を示している。

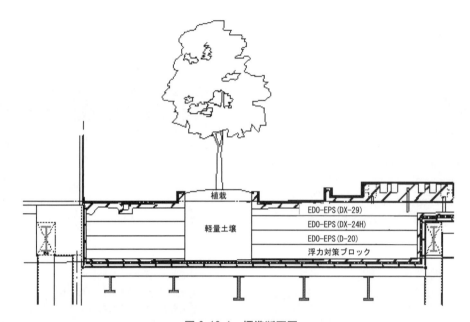

図 6.12.1　標準断面図

写真6.12.6　浮力対策ブロックの施工状況（スリット部が分割されている）

写真6.12.7　浮力対策ブロックの施工状況

　人工地盤上の植栽部は、雨水や潅水処理で生じた余剰水が一時的に滞留した際、EDO-EPS ブロックに浮力が生じる恐れがある。余剰水により一時的に水位が上昇しても EDO-EPS ブロックが浮き上がらないように、最下段にはブロック内部に空隙を設けた浮力対策ブロックが採用されている。この浮力対策ブロックは、空隙率が 60% であり、水位が上昇してもブロック側面の溝から内部の空隙に余剰水が出入りする構造となるため、浮力を抑えることができる。写真 6.12.6、6.12.7 は施工状況を示している。

植栽部で浮力が生じない箇所においては、種別 D-20（許容圧縮応力 50kN/m^2）や D-12（許容圧縮応力 20kN/m^2）が採用されている。建築外構工事では、電線や給排水などの配管が EDO-EPS ブロック内部を貫通する設計になっていることが多い。そのような箇所は配管工と調整の上、EDO-EPS ブロックを配管などと干渉する箇所に合わせて現地にて切断加工しながら、設置している。写真 6.12.8 は施工状況を示している。

写真 6.12.8　配管工廻りの施工状況

曲線の仕上り箇所については、コンクリート床版の型枠を薄ベニア材を用いて加工し、コンクリート打設後に型枠を脱型した後、現地の計画に合わせて EDO-EPS ブロックをチェンソーやノコギリを使用して削りながら曲面仕上げを行っている。写真 6.12.9、6.12.10 は施工状況を示している。写真 6.12.11、6.12.12 は、完成後の植生の状況を示している。

写真 6.12.9　コンクリート床版の型枠設置状況　　写真 6.12.10　曲面仕上げの施工状況

写真 6.12.11　完成後の植生状況　　写真 6.12.12　完成後の植生状況

6.13 埋設管

6.13.1 概　説

上・下水道および各種のケーブルを地下に設置する埋設管の敷設にあたっては、現地盤が良好な場合には、砕石クラッシャーランや砂基礎などの上に管を設置することとなる。しかしながら、軟弱地盤地帯では、基礎が不十分な場合には施工完了後の管路の不同沈下の為、管のひび割れによる漏水や管内への地下水侵入または管路勾配の変化による下水の滞留や悪臭の発生などの問題が生じてくる。したがって、不同沈下を防止するための埋設管基礎工として、まくら基礎、コンクリート基礎などが用いられているが、EDO-EPSを用いることも行われている。

EDO-EPS工法を用いる場合、その設置位置は、目的によりいくつか考えられる。たとえば管の上部に設置し埋設管に作用する荷重を軽減する方法、管基礎部の土砂をEDO-EPSブロックと置き換え、埋設管設置に伴う地盤への荷重増加を防ぐ方法、また、管の断面形状に沿ってEDO-EPSブロックを加工し、基礎として一体化する方法、あるいは管を上下からはさんで、いずれの方向からの力に対しても管の変形や曲げを生じないように、緩衝材としての機能も持たせる方法などである。これらの適用は、各々の工事箇所の目的と状況、例えば、EDO-EPSブロックが埋設可能な地中空間の有無、地下水位の高さ、他の埋設物の有無や経済性などの要素により決められることになる。

ここでは、管の上部にEDO-EPSブロックを設置し、埋設管に作用する荷重を軽減した実施例を紹介する。

6.13.2 実施例

群馬県大正用水で埋設管の荷重軽減として施工された事例を紹介する。この事例は既設管上に車道が計画されることとなり、嵩上げによる死荷重および交通荷重が増加することによる埋設管への影響範囲にEDO-EPSブロックを設置した事例である。路面からコンクリート床版を介してEDO-EPSまでの厚さが薄いため、選定された種別は上部からDX-35、DX-29、DX-24H、D-20と応力分散の状況に応じて順次選択されている。図6.13.1は埋設管上部のEDO-EPSブロックとその種別を表している。

写真6.13.1　埋設管上部のEDO-EPSブロック施工状況

6.13 埋設管

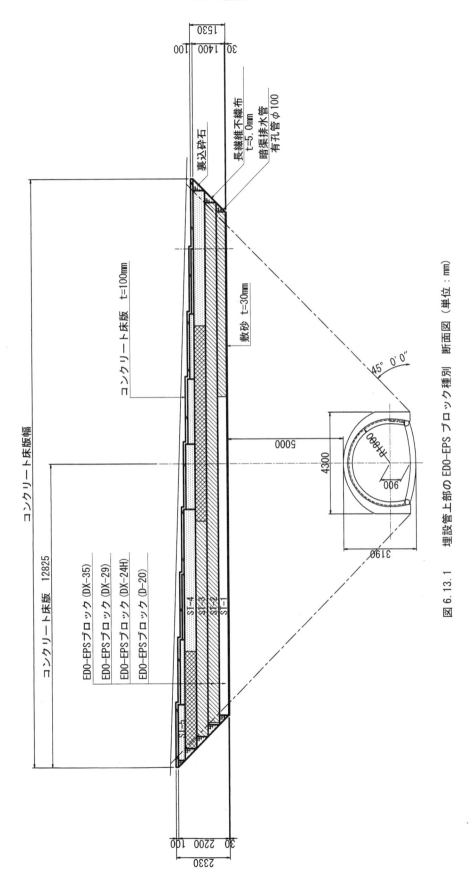

図 6.13.1 埋設管上部の EDO-EPS ブロック種別 断面図（単位：mm）

6.14 落石防護施設

6.14.1 概説

落石覆工（以下、ロックシェッド）の落石対策の衝撃緩衝材としては、従来より敷砂が一般的に用いられてきた。しかし、敷砂は敷厚の増加とともに自重が大きくなり、荷重の分散範囲も落石径程度である。これらの点を考慮し、より軽量であり衝撃吸収性に優れている EDO-EPS ブロックを落石に対する緩衝材として使用することが行われている。

ロックシェッドにおいては、落石荷重の緩衝材および構造物への荷重軽減対策として、既設および新設ロックシェッドの上面に EDO-EPS ブロックを何層か設置し、その上部に砂やコンクリート床版を施工することが行われている。また、落石防護擁壁においても、衝撃吸収性による躯体規模の縮小化と躯体の損傷を防止するために、EDO-EPS ブロックを緩衝材として使用することが行われている。

6.14.2 実施例

(1) 三層緩衝構造によるロックシェッド

敷砂に代わる緩衝材として、（独）寒地土木研究所と室蘭工業大学において研究・開発された三層緩衝構造のロックシェッドがある。三層緩衝構造とは、維持管理が容易な敷砂、荷重分散効果が期待できるコンクリート床版（芯材）、軽量で衝撃吸収性能に優れる EDO-EPS ブロック（裏層材）で構成される緩衝工の総称である。

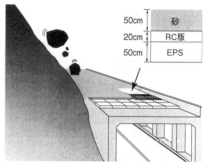

図 6.14.1 三層緩衝構造の模式図

三層緩衝構造は敷砂単層に比べ、ロックシェッド本体に作用する伝達衝撃力を大幅に低減させる効果がある。特に落下高が高いほど緩衝効果が大きくなる構造であり、最大対応可能エネルギーは $E_{max}=3,000$ kJ 程度ま

写真 6.14.1
北海道での実施例（全景）

写真 6.14.3
北海道での実施例（完成）

写真 6.14.2
北海道での実施例（施工中）

写真 6.14.4　山梨県での実施例（全景）　　　写真 6.14.5　山梨県での実施例（施工中）

でとされている。設計は「落石対策便覧：(社) 日本道路協会」、「ロックシェッドの耐衝撃設計：(社) 土木学会」により定式化されている。

　実施例として、図 6.14.1 に三層緩衝構造の模式図を示し、写真 6.14.1 〜 6.14.5 に施工状況を示している。

(2)　二層緩衝構造による落石防護擁壁

　二層緩衝構造とは、表層保護材である鉄筋コンクリート版と、裏層材である EDO-EPS ブロックで構成される緩衝工の総称である。落石衝撃力から擁壁本体を保護する緩衝工であり、三層緩衝構造と同種のものであるため、設計は三層緩衝構造に準拠している。ただし、対応可能エネルギーは E_{max} = 200kJ 程度までとされている。また、EDO-EPS ブロック前面にジオグリッドを敷設して、その引張強度を利用することで、伝達衝撃応力をより抑制する工法も研究開発されている。

　図 6.14.2 〜図 6.14.3 に二層緩衝構造の模式図を示し、写真 6.14.6 〜 6.14.9 に施工状況を示す。

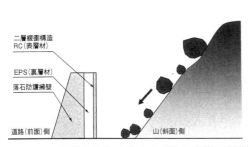

図 6.14.2　二層緩衝構造の模式図（重力式落石防護擁壁）

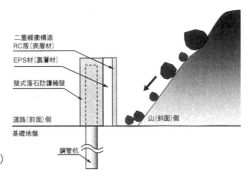

図 6.14.3　二層緩衝構造の模式図（杭付落石防護擁壁）

写真 6.14.6　重力式落石防護擁壁実施例　　　写真 6.14.7　重力式落石防護擁壁実施例
　　　　　　　　（施工中）　　　　　　　　　　　　　　　　　（完成）

写真6.14.8　杭付落石防護擁壁実施例
（施工中）

写真6.14.9　杭付落石防護擁壁実施例
（完成）

(3) 落石防護擁壁用三層緩衝構造による落石防護擁壁

近年、落石防護擁壁用三層緩衝構造として、直立に設置可能となるよう表層材にジオグリッドを埋設したソイルセメントと、裏層材であるEDO-EPSブロックで構成される緩衝工も研究開発されている（平成23年度　国土交通省　建設技術研究開発助成制度　採択技術。H26.3研究終了）。対応可能エネルギーはEmax＝1,000kJ程度までとされている。設計はロックシェッドの三層緩衝構造および二層緩衝構造を応用展開している。

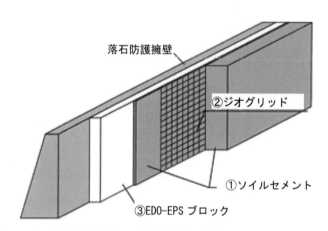

図6.14.4　落石防護擁壁用三層緩衝構造の模式図（重力式落石防護擁壁）

図6.14.4に落石防護擁壁用三層緩衝構造の模式図を示す。

6.15　文化財保護

6.15.1　概　要

開発事業の計画区域に存在する埋蔵文化財として扱うべき遺跡、また現状保存が困難と判断された遺跡については、記録保存のために発掘調査を行うこととされている。また、恒久的な盛土・埋立については、その施工後の状況で将来の発掘調査が可能かなども含め、開発事業前の発掘調査の必要性が判断されることとなる。なお、工作物や盛土の下であっても遺跡などを比較的良好な状態で残すことができ、調査のための期間や経費を節減できる場合には、発掘調査を合理的な範囲にとどめ盛土な

どを行うことが可能とされている。しかし、掘削範囲が埋蔵文化財に直接及ばない場合であっても、工事によって埋蔵文化財に影響を及ぼすおそれがある場合や、一時的な盛土や工作物の設置の場合であっても、その重さによって地下の埋蔵文化財に影響を及ぼすおそれがある場合は、発掘調査が必要となる。

　地質などの条件にもよるが、埋蔵文化財上の盛土や保護層(一定の厚さの土層、樹脂などによる緩衝層)などの厚さの標準は、2から3m程度とされていることから、この値は遺跡などへの荷重の限界とも判断される。この盛土の標準値や工事の影響を考慮し盛土の計画を行う場合には、EDO-EPSを用いた盛土などの提案が有効である。

6.15.2　実施例

　遺跡調査後に道路盛土を行う計画において、道路の通行を原則とし、その上で遺跡の保護を考慮した盛土事例である。図6.15.1は文化財保護盛土の完成形断面を示している。

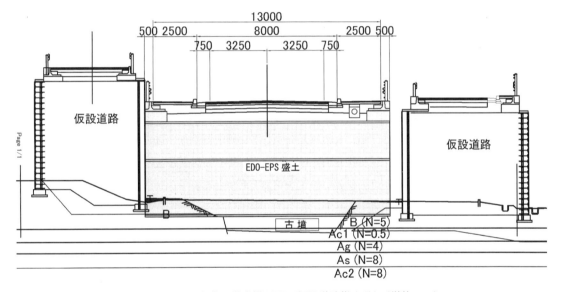

図6.15.1　完成形道路横断図(仮設道路撤去前)(単位：mm)

　計画道路の盛土高さは5.0m以上であり、盛土荷重による埋蔵文化財への影響が考えられた。そのため、基準盛土厚である2.0m相当荷重となるように、EDO-EPS工法にて施工を行った例である。

　この埋蔵文化財は軟弱地盤に所在するため、計画道路での直接載荷される荷重の他に、仮設道路(一時的な盛土や工作物)による荷重で埋蔵文化財に影響をおよぼすことも考えられた。このため、仮設時の地盤の状況と完

写真6.15.1　施工前状況(両側に仮設道路がある)

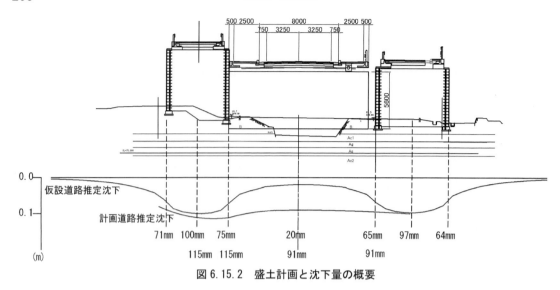

図 6.15.2 盛土計画と沈下量の概要

成時の地盤の状況などを考慮した施工について検討を行い断面決定が行われている。

当該箇所の両側にある仮設道路が埋蔵文化財に沈下としておよぼす影響を確認している。更に、計画道路完成時に発生する推定沈下量が仮設道路で推定された沈下量に差異が発生させない盛土荷重を算出している。基準となる計画道路での荷重は基準盛土高さを 2.0 m としている。

計画道路は、EDO-EPS 盛土で構築すれば、仮設道路位置で 115mm、埋蔵文化財の中心部では 91mm の沈下量となり、ほぼ沈下量にも差異が発生しない盛土計画が可能となっている。

両側に仮設道路があり狭隘な配置のため、交通解放のタイミングと仮設道路の撤去については、EDO-EPS 盛土の自立性を利用した方法にて施工を可能としている。

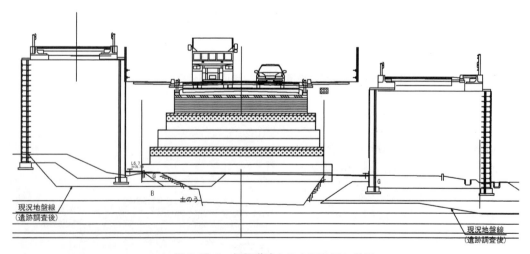

図 6.15.3 仮設道路からの切り回し計画

道路の壁面は、角パイプに軽量パネルの簡易壁形式を採用し、EDO-EPS 盛土側より人力施工している。

写真 6.15.2 簡易壁（角支柱タイプ）

写真 6.15.3 軽量壁面材取り付け状況

施工手順は図 6.15.4 に示している。
① 仮設盛土設置（仮設供用）
② 壁面設置工
③ 本線部 1 次施工（本線車道供用）
④ 本線 2 次施工（歩道供用）
⑤ 仮設盛土撤去

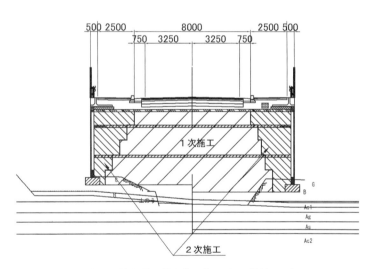
図 6.15.4 EDO-EPS 盛土施工概要図（単位：mm）

写真 6.15.4 完成した壁面部の状況

写真 6.15.5 完成盛土の縦排水溝の状況

6.16 浮き桟橋

6.16.1 概説

近年、プレジャーボートを活用した海洋型レクリエーションの進行や放置艇対策の促進として、マリーナやボートパークにおける浮き桟橋などの係留施設の整備が進められている。

浮き桟橋（ポンツーン）は、浮力体（フロート）、構造体（フレーム）および甲板（デッキ）の組み合わせで構成された箱状の浮体構造物である。水上に浮かべられた浮き桟橋はアンカーなどで固定され、陸岸とは渡り橋で連結される。一般的な桟橋と比較し、浮き桟橋は潮位差の大きい箇所や水深の深い箇所などに容易に設置できるが、潮位の干満に合わせて上下するため、常に水面から一定の高さを保持できることが最大の利点である。

浮力体には様々な材質のものがあるが、高い浮力性能を発揮できる EDO-EPS ブロックを用いる例が年々増加している。

6.16.2 実施例

浮き桟橋の種類は、セパレートタイプとモノコックタイプとに大別される。

セパレートタイプとはデッキにフロートを取り付けたもの、モノコックタイプとはデッキとフロートが一体となったものである。一般的に、モノコックタイプはセパレートタイプに比べて浮力が大きいため安定性が高いとされている。

またモノコックタイプのうち、中心部が空洞になっている構造のものは、いったん浸水すると沈没する危険性があるが、中心部に EDO-EPS ブロックを充填すれば不沈性を高めることができる。その概略構造を図 6.16.1 に示している。EDO-EPS ブロックの被覆には鉄筋コンクリートや合成木材などが用いられている。

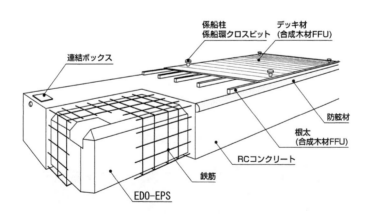

図 6.16.1　EDO-EPS ブロックを用いた浮き桟橋（モノコックタイプ）の概略構造

EDO-EPS ブロックを用いたモノコックタイプの浮き桟橋の事例を紹介する。写真 6.16.1 は観光船の発着場として整備されたもので、EDO-EPS ブロックを鉄筋コンクリートで被覆した構造である。寸法は長さ 30m×幅 8m×深さ 2m で、工場で長さ方向を 20 分割したものを作成し、現地へ搬入後、水上で連結して設置を行っている。

また写真 6.16.2 は水上ステージおよびレガッタ用の桟橋として整備されたもので、これも発泡ス

写真6.16.1　EDO-EPSブロックを用いた浮き桟橋の例（観光船発着場）　　写真6.16.2　EDO-EPSブロックを用いた浮き桟橋の例（水上ステージ）

チロールを鉄筋コンクリートで被覆した構造である。寸法は長さ19m×幅8m×深さ1.35mで、工場で長さ方向を12分割したものを作成し、現地へ搬入後、水上で連結・設置を行っている。

6.17　防振対策工

6.17.1　概説

近年、道路交通や鉄道軌道によって発生する地盤振動が、付近に居住する住民に少なからず影響を与えて、重要な環境問題のひとつとなっている。たとえば、道路交通振動の発生と伝播には、車種、走行速度、道路構造、路面状況、地盤の伝播特性などが関係し、影響要因が相互に関係するため伝播のメカニズムは極めて複雑である。これらの振動対策としては、振動源自体に対策を行う直接的方法と、距離減衰の利用や伝播を壁体で遮断するなどの間接的方法があるが、一度地中に拡散した波動エネルギーの完全な遮断は極めて難しいことは事実である。

特に振動が著しく問題となる箇所においては、振動の伝播経路に空溝や地中壁を設け、干渉によって地盤に伝わる振動を遮断しようとする対策が行われている。例えば、空溝により振動を半減させるためには、溝の深さが波長の1/3〜1/4程度であることが必要であり、道路交通振動では深さ4〜5mの空溝が必要となる。同様に、地中に防振壁を設ける方法があるが、この場合には壁体の材料として伝播媒体である地盤との密度差が大きい材料、すなわちインピーダンス比が大きい材料が有効である。

しかし、地中の防振壁であっても壁の底部や壁の両側端部からの回折現象が発生し、定量的な効果の判定は難しい問題となる。

早川らは、振動対策の直接的な方法として、鉄道軌道直下にEDO-EPSブロックを設置する方法と間接的な方法として地中2mに幅50cmのEDO-EPS地中壁を埋設する方法について実車輌を用いた実験計測を行っている。これらの結果として以下のように報告している。

・直接的振動対策である防振マットの振動軽減効果は、自動車走行では4〜10dB程度、列車走行では約6dBである。

・間接的対策であるEDO-EPS地中壁の振動軽減効果は、地中壁近傍で5dB程度であり、効果の認められる限界距離は地中壁深さの2.5倍程度である。

・EDO-EPSブロックを用いた防振対策の評価は、波動透過理論によって4〜200Hzの広範囲の振動数領域で可能と考えられる。

このように、EDO-EPSブロックを用いた防振対策は、設置方法や対象となる振動数にもよるが、

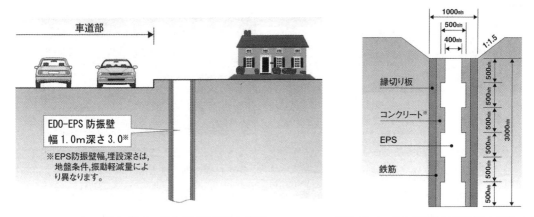

図 6.17.1　EDO-EPS 防振壁の概要　　　図 6.17.2　EDO-EPS 防振壁の浮力対策の例

一般的な防振壁の状況を図 6.17.1 に示している。なお、EDO-EPS ブロックによる地中防振壁は、地下水位による浮力の影響を受けるため、浮力対策には十分な対応が必要である。図 6.17.2 は、浮力対策を考慮した地中防振壁の例で、EDO-EPS ブロックに段差を設け、ブロック周辺をコンクリートで固めて一体化し浮力対策としている。

6.17.2　実施例

EDO-EPS ブロックを用いた防振壁による道路交通振動対策の実施例について概説する。当該道路はトラックなどの往来が多く、道路端で最大約 70dB（当該地域の昼間における道路交通振動の要請限度に相当）の振動加速度レベルが発生し、近接する民家から苦情が寄せられていた。

そこで車道と民家の間の歩道部分に、EDO-EPS ブロックを用いた防振壁を厚さ 1m、深さ 2.5m、延長 12m にわたって設置した（図 6.17.3 および写真 6.17.1 参照）。

図 6.17.4 は対策の効果を示したもので、そのうち（1）は交通振動の周波数と振動レベルの関係をプロットしたものである。卓越周波数（10 〜 20kHz）の範囲に着目すると、道路端で最大約 70dB の振動レベルが、防振壁を挟んだ民家前では約 60dB にまで低減されていることがわかる。また、（2）

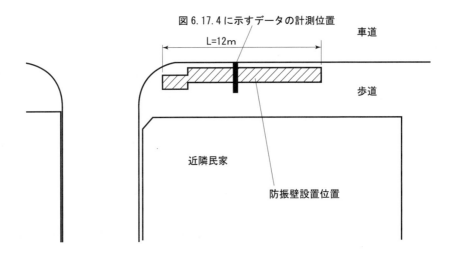

図 6.17.3　EDO-EPS 防振壁の施工例（図 6.17.4 に示すデータの計測位置）

写真 6.17.1　EDO-EPS 防振壁の施工状況（左：施工中　右：施工完了）

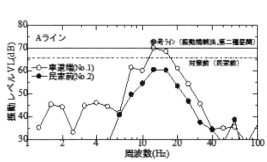 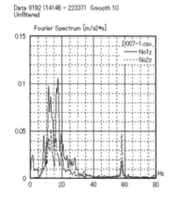

（1）交通振動の周波数と振動レベルの関係　　　　（2）フーリエスペクトル振幅比

図 6.17.4　EDO-EPS 防振壁による対策の効果

のフーリエスペクトル振幅比を見ると、防振壁背面（民家前）では前面（車道端）に比べて振動振幅が約 1/2 に低減されていることがわかる。

さらに、民家前における防振壁設置前後の比較では、対策前に約 66dB であった振動レベルが、対策後は約 60dB にまで低減されたことが確認された。

このように、道路交通による卓越周波数の範囲においては、EDO-EPS ブロックを用いた防振壁は効果的に機能したものと考えられる。ただし、防振壁の設置延長が十分でなかったためか、側方からの回折波の影響によって、家屋の端部においては十分な効果が得られていないこともあわせて確認されている。防振壁の設置にあたっては、回折波の影響を検討した上でその延長を決定することが必要と考えられる。

6.18 実物大実験

EDO-EPS 工法は、EDO-EPS ブロックの特長である軽量性、耐圧縮性、自立性に加えて良好な施工性のため、軟弱地盤や地すべり地および急傾斜地での拡幅盛土など広い範囲で活用されている。最近では橋台背面盛土などで側方流動対策や橋台への土圧低減対策として高さ 15m 以上におよぶ EDO-EPS 両直型盛土が施工されている。一方、急傾斜地の拡幅盛土においても直立壁の構造形式が多岐にわたるなど多様な構造形式に対する地震時の安定性を確認することが求められている。

EDO-EPS 工法を道路構造に適用した場合、その特長である軽量性により、舗装や路盤などの上載荷重が相対的に過大な荷重となるため、EDO-EPS 盛土はトップヘビー状態であることは確かである。このような構造特性の地震時安定性を検証するために平成元年 (1989) には建設省土木研究所において、1/2 モデルによる振動台実験が実施され、強震時における応答特性や緊結金具の一体化効果などが報告されている[1]。ここでは、これらの背景を元に高さ 8.5m の両直型実物大振動実験およびシミュレーション解析と 1/5 縮小模型による拡幅盛土を対象とした壁体構造形式に関する振動実験について紹介する。

6.18.1 両直型盛土形式の実物大振動実験[2)3)]

(1) 実験概要

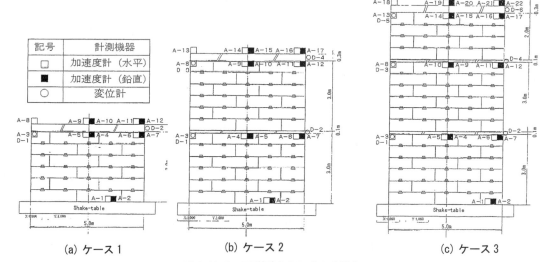

図 6.18.1 両直型盛土形式の実験ケース

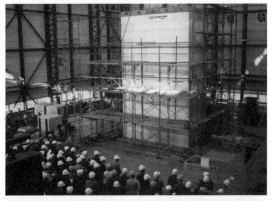

写真 6.18.1 実験棟における実物大盛土の状況 (ケース 3)

本実験は、盛土の両側が直立壁となっている両直型盛土形式で、盛土高さが盛土幅より大きくなることを想定して、盛土幅5mに対して高さは3.3m、6.4m、8.5mの3ケースについて実施している。図6.18.1は、両直型盛土形式の実験ケースを示している。また、写真6.18.1は、実験棟における実物大盛土の状況を示している。

　使用したEDO-EPSブロックは、実際に用いられている種別D-20である。振動台は5m×5mの大型振動台である。実験では積層したEDO-EPSブロックの特性を把握するため、底部のEDO-EPSは振動台に固定している。また、上部には上載荷重を模擬したコンクリートブロックを載荷している。

(2) 加振条件

実物大振動実験は、以下に示す加振条件にて実施されている（表6.18.1参照）。

表6.18.1　実物大振動台実験加振条件

ステップ	入力波		適用区分	備　考
1	正弦波	0.5～15Hz	固有周波数の確認	50gal程度
2	正弦波	レベル1地震動	通常設計地震動	100～200gal程度
3	ランダム波	レベル2地震動　タイプⅡ	Ⅰ種地盤用	1995年兵庫県南部地震　修正神戸海洋気象台記録

①　共振周波数を求める目的にて、50gal程度の正弦波

②　震度法レベルの地震動を考慮し、100～200galの正弦波（20波；共振周波数）

③　道路橋示方書・同解説V耐震設計編に示される修正神戸海洋気象台記録波形

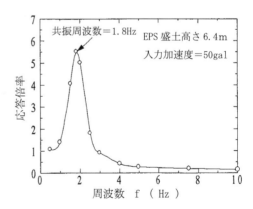

図6.18.2　盛土高6.4m時の伝達関数

(3)　実験結果

実験結果をまとめると以下のようである。

・図6.18.2は、正弦波による共振実験結果の一例としてケース2の盛土高6.4mにおける盛土下部と頂部の伝達関数を示している。同図より、ＥＰＳ盛土の一次の共振点が明確に現れており、単純な一次モードが卓越する構造物であることが確認される。

・図6.18.3には、各ケースの大規模（レベル2）地震動加振時の応答最大加速度の分布を示している。同図より、応答最大加速度は、各ケース共に1段目の中間床版で最も大きく応答しているのが確認された。そして、ケース2、ケース3では、2段目、3段目になるにつれ応答が小さくなっ

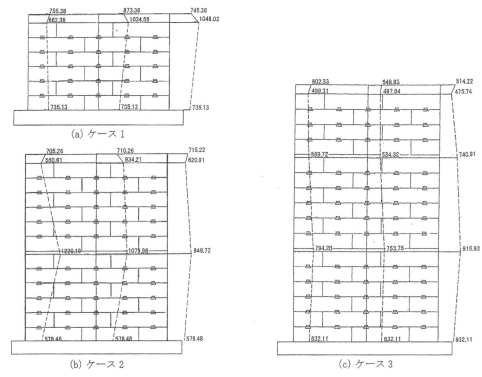

(a) ケース1
(b) ケース2
(c) ケース3

図6.18.3　レベル2地震動加振時の最大水平加速度の分布

ているのが確認される。

(4) 振動台実験のシミュレーション解析

全体解析フローを図6.18.4に示す。シミュレーション解析は、静的解析にて初期応力を算出した

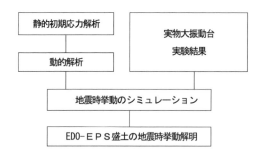

図6.18.4　全体解析フロー

表6.18.2　解析に用いた各部材の物性値

部　材	単位体積重量 γ (kN/m^3)	せん断弾性係数 G_0 (kN/m^2)	ポアソン比 ν	減衰定数 h
EDO-EPS	0.20	2500.0	0.075	変化
上載物	25.0	1.087E+07	0.167	0.05
上部床版	25.0	1.087E+07	0.167	0.05
中間床版	25.0	1.087E+07	0.167	0.05

後に振動数領域の複素応答解析手法である「FLUSH」プログラムを用いて実施している。表 6.18.2 は、解析に用いた各部材の物性値を示している。

解析結果をまとめると以下のようである。
・シミュレーション解析による応答最大加速度および最大変位の分布は、前述した実物大実験結果と非常に類似した結果となっている。
・各ケースともレベル 2 地震動に対しては、ブロック積層体の転倒やブロックの抜け出しなどは発生せず、耐震性能は確保されている。
・レベル 2 クラスの大きな地震動が生じた場合は、EDO-EPS ブロック間に目開きが生じる可能性が考えられるため、一体化に必要な緊結金具は通常設計の倍（1 ㎡当り 2 個）の設置が必要である。
・レベル 2 クラスの特に直下型地震動の場合は、盛土高さが高くなるほどロッキングモードが支配的になるため、同モードを考慮した耐震設計が必要である。具体的には、盛土最下段に剛性の大きな EDO-EPS ブロックを用いる検討などがある。

6.18.2　拡幅盛土形式の大型振動台実験 4)、5)、6)

EDO-EPS 工法による拡幅盛土は、その軽量性および自立性などの特徴を生かした工法として幅広く利用されている。近年は、傾斜地の拡幅盛土などでは盛土高さも高くなり、用いられる壁体構造も多岐にわたってきている。このようなことから、壁体構造形式の違いによる地震時の応答特性および安定性を把握することを目的として、EDO-EPS 工法による拡幅盛土形式の大型振動台実験が行われている。

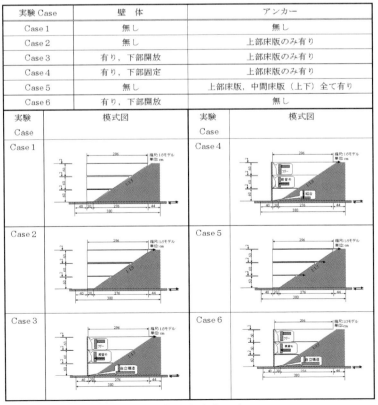

図 6.18.5　振動台実験モデルケース

(1) 振動台実験模型

EDO-EPS工法の拡幅盛土における壁体構造形式は、EDO-EPSを防護するための壁体（H鋼とパネルの組み合わせ）とアンカーの併用が多く用いられている。壁体についてはH鋼の基礎形式およびアンカーの有無が盛土部全体の変形特性に大きく関わっていると考えられている。実験方法は、高さ15m程度を想定した1/5縮小模型のEDO-EPS拡幅盛土を大型振動台に乗せ、壁体構造形式（H鋼の有無、下部固定の有無）およびアンカーの有無をパラメータとした6種類のケースについて加振を行っている。図6.18.5は、6種類の振動台実験モデルケースを示している。これらは、壁体についてはこれまでに多用されている構造形式であるH鋼根入れタイプおよびH鋼直接基礎タイプに準じて下部固定と非固定の2パターンでモデル化されている。また、アンカーについては、上部床版にアンカーが有るケース、ないケースに加えて各段の荷重分担特性を把握するため、中間床版にもアンカーを入れたケースも用意されている。

(2) 加振条件

入力地震動は、装置の制約上で高周波数域での大きな加振は困難なため、強震時の実験に関しては、表6.18.3に示す地震動を用いたランダム波加振を行っている。ランダム波については、道路橋示方書V耐震設計編で設定されている3タイプの標準加速度応答スペクトルに適合した修正観測地震動を用いている。振動実験では各ランダム波を変位波形に変換し、変位制御により行っている。各振動台実験の振動架台で計測された応答加速度波形（加振方向）の最大値より、目標の入力地震動の再現性を確認している。

表6.18.3 振動台実験加振条件

ステップ	入力波			適用区分	備考
1	正弦		0.5〜15Hz	盛土固有周波数の基礎データ取得	50gal程度
2	ランダム波		レベル1地震動	II種地盤用	1968年日向灘沖地震 修正板島橋記録
3		レベル2地震動	タイプI地震動	II種地盤用	1994年北海道東方沖地震 修正温根沼大橋記録
				III種地盤用	1994年釧路沖地震 修正釧路川堤防記録
			タイプII地震動	I種地盤用	1995年兵庫県南部地震 修正神戸海洋気象台記録
				II種地盤用	1995年兵庫県南部地震 修正JR鷹取駅記録

(3) 実験結果

1) 加振によるEDO-EPS盛土の変形

アンカーを設置しないモデル（図6.18.5のCASE1,6）については、大規模地震時(レベル2)を想定した加振ではロッキングモードが卓越し、最下段のEDO-EPSブロックが荷を背負った形となり5cm程度の残留変形を生じている。しかし、盛土全体の崩壊には至らず、EDO-EPS盛土の自立性が確保されることが確認されている。アンカーを設置したモデルのケースでは、大規模地震時を想定した加振でかつ壁体なしのケース(CASE2)であっても、残留変形が生じることもなく健全性が確保されることが確認されている。

写真6.18.2 レベル2加振後の状態
(CASE-2)

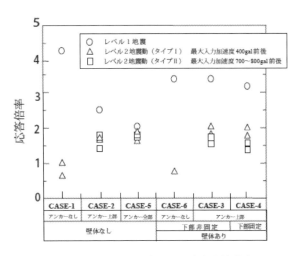

図6.18.6 EDO-EPS盛土の加速度応答倍率と構造形式の関係

写真6.18.2はレベル2加振後の状態(CASE2:上部アンカーのみ)を示している。

加振実験結果より、上部床版にアンカーを配置することで大規模地震時の安定性が確保できることが明らかとなっている。

2) EDO-EPS盛土の加速度応答倍率と構造形式の関係

図6.18.6は、各構造形式による加速度応答倍率を一覧にして示している。図6.18.6から、各構造形式ともレベル1地震動を入力した時に最も大きな加速度応答倍率を示している。特に壁体なし、アンカーなしのケース(図6-18-6のCASE-1)では、約4.2倍応答している。レベル2地震動については、構造形式に関わらず加速度応答倍率は約1.5～2倍程度の範囲の中にあることを示している。

3) EDO-EPS盛土の底版部に作用する地震時増分応力と構造形式の関係

図6.18.7は、底版部に作用する地震時増分応力と構造形式の関係を示している。レベル1からレベル2地震動ともにEDO-EPS盛土の底版部に作用する増分応力は構造形式により異なり、特にアンカーの設置が地震時増分応力に大きく関与していることがわかる。すなわち、

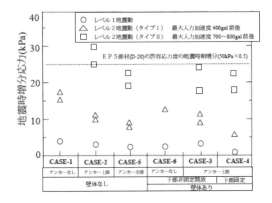

図6.18.7 EDO-EPS底版部に作用する地震時増分力

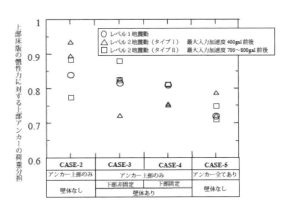

図6.18.8 上部床版の慣性力に対する上部アンカーの荷重分担率

アンカーを設置することが地震時におけるEDO-EPS底版部材に作用する増分応力の軽減につながるといえる。本実験に供したEDO-EPSブロックの種別D-20の場合では、許容応力度および地震時割増係数[1]よりEDO-EPSブロックの地震時許容応力増分として約25kPa（図6.18.7の点線部分）を見込むことが可能であることから、本実験で想定している高さ15m程度のEDO-EPS盛土であれば十分対応できると考えられる。

4) アンカーに作用する地震時作用荷重と加振加速度の関係

図6.18.8は、アンカーに作用する地震時作用荷重と加振加速度の関係を示している。アンカーに作用する地震時作用荷重と加振加速度の関係については、加振加速度の増加に伴いアンカーの作用荷重が大きくなっている。実験結果では、レベル2地震動を考慮し、さらに不安定な状態（EDO-EPS盛土の底版幅：1.0m）の場合でも上部アンカーの荷重分担率は最大で95%程度でよいことが確認されている。また、各床版にアンカーを設置した場合の各アンカーに作用する荷重を計測した結果、上部床版・中間床版の各慣性力に応じたアンカー作用荷重分担値は1：0.20：0.05となっている。

(4) まとめ

模型実験結果により確認された、壁体形式の違いおよびアンカーの有無による地震時におけるEDO-EPS盛土の変形状況や応答特性は以下のとおりである。

① 振動台実験結果からアンカーおよび壁体が無いケースでも、レベル2地震動に対して残留変形が生じたものの、交通機能を損なうほどの損傷は生じていない。

② 地震時における残留変形は、壁体およびアンカーの併用で抑制できる。特に上部床版のアンカーがEDO-EPS盛土の安定性に大きく影響していることが明らかとなった。

③ 地震時におけるEDO-EPS盛土の底版反力を軽減するには、H鋼（下部固定）と特にアンカー工の設置が有効である。

④ EDO-EPS盛土の上載物の地震時慣性力は、アンカーなどの水平力抑止工で全てをカバーする必要はなく、上部コンクリート床版とその下部のEDO-EPSブロックとの摩擦抵抗による抑止が期待できることが確認されている。

⑤ 水平力抑止工は、上部コンクリート床版のみの設置であっても、十分に抑止効果がある。

⑥ 壁体支柱の基礎形式（支柱根入れ方式、直接基礎方式）の違いによるEDO-EPS盛土の応答特性（固有周期、応答倍率など）についても確認、実証され、ロッキング・スウェイモードを考慮したEDO-EPS盛土の固有周期算定式の妥当性が検証されている。

⑦ 壁体支柱の基礎形式の違いにかかわらず、道路拡幅盛土はほとんど同じ地震時応答特性を示すことが確認されている。

⑧ 道路拡幅盛土の最下段EDO-EPSブロックに発生する地震時増加応力について、その妥当性が確認されている。

6.19 海外の施工例

EPS工法は、1972年、ノルウェー、オスロ郊外の橋台取付盛土の沈下対策に適用されたのが世界最初の実施例である。その後、ノルウェーを始めとして欧州各国や北米でも実施例が増え、1985年、オスロで開催されたEPS工法に関する国際会議を契機としてEPSを用いた軽量盛土工法が軟弱地盤対策などに有効な工法であることが全世界に認識されている。ここでは、最近の海外の施工例として、ノルウェー、オランダ、ギリシア、セルビア、イギリス、中国および韓国の施工例を紹介する。

6.19.1 ノルウェーの施工例

ノルウェーはフィヨルドが発達した地形で谷筋には腐植土が厚く堆積しており、軟弱地盤地域が多

写真6.19.1 路面電車用のEPS盛土, オスロ1998

写真6.19.2 橋台背面とC-Box側壁に適用された事例, 2007

いことが特徴である。したがって、EPSによる超軽量盛土は国内の各地で一般的な工法として多数施工されている。写真6.19.1は、ノルウェー オスロ市内の路面電車用のEPS盛土垂直壁である[1]。なお、写真中央の奥に見える2つの建物がノルウェー国立道路研究所(現在は、道路管理局に統合され別の地点に移転)が入っている建物である。写真6.19.2は山岳地の軟弱地盤谷筋に施工された橋台と交差するC-Box側壁にEPS工法が適用された事例である[2]。

(1) 国立道路研究所の長期載荷試験

ノルウェー国立道路研究所では、EPSブロックの長期載荷によるクリープ変形の状況を確かめるため、写真6.19.3に示す研究所内の施設で縦横4m、高さ2mのEPS盛土を設け、52.5kN/m²の載荷を3年間行っている。結果として当初からひずみは進行せず、1,300日付近で1%強のひずみを累積観測し、Magnan & Serratriceによる理論値よりはるかに小さいことが報告されている[1]。

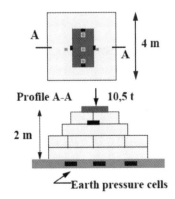

写真6.19.3 研究所内の実物大載荷試験 (1995-1998)

(2) 仮設橋台での長期動態観測[1]

ノルウェー国立道路研究所では、(1)で示した載荷試験を実証するために実施工による仮設橋台を用いて長期載荷試験が行われた。写真6.19.4ではスウェーデン国境付近のロッケベルグ橋のEPS仮設橋台の断面図と施工状況写真を示した。

ロッケベルグ橋は、1989年から仮設道路として17年間使用されている。EPS盛土の沈下は、施

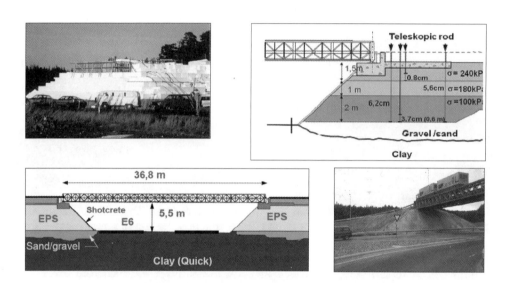

写真6.19.4　長期動態観測が行われた仮設橋台（ロッケベルグ橋，ノルウェー）

写真6.19.5　17年間仮設道路に使用されたEPS

写真6.19.6　欧州ハイウェイに再利用されたEPS

工初期に6cm発生しているのみでその後は進行していないことが報告された。なお、EPS表面は劣化防止策として吹付けコンクリートで覆われている。

2006年に本橋が横断するE6欧州ハイウェイの拡幅工事に伴ってEPS橋台は撤去されたが、17年間使用されたEPSは近傍のハイウェイプロジェクトで同様にEPS盛土として再利用されている。写真6.19.5は、再利用のため仮置きされたEPSを示し、写真6.19.6は再利用されたEPS盛土を示している。

(3) 地すべり地の道路拡幅施工

ノルウェーでは地すべり地のすべり安定対策として EPS 工法が使われている。ノルウェーの地すべりは、小さな斜面端部の掘削が元で山全体が地すべりとして動き出す大規模なものもある。したがって、ノルウェーでは地すべり地の道路建設や道路拡幅工事では対策に慎重で、なかでも EPS 工法による荷重軽減対策は良い効果を期待できるため多用されている。

写真 6.19.7 に、欧州ハイウェイの 2 車線から 4 車線への拡幅工事に適用された EPS 工法の施工状況を、図 6.19.1 に拡幅部の断面図をそれぞれ示している。写真 6.19.8 は施工中の EPS をジオテキスタイルで被覆している状態である。これらのジオテキスタイルの役割は、施工中は冬季の積雪と凍結を防止するための保護膜であり、施工後は浸透水の排水機能も持たせている。写真 6.19.9 は、最上部のコンクリート床版を施工中の様子で、スペーサーと溶接金網の状況を示している[2]。

写真 6.19.7　2 車線から 4 車線拡幅工事（2007）

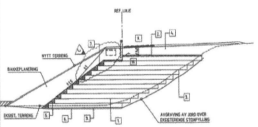
図 6.19.1　EPS 盛土（高さ 6m，延長 250m）断面図

写真 6.19.8　EPS とジオテキスタイルの施工状況

写真 6.19.9　上部コンクリート床版の施工状況

(4) 埋設構造物の土圧低減工法

深い地中に埋設されたパイプやカルバートボックスは土被り厚に伴って大きな土圧を受けることになる。このため埋設構造物の部材を厚くしたり、アーチ状の構造物が施工されるが、EPSの圧縮緩衝特性を利用して土圧を大幅に低減する工法が行われている。いずれも土被り厚が10〜14mで、図6.19.2はパイプカルバートの上部に、図6.19.3はC-Boxの上部にEPSを配置し、その圧縮変形によって土圧を低減できることを計測した断面図である。図6.19.4は埋設物上部のEPS有無による土圧の変化を示したものである[3]。

なお、日本でも高盛土下のC-Box上にEPSを敷設して土圧が低減できることが報告されている[4]。

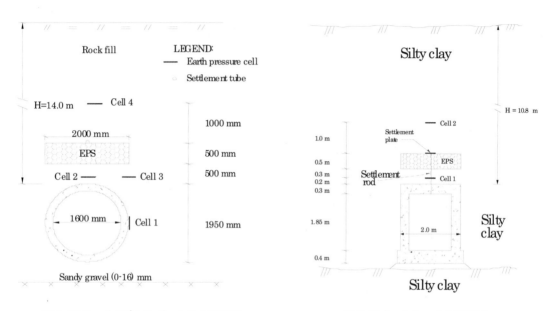

図6.19.2　パイプカルバートの土圧低減　　　　図6.19.3　C-Boxの土圧低減

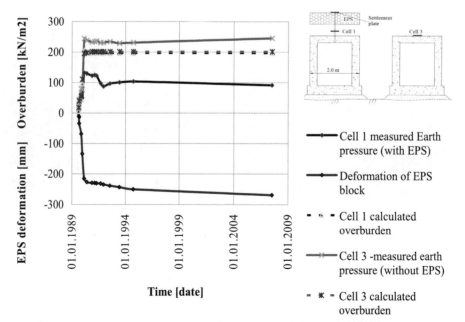

図6.19.4　C-Box上のEPS有無による土圧の比較とEPS変形量

6.19.2 オランダの施工例

(1) 高速道路跨線橋ランプ部の盛土[5]

オランダは国土全体の高さが海水面以下で軟弱地盤が多いことはよく知られている。

図 6.19.5 は、ロッテルダム近郊の高速道路の新設跨線橋ランプ部に軟弱地盤対策として適用されたEPS盛土工事である。使用されたEPSは 6.0m × 1.2m × 1.0 m の長いブロックで運搬と積み降ろしには若干手間を要するが、設置と同時に盛土体の構築が早くでき施工性の向上に役立っている。この現場では図 6.19.6 に示すピエゾメーター式の計測器で土圧と変形を2年間に亘って観測し、解析値との比較を行っている。写真 6.19.10 ～ 11 は長尺ブロックの施工状況を示している[8]。

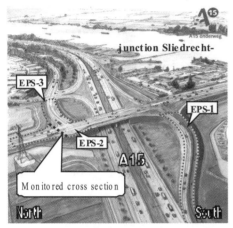

図 6.19.5 高速道路ジャンクション全景

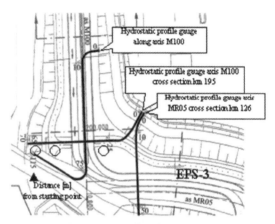

図 6.19.6 計測用ピエゾメーターの配置

写真 6.19.10 ランプ部の EPS 盛土, ブロックは 6m × 1.2m × 1.0m の大型ブロック (D-20 相当)

写真 6.19.11 EPS 盛土の上に計測用のピエゾメーター配置が見える

(2) 鉄道交差部の道路盛土への適用 [6)]

軟弱地盤上の鉄道と道路の交差部分においては、特に鉄道部の沈下対策に厳密な管理が求められる。図 6.19.7 は当該現場の平面図、写真 6.19.12 および写真 6.19.13 は鉄道を挟んで南北に高さ 6.0〜6.5m の EPS 盛土が構築される状況を示している。なお、鉄道への最接近部分は橋梁で横断し、橋梁取付盛土部に EPS が適用されている。ここでは 2 種類の EPS が使われており、その施工量は EPS100 タイプが 18,000㎥、EPS80 タイプが 2,500㎥である。

EPS 施工範囲は、軟弱地盤深さと関係している。

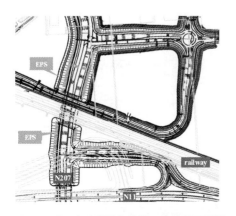

図 6.19.7　高速道路と鉄道の交差部平面図

写真 6.19.12　EPS 高さ 6.5m の鉄道近接盛土

写真 6.19.13　鉄道と高速道路の交差部に適用された EPS 盛土。EPS 施工量 20,500 ㎥　施工高　6.5 m。最近接部は橋梁で横断し、取付盛土部に EPS が適用されている。

6.19.3　ギリシアの施工例[7]

　エーゲ海に面したラミーア近郊の紀元前 450 年頃に形成された海岸線内では、海成粘土が厚く堆積している地域に高速道路が計画されている。当該地は、軟弱地盤地帯であり鉄道に近接している箇所であるため、当初は石灰杭によって基礎地盤の改良が行われている。しかし、高さ 8m 盛土のうち 4m までの施工時点で 200m にわたってすべり破壊が発生している。当該地点の交通渋滞問題や地震への対策など様々な課題のため施工を遅らせることはできず、地盤対策と工期の課題をすべて解決できる EPS 工法が採用されている。なお、この EPS 工事はギリシアで初めての超軽量盛土の実施例で、結果として延長 1km、EPS 総施工量 65,000㎥ で道路が完成している。図 6.19.8 はギリシア中央部

図 6.19.8　マリアコス湾に面した施工地点

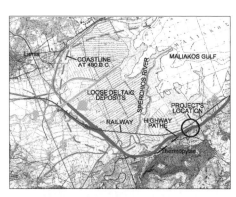
図 6.19.9　計画道路と鉄道路線（点線は紀元前の海岸線）

写真 6.19.14　石灰杭処理地盤にすべり破壊が発生

写真 6.19.15　EPS 超軽量盛土で道路は完成

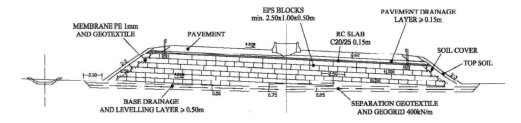
図 6.19.10　EPS 盛土の標準断面図

の当該地点の位置で南のアテネと北のテッサロニキの中間地点である。図 6.19.9 は紀元前の海岸線と道路計画路線、鉄道路線の位置図である。写真 6.19.14 は石灰杭により改良された基礎地盤上の盛土が破壊した様子を示しており、写真 6.19.15 は EPS 盛土による路体が完成した様子である。図 6.19.10 は EPS 盛土の標準断面図を示している。

6.19.4　セルビアの施工例[8]

過去数年の間、セルビア道路網の拡大計画に基づいたインフラ整備は大幅に改善している。

主要な設計プロジェクトは同時に多くの問題を抱えているが、たとえば地盤のすべりに対する安定性の問題などもフライアッシュを使う工法や EPS 工法などの現代の様々な工法によって克服されている。

軟弱地盤上の高速道路盛土に EPS 工法が採用されている。設計と同時にＦＥＭによる変形解析が行われ、工法の妥当性が検討されている。EPS は材料コストが高いが、地盤改良や将来の維持管理を見通したプロジェクトコストは必ずしも高くはならなかったのである。これらがセルビアで最初に EPS 工法が採用された理由である。

図 6.19.11 はベオグラード近郊の欧州ハイウェイ整備計画平面図である。図 6.19.12 は EPS 工法の標準断面図を示し、図 6.19.13 は FEM 解析による沈下変形解析である。写真 6.19.16 ～ 17 は EPS 盛土の緊結金具と盛土施工状況である。

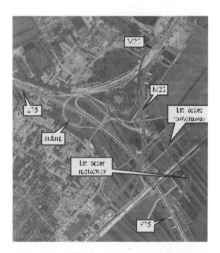

図 6.19.11 欧州ハイウェイの整備計画

図 6.19.13　FEM 解析で EPS 盛土の沈下と応力分布を検討

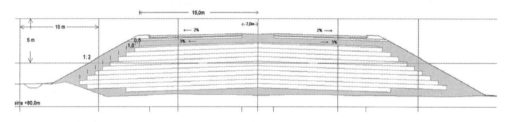

図 6.19.12　軟弱地盤地帯の対策として EPS 盛土採用（標準断面図）

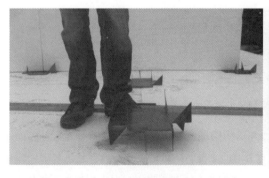

写真 6.19.16　日本とほぼ同様な緊結金具でブロックを固定

写真 6.19.17　EPS 盛土の施工状況

6.19.5　イギリスの施工例[9]

イギリス西北部マンチェスターの西端に位置するイルラム川と運河を横断する鉄橋は19世紀に架橋されており、長い間、架け替えを含めたメンテナンスの問題が検討されている。また、1899年に建設されたマンチェスター運河はその後埋め立てられ、現在は鉄橋の機能は必要でなくなっている。このため、鉄橋に並行した盛土を構築し線路を切り替える事が検討され、結果として、現在の橋脚に影響を与えず、軟弱地盤の沈下も引き起こさないEPS鉄道盛土が採用された。　EPS盛土の最上部は55kg/m³と通常の2倍以上の圧縮強度を有するEPSブロックを用いており、さらにEPS鉄道盛土としては世界最高高さの10mである。施工量は13,000m³で、最後の3,000m³は50時間で仕上がっている。図6.19.14は鉄橋と運河部の側面図である。図6.19.15～16はEPS配置の横断図と側面図を示している。また、写真6.19.18、写真6.19.19はEPS盛土の施工状況と鉄橋の撤去状況を示している。

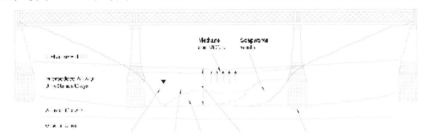

図6.19.14　19世紀の鉄橋と運河部の側面図

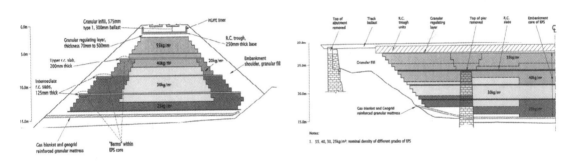

図6.19.15　EPS最上部は通常の2倍の強度を有する55kg/m³タイプ、EPS施工量は13,000m³

図6.19.16　EPS配置側面図

写真6.19.18　鉄橋下のEPS盛土工事

写真6.19.19　鉄橋の撤去状況

6.19.6　中国の施工例

中国では近年の急激な経済発展に伴って、多くのインフラ整備が急ピッチで行われている。軟弱地盤地帯の高速道路拡幅や、施工期間短縮を目的とした大型盛土など大都市近郊で大規模な EPS 工事が行われている。写真 6.19.20 ～ 21 は上海沪宁高速道路 (上海 - 南京) の 2 車線から 3 車線への EPS 盛土拡幅工事で延長 1,770 m を 3 ヶ月の工期で施工している。採用理由は、現道の通行確保と工期短縮で、施工数量は 25,000 ㎥ である。

写真 6.19.20　上海沪宁高速道路の拡幅工事

写真 6.19.21　沪宁高速公路（上海―南京）

もうひとつの事例として上海国際サーキットの築山と観覧席の施工事例を紹介する。

写真 6.19.22 ～ 24 は、上海近郊にあるサーキットの観覧席の施工例で、施工数量は 150,000 ㎥（日本の年間総施工の半年分）と非常に大規模施工である。採用理由は工期短縮である。2004 年に開設された上海国際サーキットは、上海の「上」の文字をイメージして作られたコースで全長 5.49km、観客収容人数約 20 万人、F1 グランプリが開催されている。写真 6.19.25 は完成した上海国際サーキットである。

写真 6.19.22　メインスタンド以外は EPS 盛土

写真 6.19.23　大規模な EPS 築山施工

写真 6.19.24　15 万㎥の施工状況

写真 6.19.25　完成した上海国際サーキット

6.19.7 韓国の施工例[10]

韓国では、1994年に日本との技術交流を行って以来、軟弱地盤地帯を通過する高速道路盛土や橋台背面の取付盛土などにEPS工法が採用されている。また、日本と同様に傾斜地や地すべり地での道路盛土にも多く使われている。また、最近では高速道路の車線拡幅工事にも多用されている。

写真6.19.26～27は韓国高速道路網と軟弱地盤地帯の高速道路を示している。また、写真6.19.28～29は道路盛土への適用例、写真6.19.30は拡幅盛土の適用例、写真6.19.31は橋台背面への適用例である。

写真6.19.26　韓国高速道路網

写真6.19.27　軟弱地盤地帯の高速道路

写真6.19.28　道路盛土への適用例（拡幅工事）

写真6.19.29　橋台取付盛土への適用例

写真6.19.30　拡幅盛土の適用例

写真6.19.31　橋台背面への適用例

参考文献

6.2 参考文献
1）橋本功、有山：EPS工法による拡幅自立体の設計について、土木学会第46回次学術講演会、VI-54,pp.134～135,1991

6.3参考文献
1) 星隈順一、白戸真大、岡田太賀雄：道路橋の合理化構造の設計法に関する研究、平成21年度 重点プロジェクト研究報告書、(独)土木研究所
2) 中谷 昌一、竹口 昌弘、白戸 真大、原田 健二、野村 朋之：橋台の側方移動対策ガイドライン策定に関する検討（その2）、土木研究所資料、第4174号、2010年6
3) 中谷 昌一、竹口 昌弘、白戸 真大、原田 健二、野村 朋之：橋台の側方移動対策ガイドライン策定に関する検討（その2） 資料C 軽量材料を用いた荷重軽減工法による対策事例の追跡調査、土木研究所資料、第4174号、2010年6月
4) 石田雅博、西田秀明、篠原聖二：性能規定化に対応した新形式道路構造の評価技術に関する研究、平成25年度 プロジェクト研究報告書、(独)土木研究所
5) 和野信市、川上茂之、早川康之：ＥＰＳ工法による葛西渚橋背面整備工事、土木施工、Vol.30、No.11、pp.21～28、1989.
6) 山下忠：発泡スチロール盛土の施工例（橋台背面）、基礎工、Vol.18、No.12、pp.74～79、1990.
7) 能登繁幸：発泡ポリスチレンを用いた盛土工法、土木技術、Vol.41、No.3、pp.30～34、1987.
8) 能登繁幸：発泡スチロールを用いた盛土施工例、舗装、Vol.22、No.8、pp.9～13、1987.
9) 町田輝次：発泡スチロールを応用した土木技術について、水資源開発公団第23回技術研究発表会資
10) 外村 隆：施工例「EPSによる軽量盛土」、ジオシンセティックス技術情報、Vol.14、 No.1、pp.11～14、1998.
11) 高本 彰、山中 治、大貫 利文、桂田 博、丸岡 正季：橋台背面に用いた直立壁式ＥＰＳ高盛土、土木学会第51回年次学術講演会、Ⅲ-A201、pp.402～403、1996.

6.4＜参考文献＞
1) 國田雅人：発泡スチロール盛土の施工例－石川県輪島土木・千枚田工区地すべり対策－、基礎工、Vol.18、No.12、pp.86~90、1990.12
2) 堀田光, 阿部正, 西剛整, 黒田修一：地震履歴を受けた発泡スチロール(EPS)盛土の耐震性評価,土木学会第48回年次学術講演会,1993
3) 玉木哲也、柴田充久、上山啓太、佐藤嘉広：発泡スチロール（EPS工法）を用いた高盛土の施工事例、基礎工、Vol.29、No.4、pp.68~71、2001.4

6．8参考文献
1)発泡スチロール土木工法開発機構：EDO-EPS工法設計施工基準書（案）第二回改訂版p.53、2014

6.15 参考文献

1) (社)日本道路協会：落石対策便覧、平成12年6月、pp.283〜286
2) (社)土木学会：構造工学シリーズ8 ロックシェッドの耐衝撃設計、平成10年11月
3) 今野久志、山口悟、栗橋祐介、岸徳光：三層緩衝構造を設置した実規模ＲＣ製ロックシェッドの耐衝撃挙動、コンクリート工学年次論文集Vol.36、No.2、2014.7
4) 今野久志、西弘明、牛渡裕二、栗橋祐介、岸徳光：三層緩衝構造を設置したRC製ロックシェッドの耐衝撃挙動に関する数値解析的検討、構造工学論文集Vol.61A、pp. - 、2015
5) 山口悟、西弘明、今野久志、岸徳光、牛渡裕二：二層緩衝構造を設置したＲＣ製杭付落石防護擁壁の研究開発について、斜面災害における予知と対策技術の最前線に関する国際シンポジウム福岡2011論文集、2011.11
6) 川瀬良司、岸徳光、今野久志、鈴木健太郎：二層緩衝構造と杭基礎を併用した壁式落石防護擁壁の開発に関する数値解析的検討、構造工学論文集、Vol.52A、pp.1285-1294、2006
7) 川瀬良司、岸徳光、今野久志、鈴木健太郎：二層緩衝構造を設置した落石防護擁壁の地盤物性を考慮した転倒安定性に関する数値解析的検討、構造工学論文集Vol.51A、pp.1663-1674、2005.3
8) 岸徳光、川瀬良司ら：落石防護擁壁用途二層緩衝構造の伝達衝撃力算定式の定式化、構造工学論文集Vol49A、pp1289-1298、2003.3
9) 牛渡裕二、栗橋祐介、前田健一、鈴木健太郎、岸 徳光：ソイルセメントを用いた三層緩衝構造を設置した落石防護擁壁模型に関する重錘衝突実験、構造工学論文集、Vol.59A、pp.997-1007、2013.3
10) 藤堂俊介、牛渡裕二、栗橋祐介、岸徳光：ソイルセメントを用いた三層緩衝構造の設計法の一提案、コンクリート工学年次論文集Vol.36、No.2、2014

6.17 参考文献

1) 早川 清、松井 保：EPSブロックを用いた交通振動の軽減対策、土と基礎　44-9
2) 早川 清：道路交通振動の発生ならびに伝搬メカニズムと対策、環境技術　Vol.10　No.8　1981

6.18 <参考文献>

1) 建設省土木研究所機械施工部動土質研究室：EPS盛土の耐震性に関する検討、土木研究所資料、1991
2) 西 剛整、堀田 光、黒田修一、長谷川弘忠、李 軍、塚本英樹：EPS盛土の実物大振動実験(その1；振動台実験)、第33回地盤工学研究発表会講演集、pp.2461〜2462、1998.7
3) 堀田 光、西 剛整、黒田修一、長谷川弘忠、李 軍、塚本英樹：EPS盛土の実物大振動実験(その2；シュミレーション解析)、第33回地盤工学研究発表会講演集、pp.2463〜2464、1998.7
4) 渡邉栄司、西川純一、堀田光、佐藤嘉広：EPS拡幅盛土の壁体形式をモデル化した振動実験、第37回地盤工学研究発表会講演集、pp.835〜836、2002.7
5) 渡邉栄司、西川純一：EPS壁体構造の壁体形式に関する振動実験、北海道開発土木研究所月報、No.590、2002.7
6) J.Nishikawa、S.Watanabe、H.Hotta、H.Hasegawa、N.Ishibashi、H.Tsukamoto、Y.Sato：Shake-Table Tests on the EPS Fill for Road Widening、3rd EPS Geo form international conference、2001.12

6.19 ＜参考文献＞

1) Roald Aabøe、Tor Erik Frydenlund：40 years of experience with the use of EPS Geofoam blocks in road construction、EPS 2011 NORWAY 4th International conference on the use of Geofoam Blocks in construction applications、2011

2) Tseday Damtew、Jan Vaslestad,、Geir Refsdal：Case Histories with EPS Geofoam Embankments from Eastern Norway、EPS 2011 NORWAY 4th International conference on the use of Geofoam Blocks in construction applications、2011

3) Jan Vaslestad、Murad S. Sayd、Tor H. Johansen、Louise Wiman：Load reduction and arching on buried rigid culverts using EPS Geofoam. Design method and instrumented field tests、EPS 2011 NORWAY 4th International conference on the use of Geofoam Blocks in construction applications、2011

4) 佐藤嘉平、岩崎洋一郎：高盛土下の剛性カルバートに作用する鉛直土圧の軽減工法について、土と基礎、Vol.29、No.12、1981

5) Milan Duškov：TWO-YEAR MONITORING ON LIGHTWEIGHT STRUCTURES WITH EPS GEOFOAM、EPS 2011 NORWAY 4th International conference on the use of Geofoam Blocks in construction applications、2011

6) Milan Duškov、Eric Nijhuis：LIGHTWEIGHT ROAD EMBANKMENTS FOR THE CROSSOVER OF THE N207 OVER THE RAILWAY ALPHEN A/D RIJN-GOUDA、EPS 2011 NORWAY 4th International conference on the use of Geofoam Blocks in construction applications、2011

7) Georgios Papacharalampous、Elias Sotiropoulos：,FIRST TIME APPLICATION OF EXPANDED POLYSTYRENE IN HIGHWAY PROJECTS IN GREECE、EPS 2011 NORWAY 4th International conference on the use of Geofoam Blocks in construction applications、2011

8) Srdan Spasojevic、Petar Mitrovic、Vladeta Vujanic、Milovan Jotic、Zoran Berisavljevic：THE APLICATION OF EPS IN GEOTECHNICAL PRACTICE: A CASE STUDY FROM SERBIA、EPS 2011 NORWAY 4th International conference on the use of Geofoam Blocks in construction applications、2011.

9) A. S. O'Brien1：DESIGN AND CONSTRUCTION OF THE UK'S FIRST POLYSTYRENE EMBANKMENT FOR RAILWAY USE、EPS Geofoam2001、3rd International Conference、2001、Salt Lake City

10) Cho Sung-Min Micheal：New Technologies for Road Constructions、United Nations ESCAP、ASIAN HIGHWAY Investment Forum、2013、Bangkok

メ モ 欄

メ モ 欄

『最新 EDO-EPS 工法』図書編集委員会

会　務	氏　名	会社名
委員長	塚本　英樹	株式会社ＣＰＣ
委　員	種市　敬一	岡三リビック株式会社
委　員	後藤　博文	株式会社ＪＳＰ
委　員	新谷　幹彦	カネカケンテック株式会社
委　員	堀田　光	株式会社ＣＰＣ
幹　事	窪田　達郎	株式会社ＣＰＣ

『最新 EDO-EPS 工法』執筆者一覧

章・節	氏　名	会社名
1.1～1.3, 4.5, 6.17, 6.19	塚本　英樹	株式会社ＣＰＣ
2.1～2.3, 4.1, 4.7, 6.18	堀田　光	株式会社ＣＰＣ
3.1～3.2, 5.6	窪田　達郎	株式会社ＣＰＣ
4.2	橋本　功	大成建設株式会社
4.3	津川　優司	飛島建設株式会社
4.3, 6.10, 6.11, 6.13	宮脇　英彰	カネカケンテック株式会社
4.4	瀬谷　正巳	佐藤工業株式会社
4.6	光本　成邦	株式会社ＣＰＣ
5.1～5.5	小浪　岳治	岡三リビック株式会社
6.1	福島　伸二	株式会社フジタ
6.2	加藤　英樹	太陽工業株式会社
6.3	榎田　実	株式会社不動テトラ
6.4	大熊　英二	株式会社ＣＰＣ
6.5, 6.14	吉田　茂喜	株式会社ＪＳＰ
6.5	梅野　清登	株式会社ＪＳＰ
6.6, 6.15	安野　健夫	ダウ化工株式会社
6.7	佐藤　修	積水化成品工業株式会社
6.8	大久保　泰宏	五洋建設株式会社
6.9, 6.16	坪井　宏人	積水化成品工業株式会社
6.10, 6.11, 6.13	津田　暁	カネカケンテック株式会社
6.12	天辻　吏慶	ダウ化工株式会社
6.14	新田　真一	株式会社ＪＳＰ

発泡スチロール土木工法開発機構（略称：EPS 開発機構）

会　長
　　三木　五三郎　東京大学名誉教授

会　員　（50音順）

アイカテック建材株式会社	東亜建設工業株式会社
株式会社淺沼組	東急建設株式会社
株式会社安藤・間	東興ジオテック株式会社
伊藤組土建株式会社	東鉄工業株式会社
岩倉建設株式会社	徳倉建設株式会社
株式会社大本組	戸田建設株式会社
岡三リビック株式会社	飛島建設株式会社
株式会社奥村組	西松建設株式会社
株式会社カネカ・カネカケンテック株式会社	日本国土開発株式会社
株式会社熊谷組	株式会社ＮＩＰＰＯ
株式会社鴻池組	株式会社ノザワ
五洋建設株式会社	株式会社フジタ
佐藤工業株式会社	株式会社不動テトラ
株式会社ＪＳＰ	前田建設工業株式会社
西武建設株式会社	三井住友建設株式会社
大日本土木株式会社	みらい建設工業株式会社
太陽工業株式会社	村本建設株式会社
ダウ化工株式会社	山一ピーエスコンクリート株式会社
株式会社竹中土木	若築建設株式会社

技術提携会社
　　株式会社ＣＰＣ
　　Norwegian Public Roads Administration

事務局
　　〒169-0075　東京都新宿区高田馬場 4-40-11　ユニゾ高田馬場看山ビル
　　Tel. 03-5337-4063　　　Fax. 03-5337-4091
　　http://www.cpcinc.co.jp/edo
　　edo-info@cpcinc.co.jp

最新 EDO-EPS 工法

2016年12月17日　初版第1刷発行

　　　　　　　　　　　　　　　　編 著 者　発泡スチロール
　　　[検印省略]　　　　　　　　　　　　　　　土木工法開発機構
　　　　　　　　　　　　　　　　発 行 者　柴　山　斐呂子

発 行 所　理工図書株式会社　　〒102-0082　東京都千代田区一番町 27-2
　　　　　　　　　　　　　　　　　　　　　　電話 03（3230）0221（代表）
　　　　　　　　　　　　　　　　　　　　　　FAX03（3262）8247
　　　　　　　　　　　　　　　　　　　　　　振替口座　00180-3-36087番
　　　　　　　　　　　　　　　　　　　　　　http://www.rikohtosho.co.jp

Ⓒ発泡スチロール土木工法開発機構　2016　Printed in Japan
ISBN978-4-8446-0851-6
印刷・製本　丸井工文社

＜日本複製権センター委託出版物＞
*本書を無断で複写複製（コピー）することは、著作権法上の例外を除き、禁じられています。本書をコピーされる場合は、事前に日本複製権センター（電話：03-3401-2382）の許諾を受けてください。
*本書のコピー、スキャン、デジタル化等の無断複製は著作権法上の例外を除き禁じられています。本書を代行業者等の第三者に依頼してスキャンやデジタル化することは、たとえ個人や家庭内の利用でも著作権法違反です。

★自然科学書協会会員★工学書協会会員★土木・建築書協会会員